U0185488

高等学校计算机科学与技术项目驱动案例实践系列教材

Java高级框架应用开发与项目案例教程

——Struts+Spring+Hibernate

梁立新 编著

清华大学出版社

北京

内容简介

本书应用"项目驱动"(Project-Driven)教学模式,通过完整的项目案例系统地介绍了使用 Struts-Spring-Hibernate 高级框架进行应用设计与开发的方法和技术。全书论述了高级开发框架概述、Struts 基础、Struts 标签、Struts 高级技术、Struts 拦截器、文件的上传与下载、Hibernate 基础、Hibernate 实体关系映射、Hibernate 查询语言、Spring 概述和控制反转(IoC)、Spring 面向方面编程和事务处理以及 Struts-Spring-Hibernate 集成等内容。

本书理论与实践相结合,内容详尽,提供了大量实例,突出应用能力的培养,将一个实际项目的知识点分解在各章作为案例讲解,是一本实用性突出的教材。本书可作为普通高等院校计算机专业本科生、专科生 Struts-Spring-Hibernate 高级框架应用开发课程的教材,也可供设计开发人员参考使用。

本书封面贴有清华大学出版社防伪标签,无标签者不得销售。
版权所有,侵权必究。举报:010-62782989,beiqinquan@tup.tsinghua.edu.cn。

图书在版编目(CIP)数据

Java 高级框架应用开发与项目案例教程:Struts+Spring+Hibernate/梁立新编著. —北京:清华大学出版社,2021.6

高等学校计算机科学与技术项目驱动案例实践系列教材

ISBN 978-7-302-57858-1

Ⅰ. ①J… Ⅱ. ①梁… Ⅲ. ①JAVA 语言-程序设计-高等学校-教材 Ⅳ. ①TP312.8

中国版本图书馆 CIP 数据核字(2021)第 057006 号

责任编辑:张瑞庆 常建丽
封面设计:常雪影
责任校对:胡伟民
责任印制:刘海龙

出版发行:清华大学出版社
网　　址:http://www.tup.com.cn,http://www.wqbook.com
地　　址:北京清华大学学研大厦 A 座　　**邮　　编**:100084
社 总 机:010-62770175　　**邮　　购**:010-83470235
投稿与读者服务:010-62776969,c-service@tup.tsinghua.edu.cn
质量反馈:010-62772015,zhiliang@tup.tsinghua.edu.cn
课件下载:http://www.tup.com.cn,010-83470236
印 装 者:三河市龙大印装有限公司
经　　销:全国新华书店
开　　本:185mm×260mm　　**印　　张**:24　　**字　　数**:618 千字
版　　次:2021 年 6 月第 1 版　　**印　　次**:2021 年 6 月第1 次印刷
定　　价:69.90 元

产品编号:088588-01

高等学校计算机科学与技术项目驱动案例实践系列教材

编写指导委员会

主　任

李晓明

委　员

卢先和　杨　波

梁立新　蒋宗礼

策　划

张瑞庆

FOREWORD

序　言

作为教育部高等学校计算机科学与技术教学指导委员会的工作内容之一，自从2003年参与清华大学出版社的“21世纪大学本科计算机专业系列教材”的组织工作以来，陆续参加或见证了多个出版社的多套教材的出版，但是现在读者看到的这一套“高等学校计算机科学与技术项目驱动案例实践系列教材”有着特殊的意义。

这个特殊性在于其内容。这是第一套我所涉及的以项目驱动教学为特色，实践性极强的规划教材。如何培养符合国家信息产业发展要求的计算机专业人才，一直是这些年人们十分关心的问题。加强学生的实践能力的培养，是人们达成的重要共识之一。为此，高等学校计算机科学与技术教学指导委员会专门编写了《高等学校计算机科学与技术专业实践教学体系与规范》（清华大学出版社出版）。但是，如何加强学生的实践能力培养，在现实中依然遇到种种困难。困难之一，就是合适教材的缺乏。以往的系列教材，大都比较“传统”，没有跳出固有的框框。而这一套教材，在设计上采用软件行业中卓有成效的项目驱动教学思想，突出“做中学”的理念，突出案例（而不是“练习作业”）的作用，为高校计算机专业教材的繁荣带来了一股新风。

这个特殊性在于其作者。本套教材目前规划了十余本，其主要编写人不是我们常见的知名大学教授，而是知名软件人才培训机构或者企业的骨干人员，以及在该机构或者企业得到过培训的并且在高校教学一线有多年教学经验的大学教师。我以为这样一种作者组合很有意义，他们既对发展中的软件行业有具体的认识，对实践中的软件技术有深刻的理解，对大型软件系统的开发有丰富的经验，也有在大学教书的经历和体会，他们能在一起合作编写教材本身就是一件了不起的事情，没有这样的作者组合是难以想象这种教材的规划编写的。我一直感到中国的大学计算机教材尽管繁荣，但也比较“单一”，作者群的同质化是这种风格单一的主要原因。对比国外英文教材，除了Addison Wesley和Morgan Kaufmann等出版的经典教材长盛不衰外，我们也看到O'Reilly“动物教材”等的异军突起——这些教材的作者，大都是实战经验丰富的资深专业人士。

这个特殊性还在于其产生的背景。也许是由于我在计算机技术方面的动手能力相对比较弱，其实也不太懂如何教学生提高动手能力，因此一直希望有一个机会实际地了解所谓“实训”到底是怎么回事，也希望能有一种安排让现在教学岗位的一些青年教师得到相关的培训和体会。于是作为2006—2010年教育部高等学校计算机科学与技术教学指导委员会的一项工作，我们和教育部软件工程专业大学生

FOREWORD

实习实训基地(亚思晟)合作,举办了6期"高等学校青年教师软件工程设计开发高级研修班",时间虽然只是短短的1～2周,但是对于大多数参加研修的青年教师来说都是很有收获的一段时光,在对他们的结业问卷中充分反映了这一点。从这种研修班得到的认识之一,就是目前市场上缺乏相应的教材。于是,这套"高等学校计算机科学与技术项目驱动案例实践系列教材"应运而生。

当然,这样一套教材,由于"新",难免有风险。从内容程度的把握、知识点的提炼与铺陈,到与其他教学内容的结合,都需要在实践中逐步磨合。同时,这样一套教材对我们的高校教师也是一种挑战,只能按传统方式讲软件课程的人可能会觉得有些障碍。相信清华大学出版社今后将和作者以及高等学校计算机科学与技术教学指导委员会一起,举办一些相应的培训活动。总之,我认为编写这样的教材本身就是一种很有意义的实践,祝愿成功。也希望看到更多业界资深技术人员加入到大学教材编写的行列中来,和高校一线教师密切合作,将学科、行业的新知识、新技术、新成果写入教材,开发适用性和实践性强的优秀教材,共同为提高高等教育教学质量和人才培养质量做出贡献。

李晓明

原教育部高等学校计算机科学与技术教学指导委员会副主任、北京大学教授

PREFACE

前　言

21世纪，什么技术将影响人类的生活？什么产业将决定国家的发展？信息技术与信息产业是首选的答案。高等学校学生是企业和政府的后备军，国家教育行政部门计划在高校中普及信息技术与软件工程教育。经过多所高校的实践，信息技术与软件工程教育受到学生的普遍欢迎，取得了很好的教学效果，但是也存在一些不容忽视的共性问题，其中突出的是教材问题。

从近两年信息技术与软件工程教育研究来看，许多任课教师提出目前的教材不合适。具体体现在：第一，来自信息技术与软件工程专业的术语很多，对于没有这些知识背景的学生学习起来具有一定难度；第二，书中案例比较匮乏，与企业的实际情况相差太远，致使案例可参考性差；第三，缺乏具体的课程实践指导和真实项目。因此，针对各高校信息技术与软件工程课程教学特点与需求，编写适用的规范化教材已刻不容缓。

本书就是针对以上问题编写的，它是一本融合项目实践与开发思想于一体的书。它的特色是以项目实践作为主线贯穿全书。本书提供了一个完整的艾斯医药项目案例，通过该项目使读者能够快速掌握使用Struts、Spring、Hibernate高级框架进行应用开发的方法和技术，具体包括高级开发框架概述、Struts基础、Struts标签、Struts高级技术、Struts拦截器、文件的上传与下载、Hibernate基础、Hibernate实体关系映射、Hibernate查询语言、Spring概述和控制反转(IoC)、Spring面向方面编程和事务处理以及Struts-Spring-Hibernate集成等内容。

本书特点如下。

(1) 重视项目实践。

经过多年实践，我们的体会是"IT是做出来的，不是想出来的"，理论虽然重要，但一定要为实践服务。以项目为主线，带动理论的学习是最好、最快、最有效的方法。通过本书，希望读者对项目开发流程有一个整体了解，减少对项目实践的盲目感和神秘感，能够根据本书的体系循序渐进地动手做出自己的真实项目。

(2) 重视理论基础。

本书以项目实践为主线，将Struts、Spring、Hibernate高级框架理论中最重要、最精华的部分，融会贯通，读者首先通过项目把握整体概貌，再深入局部细节，系统学习理论；最后不断优化和扩展细节，完善整体框架和项目改进。

为了便于教学，本书配有教学课件，读者可从清华大学出版社官网下载。

本书第一作者梁立新的工作单位为深圳技术大学，本书获得深圳技术大学的大力支持和教材出版资助，在此特别感谢。

鉴于作者的水平有限，书中难免有不足之处，敬请广大读者批评指正。

梁立新

2021年1月

CONTENTS

目　录

CONTENTS

CONTENTS

C O N T E N T S

第1章 Struts-Spring-Hibernate

学习目的与学习要求

学习目的：了解软件开发中框架的概述，简单了解 Struts、Spring 和 Hibernate 框架，准备好 3 个框架学习需要的开发工具及环境配置。

学习要求：按照开发工具及配置章节认真搭建开发工具及配置环境，是练习后面章节理论实例及案例的重要前提。

本章主要内容

本章主要内容包括框架的概述，Struts、Spring、Hibernate 框架的基本原理，开发工具的安装与配置，其中包括集成开发工具 MyEclipse、服务器 Tomcat 和数据库 MySQL。

目前，国内外信息化建设已经进入以 Web 应用为基础核心的阶段。Java 语言应该算是开发 Web 应用的最佳语言。然而，就算用 Java 建造一个不是很烦琐的 Web 应用系统，也不是一件轻松的事情。有很多东西需要仔细考虑，如要考虑怎样建立用户接口？在哪里处理业务逻辑？怎样持久化数据？幸运的是，Web 应用面临的一些问题已经由曾遇到过这类问题的开发者建立起相应的框架（Framework）解决了。事实上，企业开发中直接采用的往往并不是某些具体的技术，如大家熟悉的 Core Java、JDBC、Servlet、JSP 等，而是基于这些技术之上的应用框架（Framework），Struts、Spring、Hibernate 就是其中最常用的几种。

1.1 框架概述

在介绍软件框架之前，首先要明确什么是框架和为什么要使用框架。这要从企业面临的挑战谈起，如图 1-1 所示。

可以看到，随着项目的规模和复杂性的提高，企业面临前所未有的各个方面的挑战。根据优先级排序，主要包括高可

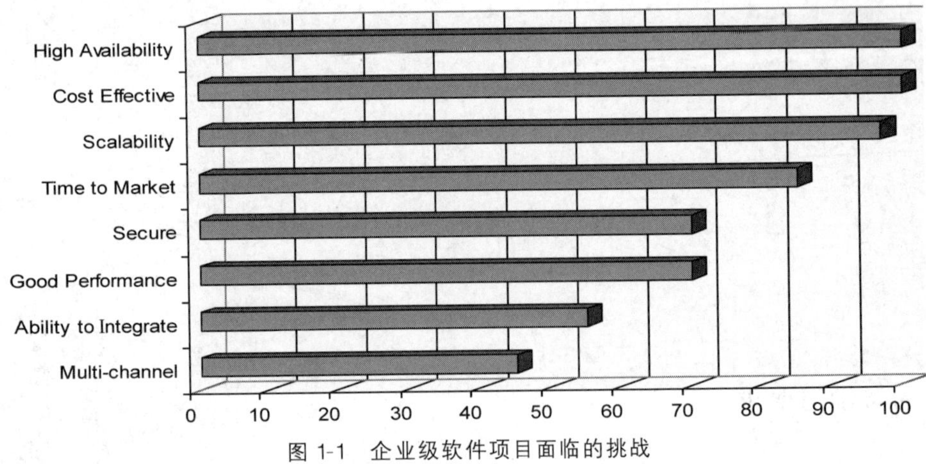

图 1-1　企业级软件项目面临的挑战

靠性(High Availability),低成本(Cost Effective),可扩展性(Scalability),投放市场快速性(Time to Market),安全性(Secure),好性能(Good Performance),可集成性(Ability to Integrate),以及多平台支持(Multi-channel)等。那么,如何面对并且解决这些挑战呢?这需要采用通用的、灵活的、开放的、可扩展的软件框架,由框架帮助我们解决这些挑战,之后再在框架基础之上开发具体的应用系统,如图 1-2 所示。

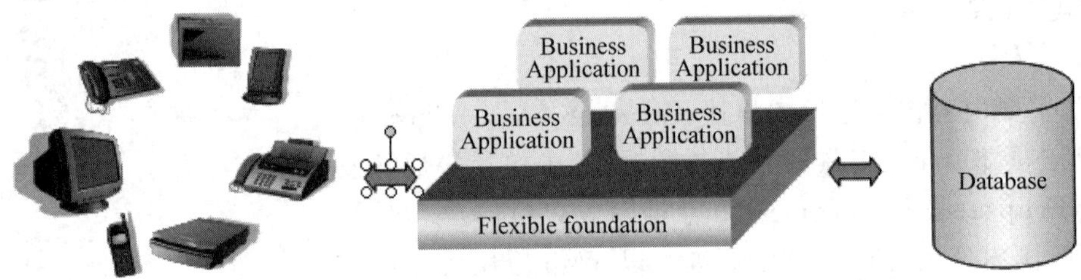

图 1-2　框架和应用的关系

这种基于框架的软件开发方式和传统的汽车生产方式很类似,如图 1-3 所示。

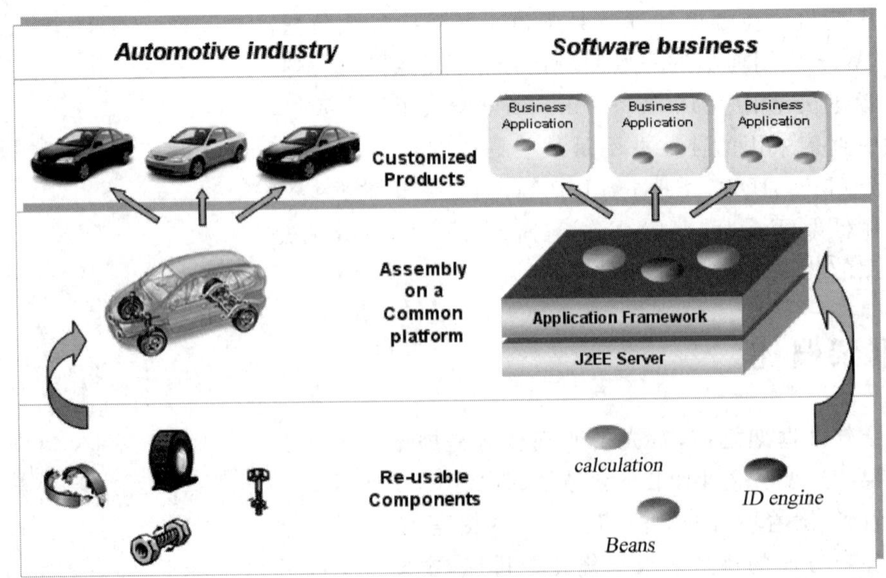

图 1-3　软件开发方式和传统的汽车生产方式

那么，到底什么是软件框架呢？框架的定义如下：

- 框架是应用系统的骨架，它将软件开发中反复出现的任务标准化，以可重用的形式提供使用；
- 大多数框架提供了可执行的具体程序代码，支持迅速地开发出可执行的应用；但也可以是抽象的设计框架，帮助开发出健壮的设计模型；
- 好的抽象的、设计成功的框架，能够大大缩短应用系统开发的周期；
- 在预制框架上加入定制的构件，可以大量减少编码量，并容易测试；
- 框架可用于垂直和水平应用。

框架具有以下特点：

- 框架具有很强(大粒度)的可重用性，远远超过单个类；它是一个功能连贯的类集合，通过相互协作为应用系统提供服务和预制行为；
- 框架中的不变部分定义了接口、对象的交互和其他的非变量；
- 框架中的变化部分代表了应用中的个性。

一个好的框架定义了开发和集成组件的标准。为了利用、定制或扩展框架服务，通常需要框架的使用者从已有框架类继承相应的子类，以及通过执行子类的重载方法，用户定义的类将会从预定义的框架类获得需要的消息。这会给我们带来很多好处，包括代码重用性和一致性，对变化的适应性，特别是它能够让开发人员专注于业务逻辑，从而大大减少了开发时间。图 1-4 对是否使用框架对项目开发所需工作量(以人 * 月衡量)的影响进行了对比。

从图 1-4 中不难看出，对于没有使用框架的项目而言，开发所需工作量(以 Man Days，即人 * 月衡量)会随着项目复杂性的提高(以 Business function，即业务功能来衡量)以几何级数递增，而对于使用框架的项目而言，开发所需工作量会随着项目复杂性的提高以代数级数递增。举一个例子，假定开发团队人数一样，一个没有使用框架的项目所需的周期为 6～9 个月，那么同样的项目如果使用框架则只需要 3～5 个月。

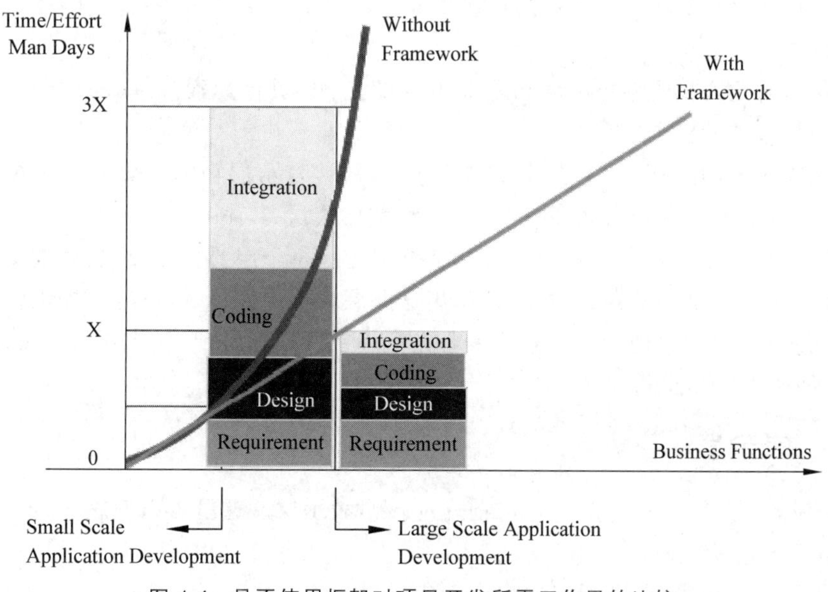

图 1-4　是否使用框架对项目开发所需工作量的比较

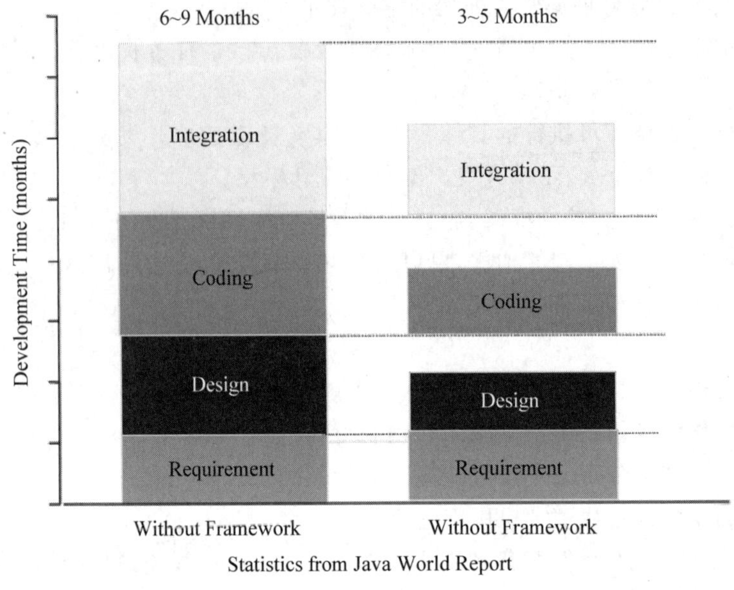

图 1-4 (续)

1.2 Struts、Spring 和 Hibernate 概述

本书会具体讨论如何使用 3 种著名的框架 Struts、Spring 和 Hibernate 使应用程序在保证质量前提下得以快速开发。

在软件架构设计中建立软件系统的高层结构常常用到分层架构模式。

- 分层模式是一种将系统的行为或功能以层为首要的组织单位进行分配(划分)的结构模式
  —通常在逻辑上进行垂直的层次(Layer)划分
  —在物理上发明则进行水平的层级(Tier)划分
- 分层要求
  —层内的元素只信赖当前层和之下的相邻层中的其他元素

注意,这并非绝对的要求。

大部分 Web 应用在职责上至少能被分成 4 层:表示层(Presentation Layer)、持久层(Persistence Layer)、业务层(Business Layer)和域模块层(Domain Model Layer)。每个层在功能上都应该是十分明确的,而不应该与其他层混合。每个层要相互独立,通过一个通信接口而相互联系。下面分别详细介绍这 4 层,讨论这些层应该提供什么,不应该提供什么。

这里讨论一个使用 3 种开源框架的策略:表示层用 Struts;业务层用 Spring;而持久层用 Hibernate,如图 1-5 所示。

1.2.1 表示层

一般来讲,一个典型的 Web 应用的前端应该是表示层。这里可以使用 Struts 框架。

下面是 Struts 所负责的:

- 管理用户的请求,做出相应的响应;
- 提供一个流程控制器,委派调用业务逻辑和其他上层处理;

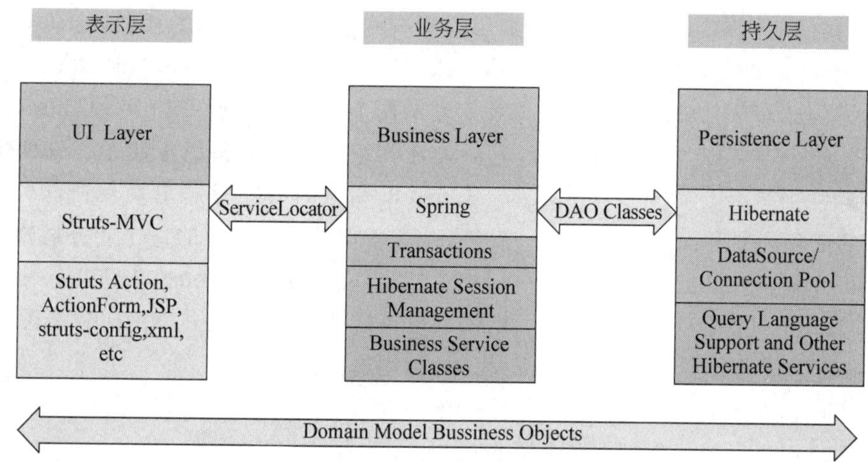

图 1-5 Struts-Spring-Hibernate 架构

- 处理异常；
- 为显示提供一个数据模型；
- 用户界面的验证。

以下内容不该在 Struts 表示层的编码中经常出现，与表示层无关。

- 与数据库直接通信；
- 与应用程序相关联的业务逻辑及校验；
- 事务处理。

在表示层引入这些代码，会导致高耦合和难以维护的后果。

1.2.2 持久层

典型的 Web 应用的后端是持久层。开发者总是低估构建他们自己的持久层框架的挑战性。系统内部的持久层不但需要大量调试时间，而且还经常因为缺少功能使之变得难以控制，这是持久层的通病。幸运的是，有几个对象/关系映射(Object/Relation Mapping，ORM)开源框架很好地解决了这类问题，尤其是 Hibernate。Hibernate 为 Java 提供了持久化机制和查询服务，它还给已经熟悉 SQL 和 JDBC API 的 Java 开发者创造了一个学习桥梁，使他们学习起来很方便。Hibernate 的持久对象是基于 POJO(Plain Old Java Object)和 Java 集合(collections)的。此外，使用 Hibernate 并不妨碍你正在使用的 IDE(Integrated Development Enviroment)。

下面是 Hibernate 所负责的：

- 如何查询对象的相关信息。

Hibernate 是通过一个面向对象的查询语言(HQL)或者正则表达的 API 完成查询的。HQL 非常类似于 SQL，只是把 SQL 里的 table 和 columns 用 Object 和它的 fields 代替。HQL 容易理解且文档也做得很好。HQL 是一种面向对象查询的自然语言，很容易学会。

- 如何存储、更新、删除数据库记录。
- 如 Hibernate 这类高级 ORM 框架支持大部分主流数据库，并且支持父表/子表(Parent/Child)关系、事务处理、继承和多态。

1.2.3 业务层

一个典型 Web 应用的中间部分是业务层或者服务层。从编码的视角看，这是最容易被忽视的一层。我们往往在用户界面层或持久层周围看到这些业务处理的代码，这其实是不正确的。因为它会造成程序代码的高耦合，这样一来，随着时间的推移，这些代码将很难维护。幸好，针对这一问题有好几种框架存在。最受欢迎的两个框架是 Spring 和 PicoContainer。这些也被称为轻量级容器(micro container)，它们能让你很好地把对象搭配起来。这两个框架都着手于"依赖注射"(dependency injection)(还有我们知道的 IoC)这样的简单概念。这里将关注 Spring 的依赖注射和面向方面编程。另外，Spring 把程序中涉及的包含业务逻辑和数据存取对象(Data Access Object)的 Objects——如 transaction management handler(事务管理控制)、object factoris(对象工厂)、service objects(服务组件)——都通过 XML 配置联系起来。

后面会通过项目和实例揭示 Spring 是怎样运用这些概念的。

下面是业务层所负责的：

- 处理应用程序的业务逻辑和业务校验；
- 管理事务；
- 提供与其他层相互作用的接口；
- 管理业务层级别的对象的依赖；
- 在表示层和持久层之间增加了一个灵活的机制，使得它们不直接联系在一起；
- 通过揭示从表示层到业务层之间的上下文(Context)得到业务逻辑(Business Services)；
- 管理程序的执行(从业务层到持久层)。

1.2.4 域模块层

既然我们致力于的是一个 Web 的应用，就需要一个对象集合，让它在不同层之间移动。域模块层由实际需求中的业务对象组成，如订单明细(Order LineItem)、产品(Product)等。开发者在这层不用管数据传输对象(Data Transfer Object，DTO)，仅关注域对象(Domain Object)即可。例如，Hibernate 允许将数据库中的信息存入域对象，这样可以在连接断开的情况下把这些数据显示到用户界面层，而那些对象也可以返回给持久层，从而在数据库里更新。而且，不必把对象转化成 DTO(这可能导致它在不同层之间的传输过程中丢失)。这个模型使得 Java 开发者能很自然地运用面向对象编程(Object-Oriented Programming)，而不需要附加的编码。

本书围绕上述架构，通过一个完整的项目——AscentWeb 医药商务系统具体讲解 Struts-Spring-Hibernate 这三部分。

1.3 开发工具与配置

1.3.1 开发工具与环境

1. 集成开发环境(IDE)：MyEclipse

对于 Java 应用开发人员，好的集成开发环境(Integrated Development Environment，IDE)非常重要。目前在市场上占主导位置的一个 Java 集成开发平台就是基于 Eclipse 之上的 MyEclipse 工具。我们将使用 MyEclipse 开发 Java Web 应用，这里选择 MyEclipse 2017 版本作为开发工具，读者可以到 https://www.myeclipsecn.com 网址下载并安装。

MyEclipse 2017 集成(内置)了 Java Development Kits 和 Tomcat 8.5，这样就不需要单独安装它们了(当然，为了测试和部署的方便性，也可以单独安装 Tomcat)。

2. 服务器：Tomcat

Tomcat 是一个免费的、开源的 Serlvet 容器，它是 Apache 基金会的 Jakarta 项目中的一个核心项目，由 Apache 其他一些公司及个人共同开发而成。由于有企业的参与和支持，最新的 Servlet 和 JSP 规范总能在 Tomcat 中得到体现。

Tomcat 提供了各种平台的版本供下载，建议使用 Tomcat 8.5 版，可以从 https://tomcat.apache.org/index.html 上下载其源代码版或者二进制版。由于 Java 的跨平台特性，基于 Java 的 Tomcat 也具有跨平台性。

3. 数据库：MySQL

MySQL 是一个多用户、多线程的 SQL 数据库，是一个客户机/服务器结构的应用，它由一个服务器守护程序 mysqld 和很多不同的客户程序和库组成。它是目前市场上运行最快的结构化查询语言(Structured Query Language，SQL)数据库之一，可以从 http://dev.mysql.com/downloads/下载 MySQL Community Server 安装软件包。它提供了其他数据库少有的编程工具，而且 MySQL Community Server 对于个人用户是免费的。建议安装 MySQL 5.5 之后的版本，这里使用的是 MySQL 8.0.19。

MySQL 的功能特点如下：可以同时处理几乎不限数量的用户；处理多达 50 000 000 条以上的记录；命令的执行速度快，也许是现今最快的；简单有效的用户特权系统。

1.3.2 工具集成步骤

1. MyEclipse 连 Tomcat

MyEclipse 2017 里已经内置了 Tomcat 8.5，不需要再单独安装。当然，也可以选择外部独立的 Tomcat。

(1) 首先确定自己下载并安装了 Tomcat 8.5，假定安装目录是 C:\apache-tomcat-8.5.34，之后打开 MyEclipse 2017。

(2) 选择 Window→Preferences…，进入如图 1-6 所示的界面。

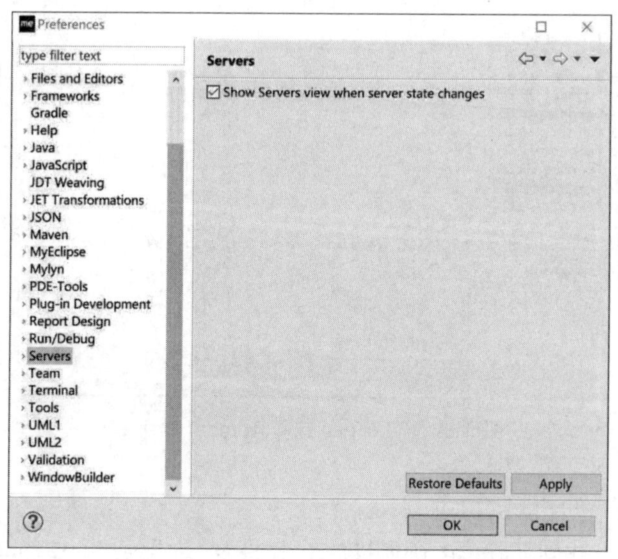

图 1-6 MyEclipse 连接 Tomcat 页面 1

(3) 选择 Servers→Runtime Environments,如图 1-7 所示。

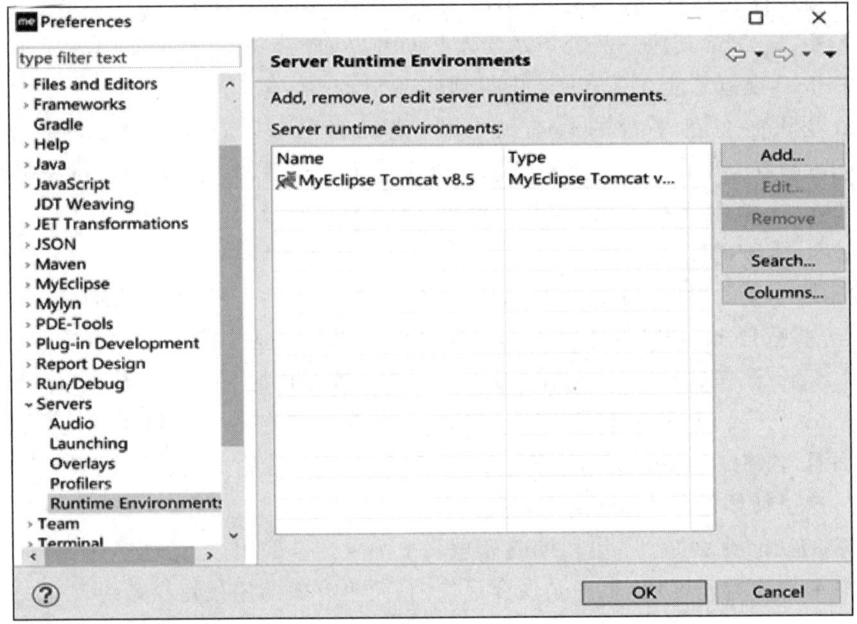

图 1-7 MyEclipse 连接 Tomcat 页面 2

(4) 选择 Add→Tomcat→Apache Tomcat v8.5,如图 1-8 所示。

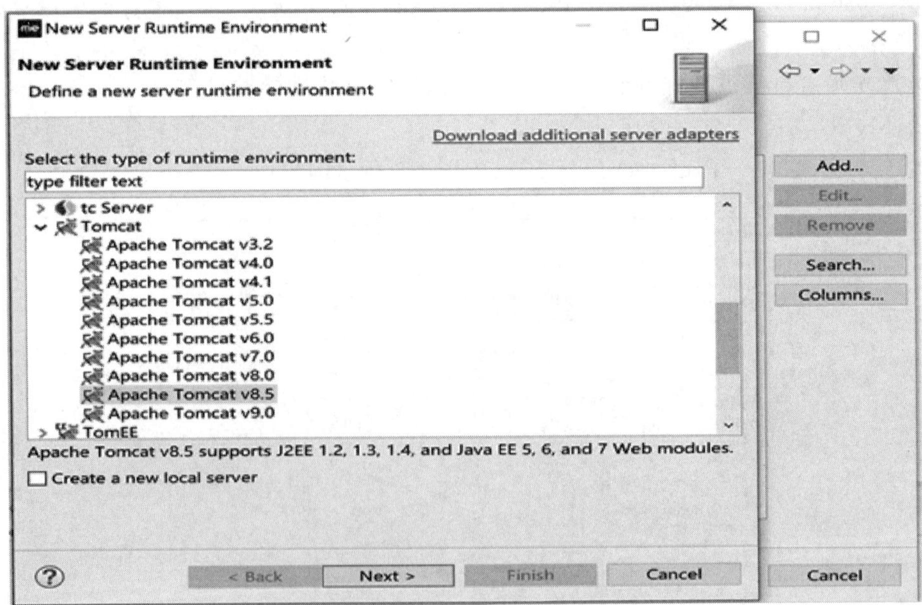

图 1-8 MyEclipse 连接 Tomcat 页面 3

(5) 单击 Next 按钮,出现图 1-9。

(6) 选择 Browse,找到 Tomcat 在本机的安装目录,这里是 C:\apache-tomcat-8.5.34,如图 1-10 所示。

(7) 单击“确定”按钮。

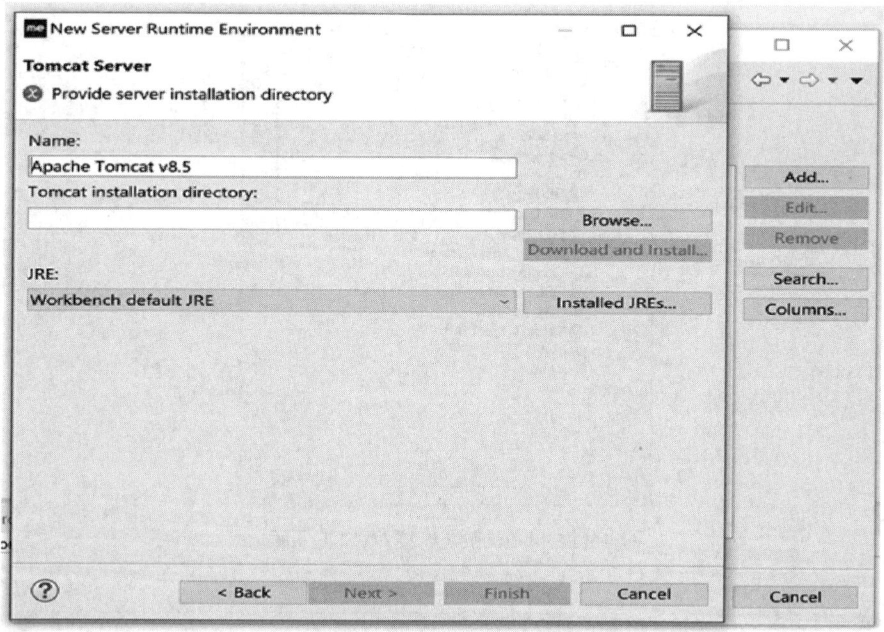

图 1-9 MyEclipse 连接 Tomcat 页面 4

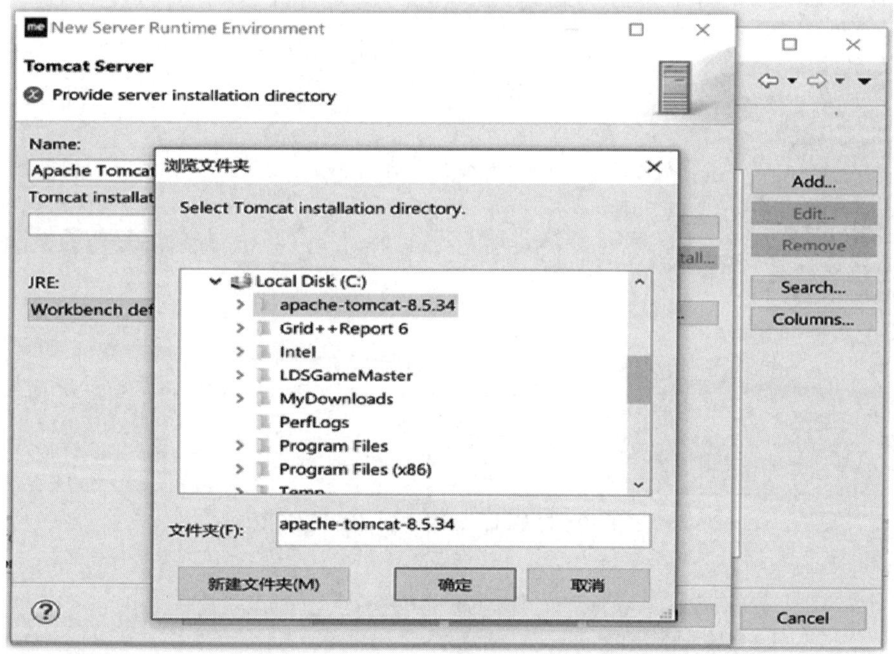

图 1-10 MyEclipse 连接 Tomcat 页面 5

2. MyEclipse 连 MySQL 数据库

(1) 单击 Window→Show View→Other…，打开如图 1-11 所示的对话框。

(2) 选择 Database→DB Browser，单击 OK 按钮，如图 1-12 所示。

(3) 上面操作打开了 DB Browser 视图，在该视图空白区右击，如图 1-13 所示。

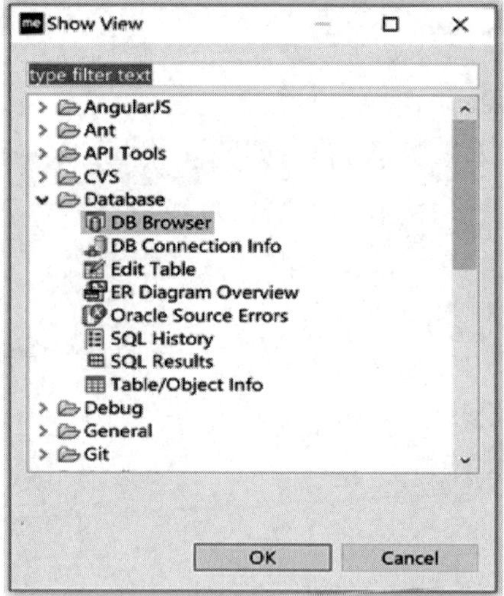

图 1-11　MyEclipse 连接 MySQL 页面 1

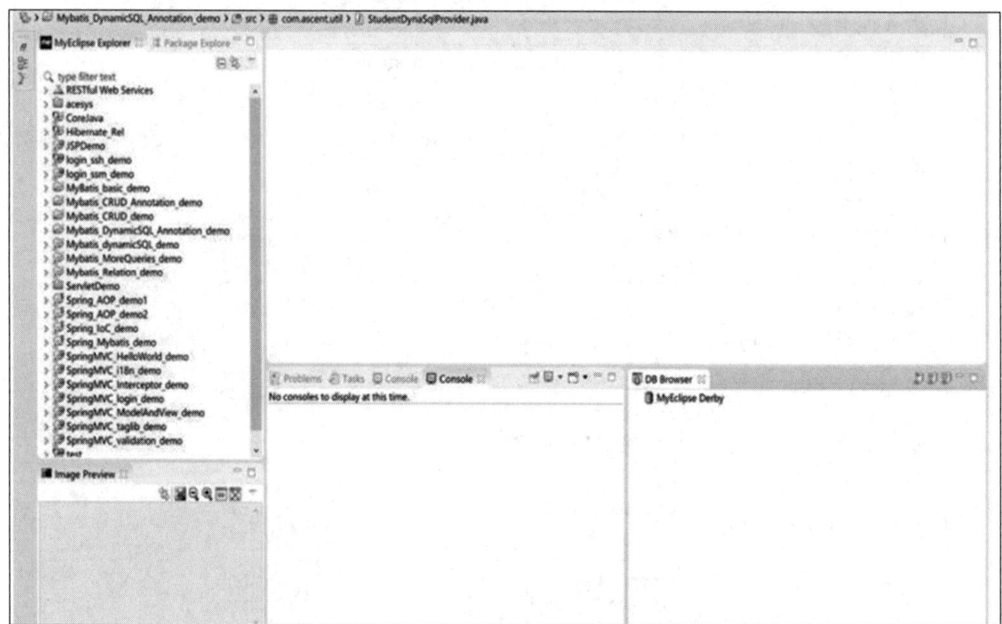

图 1-12　MyEclipse 连接 MySQL 页面 2

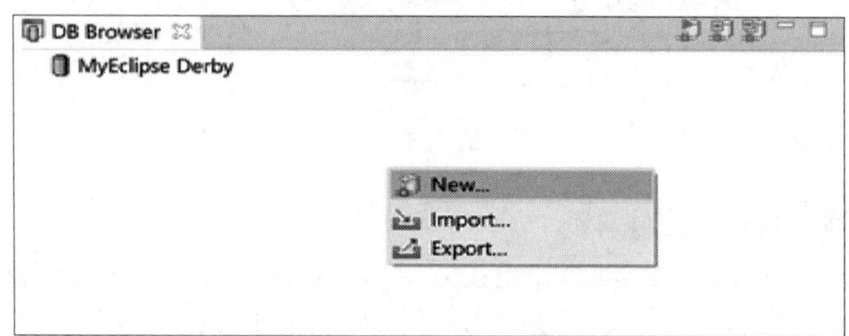

图 1-13　MyEclipse 连接 MySQL 页面 3

（4）单击 New…后出现配置连接页面，如图 1-14 所示。

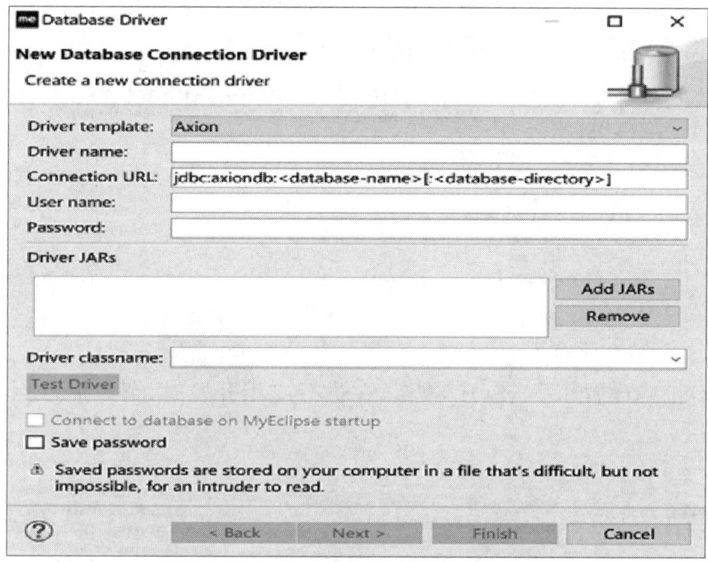

图 1-14　MyEclipse 连接 MySQL 页面 4

（5）Driver template 选择 MySQL Connector/J；Driver name：自己随意取名，这里命名为 llx；Connection URL：配置自己的数据库 url，这里是 jdbc：mysql：//localhost：3306/test；User name/Password：安装 MySQL 的用户名/密码，这里是 root/root；Driver JARs：选择 MySQL 驱动包，这里用的是 D:\Tools\mysql-connector-java-5.1.46.jar；Driver classname：选择 com.mysql.jdbc.Driver；单击 Test Driver 确保连接成功，可以勾选 Save password，以便以后每次连接不用再输入密码，之后单击 Next 按钮，如图 1-15 所示。

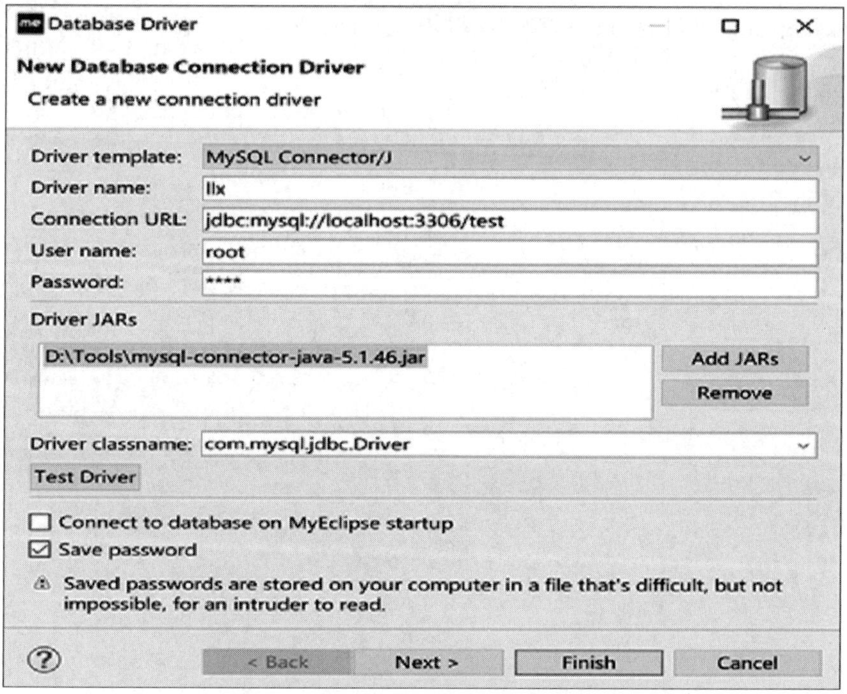

图 1-15　MyEclipse 连接 MySQL 页面 5

最后,单击 Finish 按钮配置完成。

(6) 成功设置后,DB Browser 视图区会出现刚设置的连接,右击连接后选择 Open Connection,正确连接到数据库,如图 1-16 所示。

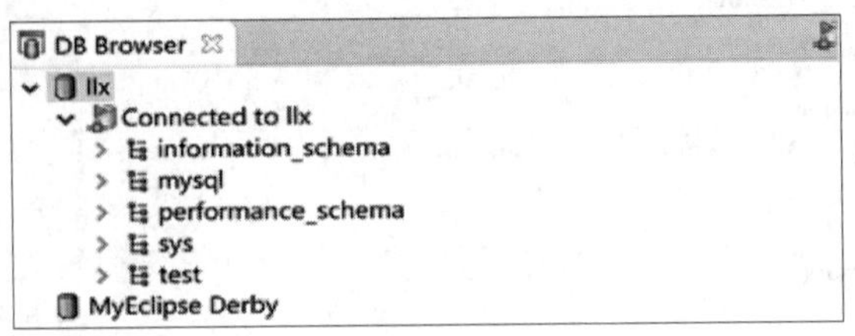

图 1-16　MyEclipse 连接 MySQL 页面 6

上述操作已经正确设置了 MySQL 连接,在进行应用开发时,可以通过设置好的连接查看和操作数据。

1.4　本章总结

- 框架的概述
- Struts、Spring、Hibernate 框架的概述
- 开发工具与配置

1.5　习题

1. 什么是软件框架?
2. 框架具有什么特点?
3. Struts、Spring 和 Hibernate 在分层架构中主要负责的功能有哪些?

第2章 AscentWeb医药商务项目

学习目的与学习要求

学习目的：了解本书项目案例——AscentWeb医药商务系统的项目需求分析，项目系统分析和设计，其中包括项目架构的设计与搭建、数据库的设计等。

学习要求：认真了解整个项目案例的需求分析与设计，为后面学习各个章节的案例开发作准备。

本章主要内容

本章主要内容包括AscentWeb医药商务系统的需求分析和系统分析与设计。

本书采用先进的“**项目驱动式**”教学法，通过一个完整的AscentWeb医药商务项目，贯穿Struts-Spring-Hibernate 3个框架的学习。首先介绍AscentWeb医药商务项目的背景知识，包括需求分析、系统设计和运行指南等。这个项目的开发过程将会贯穿在之后各个章节的案例部分结合相关知识点详细讲解和实现。

2.1 项目需求分析

AscentWeb医药商务系统包括用户登录、商品浏览、商品查询、购物管理和后台管理等模块。其中，用户登录模块负责用户注册及用户登录；在商品浏览模块登录成功的用户可以浏览商品，在商品浏览模块可以查询特定商品的信息；在购物管理模块对选中的商品进行购物，包括加入购物车和生成订单；后台管理模块处理从购物网站转过来的订单，发送邮件，以及进行商品管理和用户管理。项目需求模块如图2-1所示。

1. 用户管理

1）用户注册

(1) 对于新用户，单击“注册”按钮，进入用户注册页面。

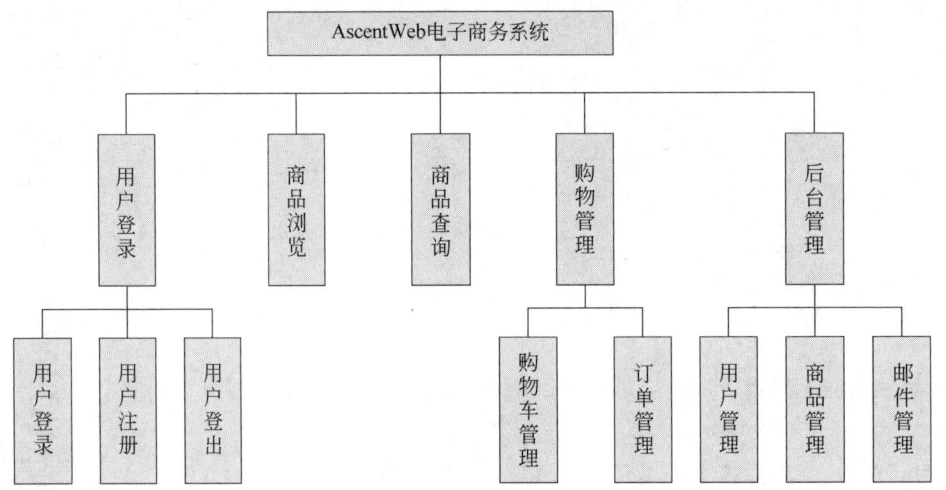

图 2-1 项目需求模块

(2) 填写相关注册信息，* 为必填项；填写完成后单击“确定”按钮。

(3) 弹出“注册成功”对话框，即成功注册。

2) 用户登录

(1) 对于已注册的用户，进入用户登录页面。

(2) 填写用户名和密码。

(3) 单击“登录”按钮。

(4) 用户名和密码都正确，登录成功，进入医药商务网站，如图 2-2 所示。

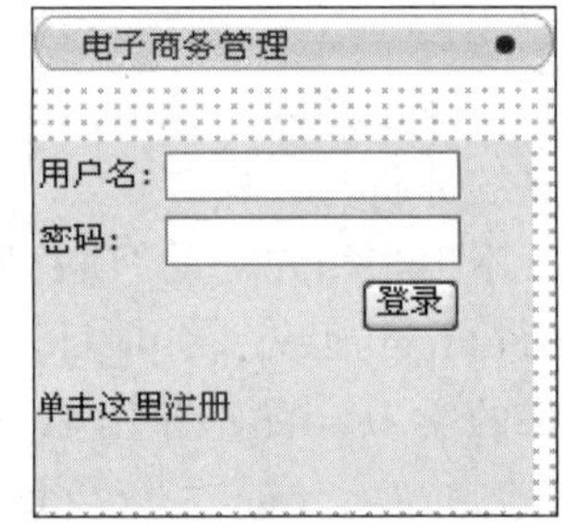

图 2-2 用户登录页面

3) 用户登出

2. 商品浏览(开发用例为药品)

网站的商品列表要列出当前网站所有的商品名称。当用户单击某一商品名称时，要列出该商品的详细信息(包括商品名称、商品编号、图片等)，如图 2-3 所示。

ASCENT TECHNOLOGIES

quality is everything!

加拿大 · 亚思晟科技

| 首 页 | IT服务 | 电子商务系统 | 员工招聘 | 关于我们

| 欢迎,游客 | 注册 | 商品查询 查看购物车

编号	名称	类别	MDL	CAS	Weight	库存	图片	购买
101	白加黑	感冒药	C12H22N2O1	177900-48-1	30g	123		购买
102	速效感冒胶囊	感冒药	C12H22N2O2	177900-48-2	30g	123		购买
111	二甲双胍片	西药	C12H22N2O3	177900-48-3	30g	123		购买
112	达美康	西药	C12H22N2O4	177900-48-4	30g	123		购买
113	迪沙片	西药	C12H22N2O5	177900-48-5	30g	123		购买

图 2-3 浏览商品页面

3. 商品查询

用户可以在网站的商品查询页面选择查询条件，如图 2-4 所示。输入查询关键字，单击“查询”按钮可以查看网站是否有此商品，系统将查找结果（如果有此商品，则返回商品的详细信息；如果没有此商品，则返回当前没有此商品的信息）返回给用户，如图 2-5 所示。

图 2-4 选择查询条件

编号	名称	类别	MDL	CAS	weight	库存	图片	购买
111	二甲双胍片	西药	C12H22N2O3	177900-48-3	30g	123		购买
112	达美康	西药	C12H22N2O4	177900-48-4	30g	123		购买
113	迪沙片	西药	C12H22N2O5	177900-48-5	30g	123		购买
114	111	西药	111	111	111	11		购买

图 2-5 查找商品页面

4. 购物管理

1）购物车管理

用户可以随时查看自己的购物车，如图 2-6 所示。可以添加或删除购物车中的商品，如图 2-7 所示。可以修改商品购买量，如图 2-8 所示。

编号	名称	类别	库存	质量	删除
111	二甲双胍片	西药	123	5g	删除
112	达美康	西药	123	5g	删除

图 2-6 购物车管理页面

图 2-7　购物车增加商品页面

图 2-8　购物车减少商品及修改质量页面

2）订单管理

浏览商品时，用户可以在查看商品的列表或详细信息时添加此商品到购物车，添加完毕可以选择继续购物或结算。如果选择结算，要填一个购物登记表，该表包括以下内容：购物人姓名、地址、E-mail、所购商品的列表等，如图 2-9 所示。

5. 后台管理

1）邮件管理

设置管理员邮箱地址，包括转发邮件及管理员接收邮件地址，如图 2-10 所示。

2）商品管理

（1）商品添加。

添加商品，包括各项信息和图片的上传等。

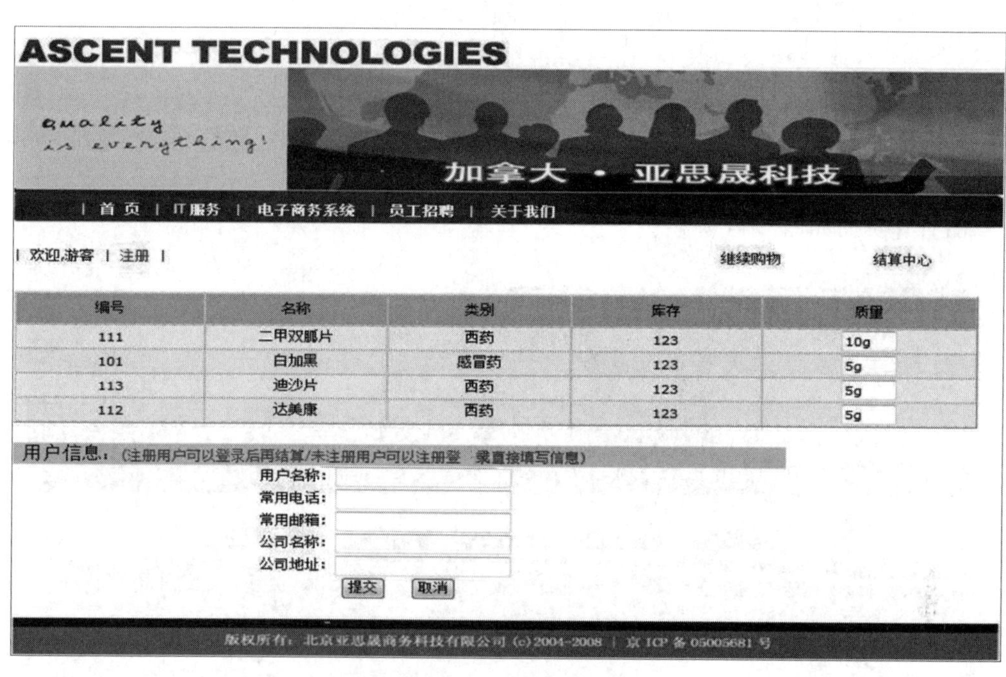

图 2-9 购物结算页面

ASCENT TECHNOLOGIES
quality
is everything!
加拿大 · 亚思晟科技
首 页 | IT服务 | 电子商务系统 | 员工招聘 | 关于我们

管理员邮箱：
发件地址：admin@163.com
收件地址：admin@163.com
如果想修改，请进行下面的操作

管理员邮箱设置

邮箱地址		@163.com
邮箱密码		
收件E-mail		
提交 取消		

帮助：
<1>请正确设置发件箱地址及密码，该邮件是负责发送邮件的地址
<2>请正确设置收件箱地址，该邮件是接收邮件的地址，当客户在结算中心提交后，邮件会发送到该邮件
<3>试运行时请重新设置自己的邮箱，从库中邮件地址无法查看测试

版权所有：北京亚思晟商务科技有限公司 (c)2004-2008 | 京 ICP 备 05005681 号

图 2-10 邮件管理页面

（2）商品修改。

修改商品的信息。

（3）商品批量添加。

商品添加以 Excel 文件形式批量添加。

（4）商品删除。

管理员对商品进行删除操作。

商品管理页面如图 2-11 所示。

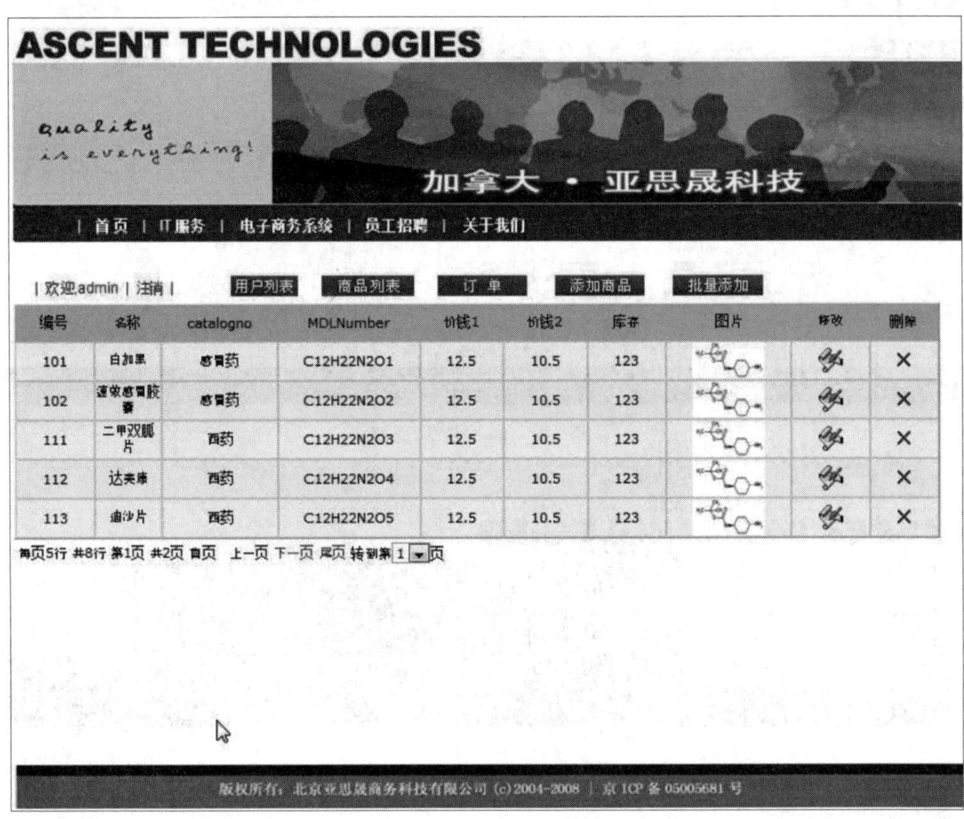

图 2-11 商品管理页面

3）用户管理

（1）用户修改。

用户各项信息的修改。

（2）用户权限管理。

管理员对用户进行权限的授权。

（3）用户分配商品。

管理用给高权限注册用户进行商品分配，分配的商品可以看到价格等高权限项。

（4）用户删除。

管理员对用户进行删除操作，该删除为“软删除”，还可以恢复操作。

用户管理页面如图 2-12 所示。

图 2-12 用户管理页面

2.2 项目系统分析和设计

AscentWeb 医药商务系统是由 Web 服务器、数据服务器和浏览器客户端组成的多层 Web 计算机服务系统，采用 Struts-Spring-Hibernate 架构，具有先进性、灵活性、可扩展性等特点。

2.2.1 面向对象分析设计

1. 系统分析

下面通过 UML 里的用例图(use case diagram)、类图(class diagram)，以及序列图(sequence diagram)分析医药商务系统项目。

(1) 项目用例图如图 2-13 所示。

(2) 类图如图 2-14～图 2-17 所示。

(3) 序列图如图 2-18～图 2-22 所示。

2. 系统设计

项目整体逻辑结构图如图 2-23 所示。

具体如下：

1) Web 应用程序设计

本项目使用 Struts＋Spring＋Hibernate 框架建立了医药商务网站。在 Struts 框架中，JSP 用于前端展现，Servlet 用于控制，Action 用于处理前端页面 JSP 发来的请求，请求参数通过 Struts 拦截器机制进行传递，Action 在获得请求后通过调度业务系统提供的 Spring Service Bean 进行处理，最后将处理结果转发到相应的 JSP 进行展现。

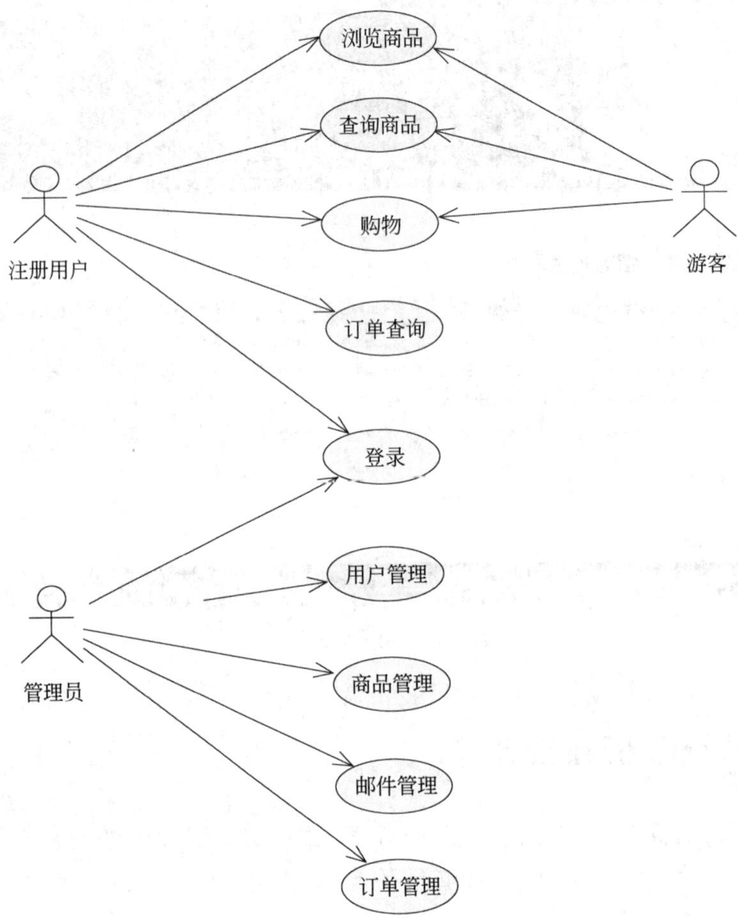

图 2-13　项目用例图

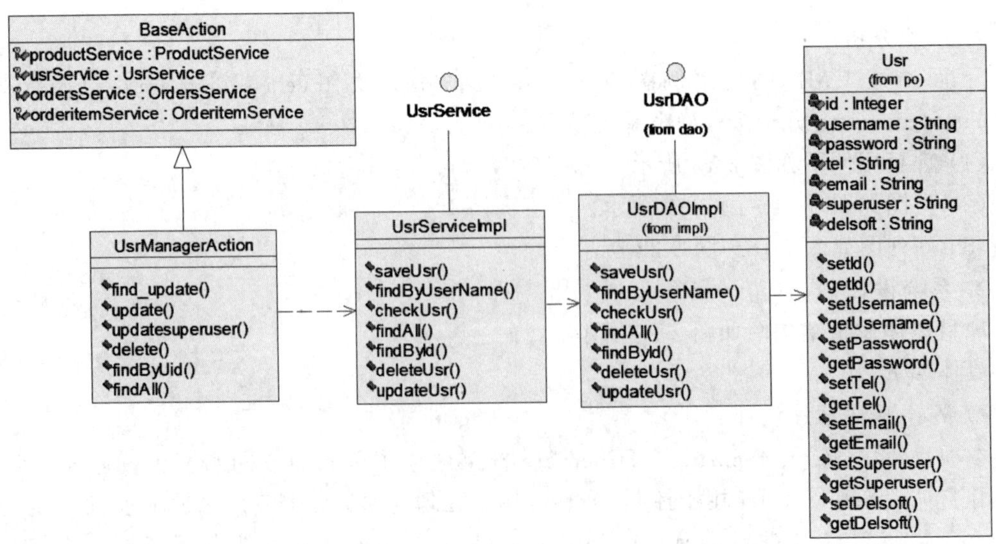

图 2-14　用户管理模块类图

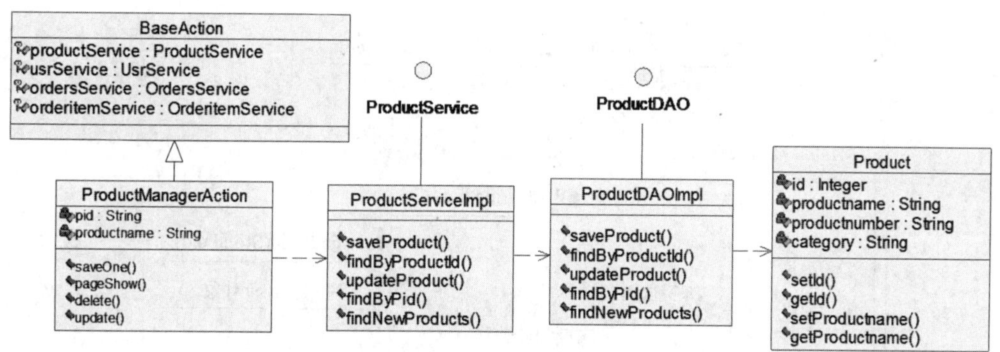

图 2-15 商品管理模块类图

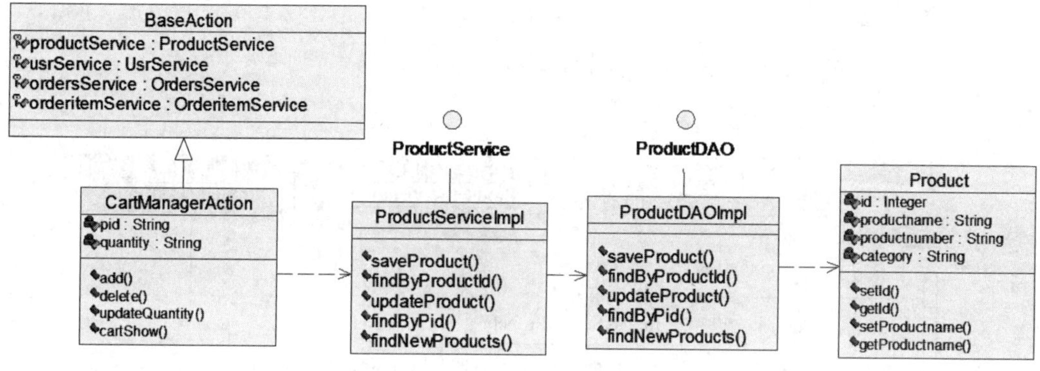

图 2-16 购物车管理模块类图

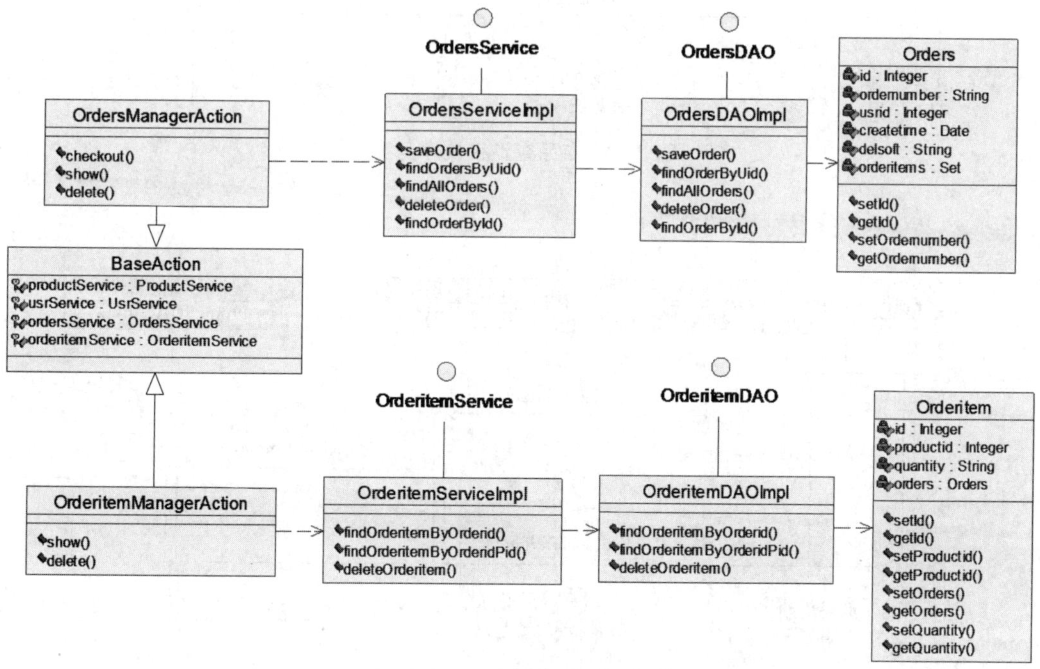

图 2-17 订单管理模块类图

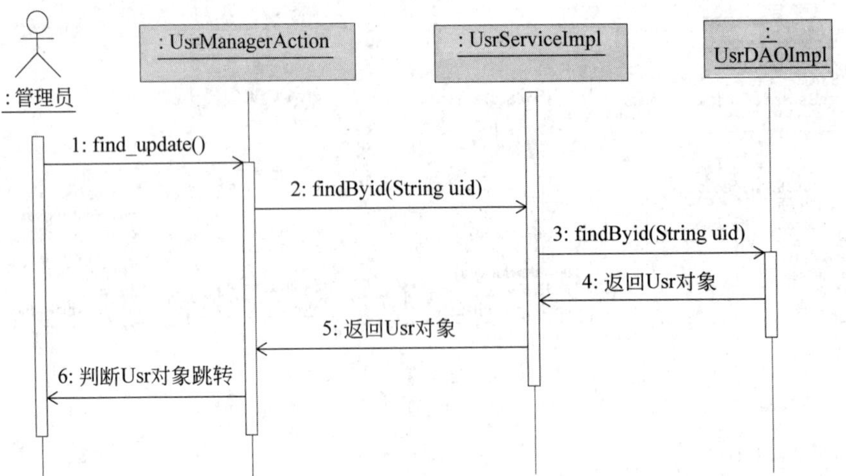

图 2-18　用户管理模块序列图

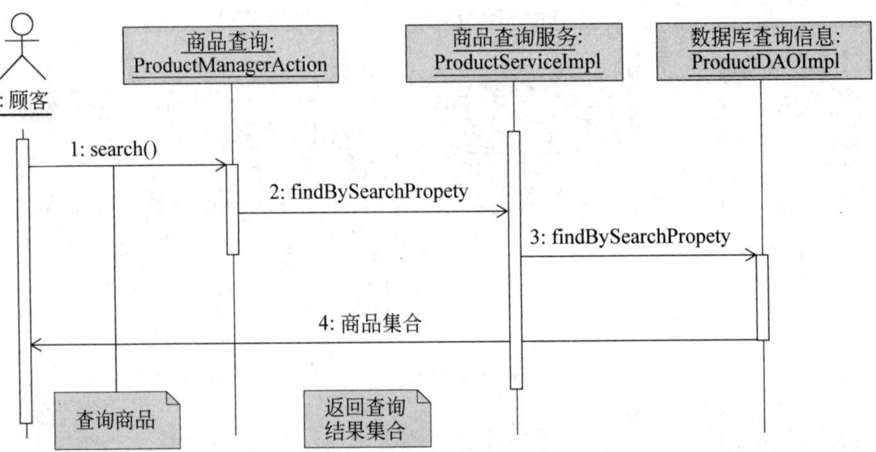

图 2-19　商品查询模块序列图

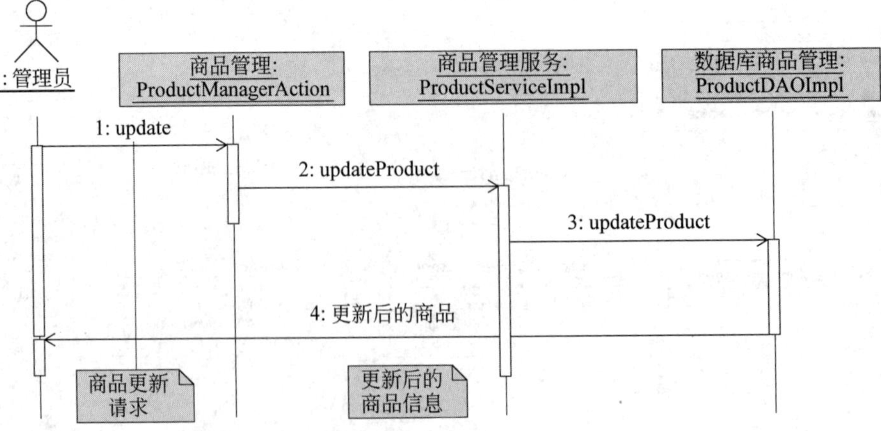

图 2-20　商品管理模块序列图

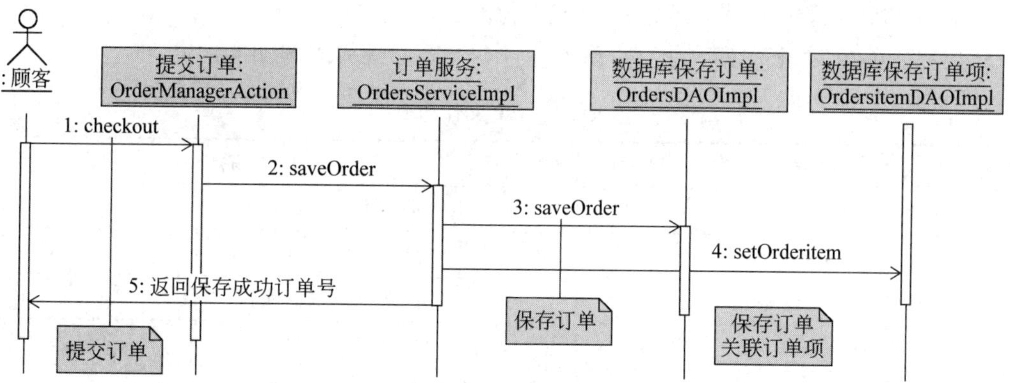

图 2-21　用户提交订单模块序列图

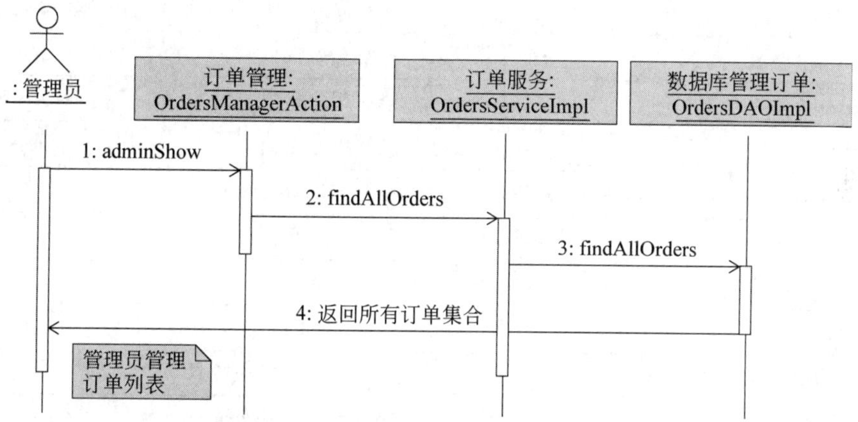

图 2-22　管理员管理订单模块序列图

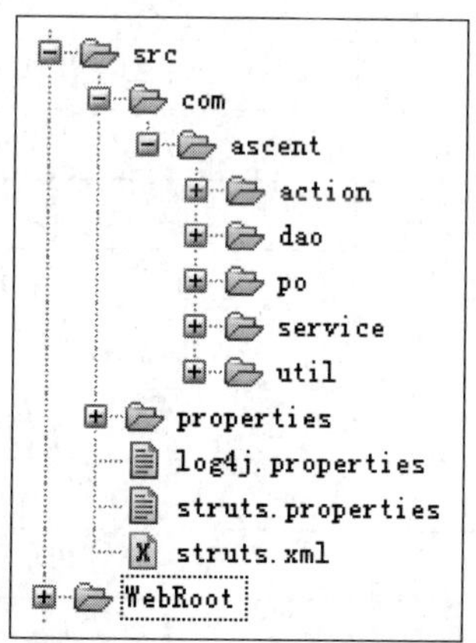

图 2-23　项目整体逻辑结构图

Web 应用程序的组织结构可以分为 3 部分：

- Web 应用根目录下放置用于前端展现的 JSP 文件。
- com.ascent.action 放置处理请求的 Action。
- properties 放置程序中用到的资源文件。

下面对组织结构中的 3 个部分分别进行介绍。

JSP 文件包括 32 个文件。表 2-1 列出了每个 JSP 文件实现的功能。

表 2-1 JSP 文件列表

文件名称	功能
index.jsp	索引页面,入口界面
add_products_admin.jsp	管理员添加商品页
add_products_excel_admin.jsp	管理员批量添加商品页
admin_ordershow.jsp	管理员查看订单页
admin_orderuser.jsp	管理员查看订单对应用户页
admin_products_show.jsp	管理员查看商品页
allProducts.jsp	所有商品页面,分配商品给用户使用页
cartshow.jsp	购物车展现页
changesuperuser.jsp	修改用户权限页面
checkout.jsp	结算中心页面
checkoutsucc.jsp	结算成功页面
ContactUs.jsp	关于我们页面
employee.jsp	员工招聘页面
itservice.jsp	IT 服务页面
mailmanager_fail.jsp	邮件管理设置失败页面
mailmanager_succ.jsp	邮件设置成功页面
mailmanager.jsp	邮件管理页面
orderitem_show.jsp	订单项展现页面
ordershow.jsp	订单查看页面
Page.jsp	分页公共页面
Product_Search.jsp	商品查询页面
products_search_show.jsp	商品查询展现页面
products_show.jsp	商品展现页面
products_showusers.jsp	管理员用户管理列表页面
products.jsp	医药商务入口页面
regist_succ.jsp	注册成功提示页
register.jsp	注册页面
update_products_admin.jsp	管理员修改商品信息页面
updateproductuser.jsp	管理员修改用户信息页面
upload_error.jsp	上传错误页面
userproducts_show.jsp	用户分配商品展现页面

Action 包括 13 个文件,表 2-2 列出了每个 Action 的功能。

表 2-2 Action 列表

文件名称	功能
BaseAction	所有 Action 的父类,同时是服务定位器
CartManagerAction.java	购物车管理 Action
ClearSessionAction.java	用户退出 Action
MailManagerAction.java	邮件管理 Action
OrderitemManagerAction.java	订单项管理 Action
OrdersManagerAction.java	订单管理 Action
ProductIdCheckAction.java	商品 ID 验证 Action
ProductManagerAction.java	商品管理 Action
UsrLoginAction.java	用户登录 Action
UsrManagerAction.java	用户管理 Action
RegistAction.java	注册 Action
RegistCheckAction.java	注册验证 Action
UserProductAddAction.java	用户产品权限分配 Action

2）后端数据 Hibernate 部分的设计

（1）com.ascent.po 逻辑包。

com.ascent.po 逻辑包包括 Persistence Object（持久化对象）和相应的 hbm.xml 映射文件，见表 2-3。

表 2-3 Persistence Object 列表

文件名称	功能
com.ascent.po. Mailtb	代表 Mail 的类
com.ascent.po. Orderitem	代表订单项的类
com.ascent.po. Orders	代表订单的类
com.ascent.po. Product	代表商品的类
com.ascent.po. Usr	代表用户的类
com.ascent.po. UserProduct	代表用户-商品权限类

（2）com.ascent.dao 逻辑包。

com.ascent.dao 逻辑包包括数据读取对象（Data Access Object，DAO）的接口，见表 2-4。

表 2-4 DAO 接口列表

文件名称	功能
com.ascent.dao.MailDAO	邮件 DAO 接口
com.ascent.dao.OrderitemDAO	订单项 DAO 接口
com.ascent.dao.OrdersDAO	订单 DAO 接口
com.ascent.dao.ProductDAO	商品 DAO 接口
com.ascent.dao.UsrDAO	用户 DAO 接口
com.ascent.dao.UserProductDAO	用户-商品权限 DAO 接口

(3) com.ascent.dao.impl 逻辑包。

com.ascent.dao.impl 逻辑包包括 DAO 的实现类,见表 2-5。

表 2-5　DAO 实现列表

文件名称	功　　能
com.ascent.dao.impl. MailDAOImpl	邮件 DAO 实现
com.ascent.dao.impl. OrderitemDAOImpl	订单项 DAO 实现
com.ascent.dao.impl. OrdersDAOImpl	订单 DAO 实现
com.ascent.dao.impl. ProductDAOImpl	商品 DAO 实现
com.ascent.dao.impl. UsrDAOImpl	用户 DAO 实现
com.ascent.dao.impl. UserProductDAOImpl	用户-商品权限 DAO 实现

3) 中间业务层 Spring 部分的设计

(1) com.ascent.service 逻辑包。

com.ascent.service 逻辑包包括所有与医药商务的业务逻辑对象(Business Object,BO)接口,见表 2-6。

表 2-6　BO 接口列表

文件名称	功　　能
com.ascent.service. MailService	邮件的 Service 接口
com.ascent.service. OrderitemService	订单项的 Service 接口
com.ascent.service. OrdersService	订单的 Service 接口
com.ascent.service. ProductService	商品的 Service 接口
com.ascent.service. UsrService	用户的 Service 接口
com.ascent.service. UserProductService	用户-商品权限分配的 Service 接口

(2) com.ascent.service.impl 逻辑包。

com.ascent.service.impl 逻辑包包括所有与医药商务的 BO 实现,见表 2-7。

表 2-7　BO 实现类列表

文件名称	功　　能
com.ascent.service.impl. MailServiceImpl	邮件的 Service 接口实现
com.ascent.service.impl. OrderitemServiceImpl	订单项的 Service 接口实现
com.ascent.service.impl. OrdersServiceImpl	订单的 Service 接口实现
com.ascent.service.impl. ProductServiceImpl	商品的 Service 接口实现
com.ascent.service.impl. UsrServiceImpl	用户的 Service 接口实现
com.ascent.service.impl. UserProductServiceImpl	用户-商品权限分配的 Service 接口实现

4）工具类

com.ascent.utill 逻辑包，见表 2-8。

表 2-8 Utility（工具类）列表

文件名称	功　　能
com.ascent.util. AddExcelProduct	解析 Excel 工具类
com.ascent.util. AuthImg	随机码生成工具类
com.ascent.util. jmyz	邮件验证工具类
com.ascent.util. PageBean	分页工具类
com.ascent.util. SendMail	邮件发送工具类
com.ascent.util. SetCharacterEncodingFilter	编码工具类
com.ascent.util. ShopCart	购物车工具类

2.2.2 数据库设计

实体关系（entity-relationship）如图 2-24 所示，表结构见表 2-9～表 2-14。

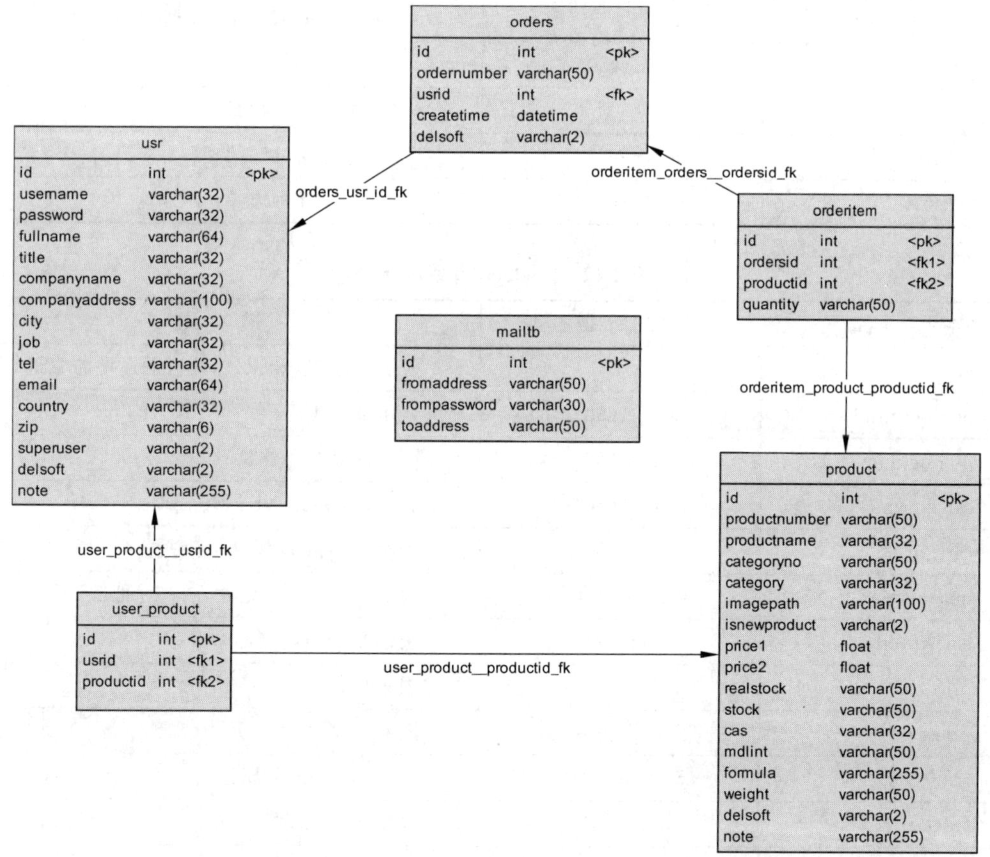

图 2-24　数据库物理图

表 2-9　mailtb(邮件表)表结构

列　名	类　型	描　述
id	int	表示邮件 ID,是自动递增的主键
fromaddress	varchar (50)	表示发邮件地址
frompassword	varchar (30)	表示发邮件密码
toaddress	varchar (50)	表示收邮件地址

表 2-10　orderitem(订单项表)表结构

列　名	类　型	描　述
id	int	表示订单项 ID,是自动递增的主键
ordersid	int	表示订单 ID
productid	int	表示商品 ID
quantity	varchar(50)	表示商品质量

表 2-11　Orders(订单)表结构

列　名	类　型	描　述
id	int	表示订单 ID,是自动递增的主键
ordernumber	varchar(50)	表示订单的编号
usrid	int	表示客户标识号
createtime	datetime	表示订单的时间
delsoft	varchar(2)	表示删除标志位

表 2-12　product(商品)表结构

列　名	类　型	描　述
id	int	表示商品 ID 标识号,是自动递增的主键
productnumber	varchar(50)	表示商品编号
productname	varchar(32)	表示商品名称属性
categoryno	varchar(50)	表示 CategoryNo 属性
category	varchar(32)	表示 Category 属性,药品类别
imagepath	varchar(100)	表示 imagepath 属性,图片地址
isnewproduct	varchar(2)	表示是否为新产品
price1	float	表示价格 1
price2	float	表示价格 2
realstock	varchar(50)	表示 RealStock 属性
stock	varchar(50)	表示 Stock 属性
cas	varchar(32)	表示 CAS 属性
mdlint	varchar(50)	表示 Mdlint 属性

续表

列　名	类　型	描　述
formula	varchar(255)	表示 Formula 属性
weight	varchar(50)	表示 Weight 属性
delsoft	varchar(2)	表示删除标志位
note	varchar(255)	表示备注

表 2-13　usr(用户)表结构

列　名	类　型	描　述
id	int	表示用户 ID 标识号,是自动递增的主键
username	varchar(32)	表示用户名称
password	varchar(32)	表示用户密码
fullname	varchar(64)	表示全名
title	varchar(32)	表示称谓
companyname	varchar(32)	表示用户公司名称
companyaddress	varchar(100)	表示用户公司地址
city	varchar(32)	表示用户生活的城市
job	varchar(32)	表示用户的工作
tel	varchar(32)	表示用户的电话
email	varchar(64)	表示用户的 E-mail
country	varchar(32)	表示用户的国家
zip	varchar(6)	表示邮编
superuser	varchar(2)	表示用户权限标志：①普通注册用户；②高权限用户；③管理员
delsoft	varchar(2)	表示删除标志位
note	varchar(255)	表示备注

表 2-14　user_product(用户-产品权限分配)表结构

列　名	类　型	描　述
id	int	表示 ID 编号,是自动递增的主键
usrid	int	表示客户标识号
productid	int	表示产品标识号

2.3　项目运行指南

(1) 需要的环境：

① MySQL 8.0.19；

② Tomcat 8.5.34；

③ 集成开发环境(IDE)：MyEclipse 2017 CI 7。

注意：这些软件的版本很重要，版本太高或太低都可能带来部署和运行问题。请和以上软件的版本保持一致！

(2) 创建数据库。

首先建立数据库并导入数据，具体步骤如下：

① 启动 MySQL 命令行，输入数据库密码，按回车键进入 MySQL，如图 2-25 所示。

```
(base) MacBook-Pro-3:~ hehuan$ mysql -u root -p
Enter password:
Welcome to the MySQL monitor.  Commands end with ; or \g.
Your MySQL connection id is 10
Server version: 8.0.19 MySQL Community Server - GPL

Copyright (c) 2000, 2020, Oracle and/or its affiliates. All rights reserved.

Oracle is a registered trademark of Oracle Corporation and/or its
affiliates. Other names may be trademarks of their respective
owners.

Type 'help;' or '\h' for help. Type '\c' to clear the current input statement.

mysql> 
```

图 2-25　进入 MySQL

② 创建 acesys 数据库，并使用 acesys 数据库，具体如图 2-26 所示。

③ 执行导入命令 mysql> source /Users/hehuan/Desktop/acesys.sql;，其中/Users/hehuan/Desktop/acesys.sql 是 SQL 脚本，可以把它放在任意目录下，本例放在/Users/hehuan/Desktop 下，按回车键执行导入命令，具体如图 2-27 所示。

```
mysql> create database acesys;
Query OK, 1 row affected (0.01 sec)

mysql> use acesys;
Database changed
mysql>
```

图 2-26　创建并使用 acesys 数据库

```
Query OK, 0 rows affected (0.00 sec)

Query OK, 0 rows affected (0.00 sec)

Query OK, 0 rows affected (0.00 sec)

Query OK, 0 rows affected (0.00 sec)

Query OK, 0 rows affected (0.00 sec)

Query OK, 0 rows affected (0.00 sec)

Query OK, 0 rows affected (0.00 sec)

Query OK, 0 rows affected (0.00 sec)

Query OK, 0 rows affected (0.00 sec)

Query OK, 0 rows affected (0.00 sec)

mysql>
```

图 2-27　导入数据

成功导入后，数据库建立成功。读者也可以使用 MySQL GUI 客户端在其中进行类似的操作。

(3) 将 acesys.war 解压后的 acesys 文件夹复制到 tomcat\webapps 下，**找到 tomcat\webapps\acesys\WEB-INF\applicationContext.xml 文件，打开并修改下面代码中的数据库驱动信息，将数据库的用户名和密码改成自己的用户名和密码。**

```
<bean id="dataSource"
class="org.apache.commons.dbcp.BasicDataSource">
<property name="driverClassName"
value="com.mysql.jdbc.Driver">
</property>
<property name="url"
value="jdbc:mysql://localhost:3306/acesys?useUnicode=true&amp;characterEncoding=
gb2312&amp;useSSL=false&amp;serverTimezone=UTC">
</property>
<property name="username" value="数据库的用户名"></property>
<property name="password" value="数据库的密码"></property>
</bean>
```

至此,工程就可以启动运行了。

注意:在修改过程中不要破坏 applicationContext.xml 文件格式,否则项目无法正常启动。

(4) 启动 Tomcat,输入 http://localhost:8080/acesys,项目就正确启动并运行了。

(5) 管理员用户名为 admin,密码为 123456,登录试运行。

(6) 用户还可以作为普通人员登录网站试运行。

常见的用户登录名和密码信息见表 2-15。

具体信息可查询数据库中的 usr 表。

表 2-15 用户信息

登 录 名	密 码
lixing	lixing
ascent	ascent
shang	shang
test	test

2.4 本章总结

- AscentWeb 医药商务系统项目需求分析
- AscentWeb 医药商务系统项目系统分析与设计
- AscentWeb 医药商务系统项目运行指南

2.5 习题

1. AscentWeb 医药商务系统主要包括哪些模块?
2. AscentWeb 医药商务系统的整体逻辑结构是什么?
3. AscentWeb 医药商务系统的数据库设计主要包括哪些表?

第3章 Struts基础

学习目的与学习要求

学习目的：深入了解 Struts 2 框架，掌握 Struts 2 框架的工作流程及各个配置文件，Action 类的开发及配置，Model 组件的配置开发和 View 试图组件的配置跳转。

学习要求：熟练应用开发工具搭建和开发基于 Struts 2 框架的应用系统；熟练开发 Action 类及配置调用，正确使用 View 试图组件跳转显示，顺利完成本章节案例开发，并模拟开发其他项目功能。

本章主要内容

本章主要内容包括 MVC 模式概述、MVC 与 Struts 2 的映射、Struts 2 框架的工作流程和配置文件、Action 类的开发和配置、Model 组件和试图组件的开发和配置及 Struts 2 开发步骤。

在 Web 应用开发中，我们经常使用 Struts 框架解决用户接口(UI)层，及其与后端应用层之间的交互。

Struts 是 Craig McClanahan 在 2001 年发布的 Web 框架。经过多年的验证，Struts 越来越稳定和成熟。目前，Struts 推出 2.0 版本的全新框架，它在另一个 MVC 框架 Webwork 的优良基础设计之上进行了一次巨大的升级。

Struts 框架是 MVC 设计模式的一个具体实现，下面介绍 MVC 模式。

3.1 MVC 模式概述

在计算机软件工程领域常常提到设计模式(Design Pattern)。那么，什么是模式(Pattern)呢？一般来说，模式是指一种从一个多次出现的问题背景中抽象出的解决问题的固定方案，而这个问题背景不应该是绝对的，或者说是不固定的。很多时候，看来不相关的问题，会有相同的问题背景，从而需要应用相同的模式解决。

模式的概念最开始的时候出现在城市建筑领域中。后来，这个概念逐渐被计算机科学所采纳，并在一本广为接受的经典书籍的推动下而流行起来。这本书就是 *Design Patterns: Elements of Reusable Object-Oriented Software*（设计模式：可复用面向对象软件元素），由 4 位软件大师合写而成（很多时候，直接用 GoF 指这 4 位作者，GoF 的意思是 Gangs of Four，即四人帮）。

设计模式指的是在软件的建模和设计过程中运用到的模式。设计模式中的很多种方法其实很早就出现了，并且应用得比较多。但是，直到 GoF 的书出来之前，并没有一种统一的认识。或者说，那时并没有对模式形成一个概念，这些方法还仅处在经验阶段，并没有被系统地整理，形成一种理论。

每个设计模式都系统地命名、解释和评价了面向对象系统中一个重要的和重复出现的设计。这样，只要清楚这些设计模式，就可以完全或者很大程度上吸收那些蕴含在模式中的宝贵经验，对面向对象的系统能够有更完善的了解。更重要的是，这些模式都可以直接用来指导面向对象系统中至关重要的对象建模问题。如果有相同的问题背景，直接套用这些模式就可以了，这可以省去很多工作量。

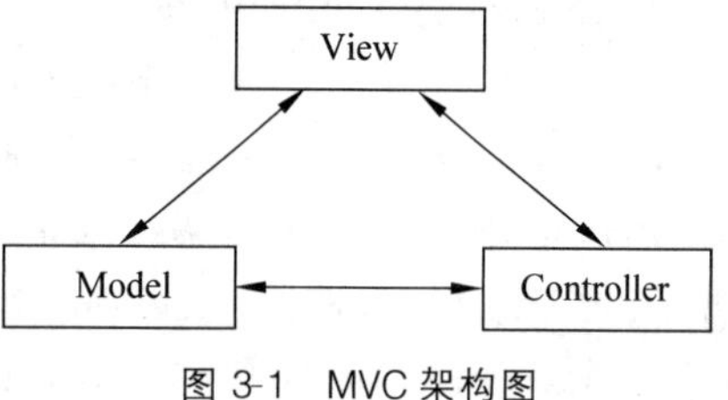

图 3-1 MVC 架构图

MVC 模式就是一种很常见的设计模式。所谓的 MVC 模式，即模型-视图-控制器（Model-View-Controller）模式。MVC 架构图如图 3-1 所示。

1. Model 端

在 MVC 中，模型是执行某些任务的代码，而这部分代码并没有任何逻辑决定用户端的表示方法。Model 只有纯粹的功能性接口，也就是一系列的公共方法，通过这些公共方法，便可以取得模型端的所有功能。

2. View 端

在 MVC 模式里，一个 Model 可以有几个 View 端，而实际上多个 View 端是使用 MVC 的原始动机。使用 MVC 模式可以允许存在多于一个的 View 端，并可以在需要的时候动态注册所需要的 View。

3. Controller 端

MVC 模式的视图端是与 MVC 的控制器结合使用的。当用户端与相应的视图发生交互时，用户可以通过视窗更新模型的状态，而这种更新是通过控制器端进行的。控制器端通过调用模型端的方法更改其状态值。与此同时，控制器端会通知所有注册了的视图刷新用户界面。

那么，使用 MVC 模式有哪些优点呢？MVC 通过以下 3 种方式消除与用户接口和面向对象的设计有关的绝大部分困难：

（1）控制器通过一个状态机跟踪和处理面向操作的用户事件。这允许控制器在必要时创建和破坏来自模型的对象，并且将面向操作的拓扑结构与面向对象的设计隔离开。这个隔离有助于防止面向对象的设计走向歧途。

（2）MVC 将用户接口与面向对象的模型分开。这允许同样的模型不用修改，就可使用许多不同的界面显示方式。除此之外，如果模型更新由控制器完成，那么界面就可以跨应用再使用。

（3）MVC 允许应用的用户接口进行大的变化，而不影响模型。每个用户接口的变化只需要对控制器进行修改，但是控制器包含很少的实际行为，它是很容易修改的。

面向对象的设计人员在将一个可视化接口添加到一个面向对象的设计中时必须非常小心，因为可视化接口的面向操作的拓扑结构可以大大增加设计的复杂性。

MVC 设计允许一个开发者将一个好的面向对象的设计与用户接口隔离开，允许在同样的模型中使用多个接口，并且允许在实现阶段对接口做大的修改，而不需要对相应的模型进行修改。

3.2 MVC 与 Struts 2 的映射

Struts 的体系结构实现了 Model-View-Controller 设计模式的概念，它将这些概念映射到 Web 应用程序的组件和概念中。

1. 控制器层(Controller)

与 Struts 1 使用 ActionServlet 作为控制器不同，Struts 2 使用了 filter 技术，FilterDispatcher 是 Struts 框架的核心控制器。该控制器负责拦截和过滤所有的用户请求。如果用户请求以 action 结尾，该请求将被转入 Struts 框架进行处理。Struts 框架获得 *.action 请求后，将根据 *.action 请求的名称部分决定调用哪个业务控制 action 类。例如，对于 test.action 请求，调用名为 test 的 action 处理该请求。

Struts 应用中的 action 都被定义在 struts.xml 文件中，在该文件中配置 action 时，主要定义了该 action 的 name 属性和 class 属性，其中 name 属性决定了该 action 处理哪个用户请求，而 class 属性决定了 action 的实现类。例如，<action name＝"registAction" class＝"com.ascent.action.RegistAction">用于处理用户请求的 action 实例，并没有与 Servlet API 耦合，所以无法直接处理用户请求。为此，Struts 框架提供了系列拦截器，该系列拦截器负责将 HttpServletRequest 请求中的请求参数解析出来，传入 Action 中，并回调 Action 的 execute() 方法处理用户请求。关于拦截器的概念，稍后会详细讲解。

2. 显示层(View)

Struts 2 框架改变了 Struts 1 只能使用 JSP 作为视图技术的现状(当然，可以少量支持 Velocity 等技术)，它允许使用其他的视图技术(如 FreeMarker、Velocity 等)作为显示层。

当 Struts 2 的控制器调用业务逻辑组件处理完用户请求后，会返回一个字符串，该字符串代表逻辑视图，它并未与任何视图技术关联。

当在 struts.xml 文件中配置 action 时，还要为 action 元素指定系列 result 子元素，每个 result 子元素定义上述逻辑视图和物理视图之间的映射。一般情况下使用 JSP 技术作为视图，故配置 result 子元素时没有 type 属性，默认使用 JSP 作为视图资源，如<result name＝"error">/product/register.jsp</result>。

如果需要在 Struts 2 中使用其他视图技术，则在配置 result 子元素时指定相应的 type 属性即可。例如，type 属性指定值可以是 Velocity。

Struts 显示层包括一个便于创建用户界面的定制标记库。这些标记的使用将在后面讨论。另外我们还会讲解国际化支持、表达式语言等内容。

3. 模型层(Model)

模型层指的是后端业务逻辑处理，它会被 action 调用处理用户请求。当控制器需要获得业务逻辑组件实例时，通常并不会直接获取业务逻辑组件实例，而是通过工厂模式获得业务逻辑组件的实例;或者利用其他 IoC 容器(如 Spring 容器)管理业务逻辑组件的实例。后面会详细介绍这些技术。

基于 MVC 的系统中的业务逻辑组件还可以细分为两个概念:系统的内部状态以及能够改变状态的行为。可以把状态信息当作名词(事物),把行为当作动词(事物状态的改变),它们使用 JavaBean、EJB 或 Web Service 实现。

这一体系结构中的每个主要组件将在下面详细讨论。在此之前先了解一下 Struts 2 的整体工作流程。

3.3 Struts 2 框架的工作流程和配置文件

3.3.1 Struts 2 框架的工作流程

Struts 2 的工作流程是 WebWork 的升级,而不是 Struts 1 的升级,如图 3-2 所示。

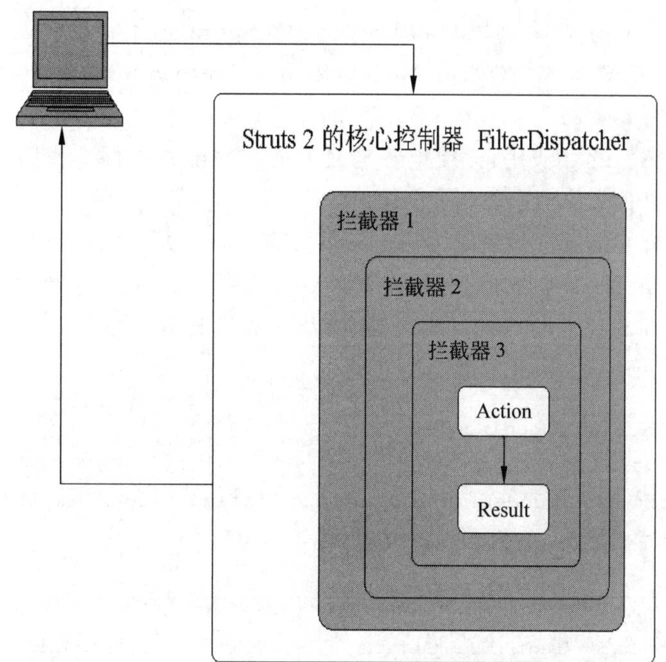

图 3-2 Struts 2 的体系概图

Struts 2 的工作流程如下:

(1) 浏览器发送请求,如请求/regist.action、/reports/myreport.pdf 等。

(2) 核心控制器 FilterDispatcher 根据请求决定调用合适的 Action。

(3) WebWork 的拦截器链自动对请求应用通用功能,如验证、工作流或文件上传等功能。

(4) 回调 Action 的 execute()方法,该方法先获取用户请求参数,然后执行某种业务操作,既可以将数据保存到数据库,也可以从数据库中检索信息。实际上,因为 Action 只是一个控制器,所以它会调用业务逻辑组件(Model)处理用户的请求。

(5) Action 的 execute()方法处理结果信息将被输出到浏览器中,可以是 HTML 页面、图像,也可以是 PDF 文档或者其他文档。Struts 2 支持的视图技术非常多,既支持 JSP,也支持

Velocity、FreeMarker 等模板技术。

要想更详细地掌握 Struts 的核心技术和流程，就要先理解 Struts 的配置文件。

3.3.2 Struts 的配置文件

Struts 2 的配置文件有两份，包括配置 Action 的 struts.xml 文件和配置 Struts 2 全局属性的 struts.properties 文件。接下来分别对它们进行讨论。

1. struts.xml 配置文件

首先了解一下 Struts 2 框架自带的一些配置文件。在 Struts 2 的 jar 包中，会看到有一个 struts-default.xml 文件。这个 struts-default.xml 文件是 Struts 2 框架的默认配置文件，Struts 2 框架每次都会自动加载该文件。struts-default.xml 文件定义了一个名字为 struts-default 的包空间，该包空间里定义了 Struts 2 内建的 Result 类型，配置了大量的核心组件，以及 Struts 2 内建的系列拦截器、由不同拦截器组成的拦截器栈和默认的拦截器引用等。

另外，Struts 2 框架允许以一种"可插拔"的方式安装插件，它们都提供了一个类似 Struts2-xxx-plugin.jar 的文件，例如后面要用到的 Spring 插件，它提供了 Struts2-spring-plugin2.06.jar 文件，只要将该文件放在 Web 应用的 WEB-INF/lib 路径下，Struts 2 框架将自动加载该框架。

对于绝大部分 Struts 2 应用，无须重新定义上面这些配置文件。我们所要关注和管理的是下面的 struts.xml 配置文件。

Struts 框架的核心配置文件就是 struts.xml 配置文件。默认情况下，Struts 2 框架将自动加载放在 WEB-INF/classes 路径下的 struts.xml 文件。该文件主要负责管理应用中的 Action 映射、该 Action 包含的 result 定义等，以及一些其他相关配置。

以下是项目中 struts.xml 的实例。

```
<?xml version="1.0" encoding="GBK"?>
<!DOCTYPE struts PUBLIC
"-//Apache Software Foundation//DTD Struts Configuration 2.0//EN"
"http://struts.apache.org/dtds/struts-2.0.dtd">
<struts>
    <package name="ascenttech" extends="json-default">
        <action name="registCheckAction" class="com.ascent.action.RegistCheckAction">
            <result type="json"></result>
        </action>
        <action name="registAction" class="com.ascent.action.RegistAction">
            <result>/product/regist_succ.jsp</result>
            <result name="error">/product/register.jsp</result>
        </action>
        <action name="usrLoginAction" class="com.ascent.action.UsrLoginAction">
            <result>/index.html</result>
            <result name="success_1">/product/products.jsp</result>
            <result name="success_2">/product/products.jsp</result>
            <result name="success_3">/product/products_showusers.jsp</result>
            <result name="error">/product/products.jsp</result>
            <result name="input">/product/products.jsp</result>
```

```
        </action>
        <action name="*usrManagerAction" class="com.ascent.action.UsrManagerAction"
method="{1}">
            <result></result>
            <result name="show_users">/product/products_showusers.jsp</result>
            <result name="updateuser">/product/updateuser.jsp</result>
            <result name="updateuser_error">/product/updateuser.jsp</result>
            <result name="changesuperuser_error">/product/changesuperuser.jsp</
result>
            <result name="error">/product/products.jsp</result>
            <result name="admin_order_user">/product/admin_orderuser.jsp</result>
        </action>
        <action name="productIdCheckAction" class="com.ascent.action.
ProductIdCheckAction">
            <result type="json"></result>
        </action>
        <action name="*ProductManagerAction" class="com.ascent.action.
ProductManagerAction" method="{1}">
            <!-- 配置 fileUpload 拦截器 -->
            <interceptor-ref name="fileUpload">
                <!-- 设置上传文件类型 -->
                <param name="allowedTypes">image/bmp,image/png,image/jpg,image/
gif,application/vnd.ms-excel </param>
                <!-- 设置上传文件大小 -->
                <param name="maximumSize">200000</param>
            </interceptor-ref>
            <!-- 必须显示配置引用 struts 默认的拦截器栈:defaultStack -->
            <interceptor-ref name="defaultStack"></interceptor-ref>
            <!-- 设置上传路径 -->
            <param name="savePath">/upload</param>
            <result name="adminproductsshow">/product/admin_products_show.jsp</
result>
            <result name="saveOnesuccess">/product/admin_products_show.jsp</result>
            <!-- 必须设置 input 逻辑视图,拦截器默认出错返回 input -->
            <result name="input">/product/upload_error.jsp</result>
            <result name="updateProduct">/product/update_products_admin.jsp</
result>
            <result name="guestproductsshow">/product/products_show.jsp</result>
            <result name="searchproductshow">/product/products_search_show.jsp</
result>
            <result name="userproducts">/product/userproducts_show.jsp</result>
            <result name="index">/index.jsp</result>
            <result name="productdetail">/product/productdetail.jsp</result>
        </action>
        <action name="*CartManagerAction" class="com.ascent.action.CartManagerAction"
```

```
method="{1}">
            <result name="cartshow">/product/cartshow.jsp</result>
        </action>
        <action name="*OrdersManagerAction" class="com.ascent.action
.OrdersManagerAction" method="{1}">
        <result name="checkoutsucc">/product/checkoutsucc.jsp</result>
        <result name="ordershow">/product/ordershow.jsp</result>
        <result name="adminordershow">/product/admin_ordershow.jsp</result>
        </action>
        <action name="*OrderitemManagerAction" class="com.ascent.action
.OrderitemManagerAction" method="{1}">
        <result name="orderitemshow">/product/orderitem_show.jsp</result>
        </action>
        <action name="*MailManagerAction" class="com.ascent.action
.MailManagerAction" method="{1}">
        <result name="addmailsucc">/product/mailmanager_succ.jsp</result>
        <result name="addmailfail">/product/mailmanager_fail.jsp</result>
        </action>
        <action name="userProductAddAction" class="com.ascent.action
.UserProductAddAction">
            <result type="json"></result>
        </action>
        <action name="clearSession" class="com.ascent.action.ClearSessionAction">
            <result>/index.jsp</result>
        </action>
    </package>
    <!-- 此处用 constant 元素定义常量 -->
    <constant name="struts.devMode" value="true"/>
    <!-- 定义资源文件的位置和类型 -->
    <constant name="struts.custom.i18n.resources" value="properties/myMessages"/>
    <!-- 设置应用使用的解析码 -->
    <constant name="struts.i18n.encoding" value="GBK"/>
    <!-- 设置应用使用的上传解析器类型 -->
    <constant name="struts.multipart.parser" value="jakarta"/>
    <!-- 指定使用按 type 的自动装配策略 -->
    <constant name="struts.objectFactory.spring.autoWire" value="name"/>
</struts>
```

接下来具体看看 struts.xml 的主要内容。

1）包配置

Struts 2 框架中的核心组件是 Action、拦截器等。Struts 2 框架使用包（package）管理 Action 和拦截器等，package 是多个 Action、多个拦截器、多个拦截器引用的集合。

在 struts.xml 文件中，package 元素用于定义包配置，每个 package 元素定义了一个包配置。定义 package 元素时可以指定如表 3-1 所示的 4 个属性。

表 3-1　package 元素属性

属　性	描　述
name	这是一个必填属性，它指定该包的名字，该名字是该包被其他包引用的 key
extends	该属性是一个可选属性，它指定该包继承其他包。继承其他包，可以继承其他包中的 Action 定义、拦截器定义等
namespace	该属性是一个可选属性，它定义该包的命名空间
abstract	该属性是一个可选属性，它指定该包是否是一个抽象包。抽象包中不能包含 Action 定义

这里要特别了解命名空间的概念。考虑到在同一个 Web 应用中可能有同名的 Action，Struts 2 以命名空间的方式管理 Action。同一个命名空间里不能有同名的 Action，不同的命名空间里可以有同名的 Action。Struts 2 的命名空间的作用等同于 Struts 1 里模块的作用，它允许以模块化的方式组织 Action。

Struts 2 不支持单独配置命名空间，而是通过为包指定 namespace 属性来为包里所有的 Action 指定共同的命名空间。

看下面的配置文件代码。

```
<package name="ascenttech" extends="struts-default" namespace="/ascentns">
    <action name="getUsers" class="com.ascent.action.GetUsersAction">
        <result name="login">/login.jsp</result>
        <result name="success">/listUser.jsp</result>
    </action>
</package>
```

当某个包指定命名空间后，该包下所有的 Action 处理 URL 的应该是命名空间＋Action 名。以上面名为 ascentns 的包为例，该包下包含了名为 getUsers 的 Action，则该 Action 处理的 URL 为

```
http://locahost:8080/ascentsdemo/ascentns/getUsers.action
```

如果某个包没有指定 namespace 属性，那么该包使用默认的命名空间，默认的命名空间总是“”。默认命名空间里的 Action 可以处理任何模块下的 Action 请求。也就是说，如果存在 URL 为/ascentns/test.action 的请求，并且/ascentns 的命名空间下没有名为 test 的 Action，则默认命名空间下名为 test 的 Action 也会处理用户请求。

除此之外，Struts 2 还可以指定根命名空间，即通过设置某个包的 namespace＝“/”指定根命名空间。如果请求为/test.action，系统会在根命名空间（“/”）中查找名为 test 的 action，如果在根命名空间中找到了名为 test 的 action，则由该 action 处理用户请求。否则，系统将转入默认命名空间中查找名为 test 的 action，如果默认的命名空间里有名为 test 的 action，则由该 action 处理用户请求；如果两个命名空间里都找不到名为 test 的 Action，则系统出现错误。

2）Action 配置

struts.xml 中最重要的是关于 Action 的配置。Action 是 Struts 2 的基本“程序单位”。

（1）基本配置。

配置 Action 时，需要指定该 Action 的实现类，并定义 Action 处理结果与视图资源之间的映射关系。

下面是 struts.xml 配置文件的示例：

```
<package name="ascenttech" extends="json-default">
    …
        <action name="usrLoginAction" class="com.ascent.action.UsrLoginAction">
            <result>/index.html</result>
            <result name="success_1">/product/products.jsp</result>
            <result name="success_2">/product/products.jsp</result>
            <result name="success_3">/product/products_showusers.jsp</result>
            <result name="error">/product/products.jsp</result>
            <result name="input">/product/products.jsp</result>
        </action>
    …
</package>
```

前面提到，Struts 2 使用包组织 Action，因此，Action 定义是放在包定义下完成的，定义 Action 通过使用 package 下的 Action 子元素完成。定义 Action 时，至少需要指定它的 name 属性，该 name 属性既是该 Action 的名字，也是它需要处理的 URL 的一部分。

注意：Struts 2 的 Action 名字就是它所处理的 URL 的前半部分。与 Struts 1 不同，Struts 1 的 Action 配置中的 name 属性指定的是该 Action 关联的 ActionForm，而 path 属性才是该 Action 处理的 URL。Struts 2 去除了这些易混淆的地方，Action 的 name 属性等同于 Struts 1 中 Action 的 path 属性。

除此之外，通常还需要为 Action 元素指定一个 class 属性，它指定了该 Action 的实现类，如<action name="usrLoginAction" class="com.ascent.action.UsrLoginAction">。

前面提到过，Action 只是一个业务控制器，它在处理完用户请求后，需要将指定的视图资源呈现给用户。因此，配置 Action 时，应该配置逻辑视图和物理视图资源之间的映射。这是通过<result…/>元素定义的，每个<result…/>元素定义逻辑视图和物理视图之间的一次映射。关于 result 的配置，后面有更详细的讲解。

另外，还可以为 action 元素指定 method 属性。Struts 框架允许一个表单元素里包含多个按钮，分别提交给不同的处理逻辑。Struts 2 提供了一种处理方法，即将一个 Action 处理类定义成多个逻辑 Action。如果在配置<action…/>元素时指定 action 的 method 属性，则可以让 Action 类调用指定方法，而不是用 execute()方法处理用户请求。

```
<action name="login" class="com.ascent.action.LoginAction" method="login" />
  …
</action>
<action name="regist" class=" com.ascent.action .LoginAction" />
  …
</action>
```

上面定义了 login 和 regist 两个逻辑 Action，它们对应的物理处理类都是 com.ascenttech.action.LoginAction。login 和 regist 两个 Action 虽然有相同的处理类，但处理逻辑不同，它通过 method()方法指定，其中名为 regist 的 Action 对应的处理逻辑为默认的 exeute()方法，而名为 login 的 Action 对应的逻辑为指定的 login()方法。

再次看上面 struts.xml 文件中两个<action…/>元素的定义，发现两个 action 定义的绝大部分相同,因此这种定义有大量冗余。为了解决这个问题,Struts 2 还有另一种形式的动态方法调用,即使用通配符的方式。

(2) 使用通配符。

在配置<action…/>元素时,可以指定 name、class 和 method 属性,这 3 个属性都可支持通配符,这种使用通配符的方式是动态方法调用的一种形式。当使用通配符定义 Action 的 name 属性时,相当于一个 action 元素定义多个逻辑 Action。

以下举例说明:

```
<action name="*Action" class="com.ascent.action.LoginAction" method="{1}">
  …
</action>
```

解释上面代码的含义:上面定义的不是一个普通的 action,而是定义了一系列的 action,只要 URL 是 *Action.action 的模式,都可以通过该 Action 进行处理,但该 Action 定义了一个表达式{1},该表达式的值就是 name 属性值中的第一个 * 的值。

例如,如果用户请求的 URL 是 loginAction.action,则调用该 action 的 login()方法;如果用户请求的 URL 是 registAction.action,则调用该 action 的 regist()方法。LoginAction 类不再包含默认的 execute()方法,而是包含了 regist()和 login()两个方法,这两个方法与 execute()方法除了方法名不同外,其他完全相同。

除此之外,表达式也可出现在<action…/>元素的 class 属性中,即 Struts 2 允许将一系列 Action 类配置成一个<action…/>元素。例如:

```
<action name="*Action" class="com.ascent.action.{1}Action">
…
</action>
```

上面的<action…/>定义片段定义了一系列的 Action,这些 Action 名字应该匹配 *Action 模式,没有指定 method 属性,所以总是使用 execute()方法处理用户请求。但 class 属性值使用了表达式,上面配置片段的含义是,如果有 URL 为 RegistAction.action 请求,将匹配 *Action 模式,而交给该 Action 处理,其第一个 * 的值为 Regist,该 Regist 传入 class 属性值,即该 Action 的处理类为 com.ascent.action.RegistAction。

如果需要,Struts 2 允许在 class 属性和 method 属性中同时使用表达式。看如下的配置片段:

```
<action name="*_*" class="com.ascent.action.{1}Action" method="{2}">
```

当一个 action 为 Product_update.action 的时候,将调用 ProductAction 的 update()方法处理用户请求。现在的问题是,当用户请求的 URL 同时匹配多个 Action 时,究竟由哪个 Action 处理用户请求?

如果有 URL 为 abcAction.action 的请求,struts.xml 文件有名为 abcAction 的 Action,则一定由该 Action 处理用户请求;如果 struts.xml 文件没有名为 abcAction 的 Action,则搜索 name 属性值匹配 abcAction 的 Action,例如 name 为 *Action 或 *,*Action 并不会比 * 更优先匹配 abcAction 的请求,而是先找到哪个 Action,就先由哪个 Action 处理用户的请求。因此,应该将名为 * 的 Action 配置在最后,否则 Struts 2 将使用该 Action 处理所有希望使用模式匹配的请求。

在 AscentWeb 项目的 struts.xml 中，使用了通配符：

```
<action name=" * CartManagerAction" class="com.ascent.action.CartManagerAction"
method="{1}">
            <result name="cartshow">/product/cartshow.jsp</result>
        </action>
        <action name=" * OrdersManagerAction" class="com.ascent.action.
OrdersManagerAction" method="{1}">
          <result name="checkoutsucc">/product/checkoutsucc.jsp</result>
          <result name="ordershow">/product/ordershow.jsp</result>
          <result name="adminordershow">/product/admin_ordershow.jsp</result>
        </action>
        <action name=" * OrderitemManagerAction" class="com.ascent.action.
OrderitemManagerAction" method="{1}">
          <result name="orderitemshow">/product/orderitem_show.jsp</result>
        </action>
```

(3) 处理结果。

前面已经提到，Action 仅负责处理用户请求，它只是一个控制器，不能也不应该直接提供对浏览者的响应。当 Action 处理完用户请求后，处理结果应该通过视图资源实现，而控制器应该控制将哪个视图资源呈现给浏览者。

Action 处理完用户请求后，将返回一个普通字符串，整个普通字符串就是一个逻辑视图名。struts.xml 中包含逻辑视图名和物理视图之间的映射关系，一旦收到 Action 返回的某个逻辑视图名，系统就会把对应的物理视图呈现给浏览者。

相对于 Struts 1 框架而言，Struts 2 的逻辑视图不再是 ActionForward 对象，而是一个普通字符串，这样的设计更有利于将 Action 类与 Struts 2 框架分离，提供了更好的代码复用性。

除此之外，Struts 2 还支持多种结果映射，实际资源不仅可以是 JSP 视图资源，也可以是 FreeMaker 或 Velocity 等视图资源，甚至可以将请求转给下一个 Action 处理，形成 Action 的链式处理。

① 处理结果配置。

Struts 2 通过在 Struts.xml 文件中使用<result…/>元素配置结果。根据<result…/>元素所在位置的不同，Struts 2 提供了两种结果。

- 局部结果：将<result…/>作为<action…/>元素的子元素配置。
- 全局结果：将<result…/>作为<global-result…/>元素的子元素配置。

先介绍局部结果，它的作用范围是对特定的某个 Action 有效。局部结果是通过在<action…/>元素中指定<result…/>元素配置的，一个<action…/>元素可以有多个<result…/>元素，这表示一个 action 可以对应多个结果。

最典型的<result…/>配置片段如下：

```
<action name="usrLoginAction" class="com.ascent.action.UsrLoginAction">
    <result>/index.html</result>
    <result name="success_1">/product/products.jsp</result>
```

```
    <result name="success_2">/product/products.jsp</result>
    <result name="success_3">/product/products_showusers.jsp</result>
    <result name="error">/product/products.jsp</result>
    <result name="input">/product/products.jsp</result>
</action>
```

注：还可以使用<param…/>子元素配置结果，其中<param…/>元素的 name 属性可以为如下两个值。

- location：该参数指定了该逻辑视图对应的实际视图资源。
- parse：该参数指定是否允许在实际视图名字中使用 OGNL 表达式，该参数值默认为 true。如果设置该参数值为 false，则不允许在实际视图名中使用表达式。通常无须修改该属性值。

下面了解一下全局结果。Struts 2 的<result…/>元素配置，也可放在<global-results…/>元素中配置，当在<global-results…/>元素中配置<result…/>元素时，该<result…/>元素配置了一个全局结果，全局结果的作用范围对所有的 Action 都有效。

如果一个 Action 里包含了与全局结果里同名的结果，则 Action 里的局部 Action 会覆盖全局 Action。也就是说，当 Action 处理用户请求结束后，会首先在本 Action 里的局部结果里搜索逻辑视图对应的结果，只有在 Action 里的局部结果里找不到逻辑视图对应的结果，才会到全局结果里搜索。

② Struts 2 支持的处理结果类型。

Struts 2 支持使用多种视图技术，如 JSP、Velocity 和 FreeMarker 等。当一个 Action 处理用户请求结束后，仅返回一个字符串，这个字符串就是逻辑视图名，但该逻辑视图并未与任何的视图技术及任何的视图资源关联。实际上，结果类型决定了 Action 处理结束后，下一步将执行哪种类型的动作。

Struts 2 的结果类型要求实现 com.opensymphony.xwork.Result，这个结果是所有 Action 执行结果的通用接口。如果需要自己的结果类型，应该提供一个实现该接口的类，并且在 struts.xml 文件中配置该结果类型。

Struts 2 的 Struts-default.xml 和各个插件中的 Struts-plugin.xml 文件中提供了一系列的结果类型，表 3-2 列出的就是 Struts 2 支持的结果类型。

表 3-2 Struts 2 支持的结果类型

结果类型	描述
Chain 结果类型	Action 链式处理的结果类型
Chart 结果类型	用于整合 JFreeChart 的结果类型
dispatcher 结果类型	用于 JSP 整合的结果类型
freemarker 结果类型	用于 freemarker 整合的结果类型
httpheader 结果类型	用于控制特殊的 HTTP 行为的结果类型
Jasper 结果类型	用于 JasperReports 整合的结果类型
Jsf 结果类型	用于与 JSF 整合的结果类型
redirect 结果类型	用于直接重定向到其他 URL 的结果类型

续表

结果类型	描　述
redirect-action 结果类型	用于直接重定向到 Action 的结果类型
Stream 结果类型	用于向浏览器返回一个 InputStream(一般用于文件下载)
Tiles 结果类型	用于与 Tiles 整合的结果类型
Velocity 结果类型	用于与 Velocity 整合的结果类型
XSLT 结果类型	用于与 XML/XSLT 整合的结果类型
plaintext 结果类型	用于显示某个页面的源代码的结果类型

上面一共列出 14 种类型，其中 dispatcher 结果类型是默认的类型，也就是说，如果省略了 type 属性，默认 type 属性为 dispatcher，它主要用于与 JSP 页面整合。下面重点介绍 plaintext、redirect 和 redirect-action 3 种结果类型。

a. plaintext 结果类型

这个结果类型并不常用，因为它的作用太过局限：它主要用于显示实际视图资源的源代码。在 struts.xml 文件中采用如下的配置片段：

```
<result type="plaintext">
    <param name="location">/welcome.jsp</param>
    <!--设置字符集编码-->
    <param name="charset">gb2312</param>
</result>
```

这里使用了 plaintext 结果类型，系统将把视图资源的源代码呈现给用户。如果在 welcome.jsp 页面的代码中包含了中文字符，使用 plaintext 结果将会看到乱码。为了解决这个问题，Struts 2 通过<param name="charset">gb2312</param>元素设置使用特定的编码解析页面代码。

b. redirect 结果类型

这种结果类型与 dispatcher 结果类型相对，dispatcher 结果类型是将请求 forward(转发)到指定的 jsp 资源；而 redirect 结果类型则意味着将请求 redirect(重定向)到指定的视图资源。

dispatcher 结果类型与 redirect 结果类型的差别主要是转发和重定向的差别；重定向的效果是重新产生一个请求，因此所有的请求参数、请求属性、Action 实例和 Action 中封装的属性全部丢失。

完整地配置一个 redirect 的 Result，可以指定如下两个参数：

- location：该参数指定 Action 处理完用户请求后跳转的地址。
- parse：该参数指定是否允许在 location 参数值中使用表达式，该参数默认为 true。

c. redirect-action 结果类型

当一个 Action 处理结束后，直接将请求重定向(是重定向，不是转发)到另一个 Action 时，应该使用 redirect-action 结果类型。配置 redirect-action 结果类型时，可以指定如下两个参数：

- actionName：该参数指定重定向的 Action 名。
- namespace：该参数指定需要重定向的 Action 所在的命名空间。

下面是一个使用 redirect-action 结果类型的配置实例：

```
<result type=" redirect-action">
    <!--指定 action 的命名空间-->
    <param name="namespace">/ss</param>
    <!--指定 action 的名字-->
    <param name="actionName">login </param>
</result>
```

③ 动态结果。

动态结果的意思是在指定实际视图资源时使用了表达式语法，通过这种语法可以允许 Action 处理完用户请求后，动态转入实际的视图资源。

实际上，Struts 2 不仅允许在 class 属性、name 属性中使用表达式，还可以在<action…/>元素的<result…/>子元素中使用表达式。下面提供了一个通用 Action，该 Action 可以配置成如下形式：

```
<action name=" * ">
  <result>/{1}.jsp</result>
</action>
```

在上面的 Action 定义中，Action 的名字是一个 *，即它可以匹配任意的 Action，即所有的用户请求都可通过该 Action 处理。因为没有为该 Action 指定 class 属性，即该 Action 使用 ActionSupport 作为处理类，而且因为该 ActionSupport 类的 execute()方法返回 success 的字符串，即该 Action 总是直接返回 result 中指定的 JSP 资源，JSP 资源使用表达式生成资源名。上面 Action 定义的含义是：如果请求 a.action，则进入 a.jsp；如果请求 b.action，则进入 b.jsp 页面……以此类推。

另外，在配置<result…/>元素时，还允许使用 OGNL 表达式，这种用法允许让请求参数决定结果。在配置<result…/>元素时，不仅可以使用 ${0}表达式形式指定视图资源，还可以使用 ${属性名}的方式指定视图资源。在后面这种配置方式下，${属性名}里的属性名就是对应 Action 实例里的属性。例如：

```
<result type="redirect">edit.action? productName=${myProduct.name}</result>
```

对于上面的表达式语法，要求 action 中必须包含 myProduct 属性，并且 myProduct 属性必须包含 name 属性，否则 ${myProduct.name}表达式的值为 null。

3) include(包含)配置

在大部分应用里，随着应用规模的增加，系统中的 Action 数量也会大量增加，导致 struts.xml 配置文件变得非常臃肿。为了避免这种情况，可以将一个 struts.xml 配置文件分解成多个配置文件，然后在 struts.xml 文件中包含其他配置文件。通过这种方式，Struts 2 提供了一种模块化的方式管理 struts.xml 配置文件，体现了软件工程中“分而治之”的原则。

Struts 2 默认只加载 WEB-INF/class 下的 struts.xml 文件，所以必须通过 struts.xml 文件包含其他配置文件。

在 struts.xml 文件中包含其他配置文件通过<include…/>元素完成，配置<include…/>元素需要指定一个必需的属性，该属性指定了被包含配置文件的文件名。被包含的 struts 配置文件也是标准的 Struts 2 配置文件，一样包含 DTD 信息、Struts 2 配置文件的根元素等信息。

通常，将 Struts 2 的所有配置文件都放在 Web 应用的 WEB-INF/classes 路径下，strust.xml 文件包含了其他的配置文件，Struts 2 框架自动加载 strust.xml 文件，从而完成加载所有配置信息。

4）Bean 配置

Struts 2 框架是一个可扩展性的框架。对于框架的大部分核心组件，Struts 2 并不是直接以硬编码的方式写在代码中，而是以自己的 IoC（控制反转）容器管理框架的核心组件。关于 IoC，第 10 章将会详细讲解。

Struts 2 框架以可配置的方式管理 Struts 的核心组件，从而允许开发者可以很方便地扩展该框架的核心组件。当开发者需要扩展，或者替换 Struts 2 的核心组件时，只提供自己的组件实现类，并将该组件实现类部署在 Struts 2 的 IoC 容器中即可。

通常使用<bean/>元素在 struts.xml 文件中定义 Bean。bean 元素属性见表 3-3。

表 3-3　bean 元素属性

属　性	描　　述
class	这个属性是一个必填属性，它指定了 Bean 实例的实现类
Type	这个属性是一个可选属性，它指定了 Bean 实例实现的 Struts 2 规范，该规范通常是通过某个接口实现的，因此该属性的值通常是一个 Struts 2 接口。如果需要将 Bean 实例作为 Struts 2 组件使用，则应该指定该属性值
Name	该属性指定了 Bean 实例的名字，对于有相同 type 类型的多个 Bean，它们的 name 属性不能相同。这个属性也是一个可选属性
Scope	该属性指定 Bean 实例的作用域。该属性是一个可选属性，属性值只能是 default、singleton、request、session 或 thread 中之一
Static	该属性指定 Bean 是否使用静态方法注入。通常，当指定了 type 属性时，该属性不应该指定为 true
optional	该属性指定该 Bean 是否为一个可选的 Bean，该属性是一个可选属性

在 struts.xml 文件中定义 Bean 时，通常有如下两个作用：

- 创建该 Bean 的实例，将该实例作为 Struts 2 框架的核心组件使用。
- Bean 包含的静态方法需要一个值注入。

在第一种用法下，因为 Bean 实例往往是作为一个核心组件使用的，因此需要告诉 Struts 容器该实例的作用——就是该实例实现了哪个接口，这个接口往往定义了该组件必须遵守的规范。

第二种用法则可以很方便地允许不创建某个类的实例，却可以接受框架常量。在这种用法下，通常需要设置 static="true"。

注意：对于绝大部分 Struts 2 应用而言，无须重新定义 Struts 2 框架的核心组件，也就无须在 struts.xml 文件中定义 Bean。

5）常量配置

在 struts.xml 文件中配置常量是一种指定 Struts 2 属性的方式。稍后会介绍如何在 struts.properties 文件中配置 Struts 2 属性，这两种方式的作用基本相似。通常推荐在 struts.xml 文件中定义 Struts 2 属性，而不是在 struts.properties 文件中定义 Struts 2 属性的方式，这主要是为了保持与 WebWork 的向后兼容性。另外，还可以在 web.xml 文件中配置 Struts 2

常量。

通常,Struts 2 框架按如下搜索顺序加载 Struts 2 常量:

- struts-default.xml: 该文件保存在 struts2-2.0.6.jar 文件中。
- struts-plugin.xml: 该文件保存在 struts2-xxx-2.0.6.jar 等 Struts 2 插件 jar 文件中。
- struts.xml: 该文件是 Web 应用默认的 Struts 2 配置文件。
- struts.properties: 该文件是 Web 应用默认的 Struts 2 配置文件。
- web.xml: 该文件是 Web 应用的配置文件。

上面指定了 Struts 2 框架搜索 Struts 2 常量顺序,如果在多个文件中配置了同一个 Struts 2 常量,则后一个文件中配置的常量值会覆盖前面文件中配置的常量值。

在不同的文件中配置常量的方式不一样,但不管在哪个文件中,配置 Struts 2 常量都需要指定两个属性: 常量 name 和常量 value。

其中,在 struts.xml 文件中通过元素 constant 配置常量。配置常量需要指定两个必填的属性。

- name: 该属性指定了常量 name。
- value: 该属性指定了常量 value。

如果需要指定 Struts 2 的国际化资源文件的 baseName 为 mess,则可以在 strust.xml 文件中使用如下的代码片段:

```
<?xml  version="1.0"  encoding="UTF-8 "  ?>
<!--指定 Struts 2 的 DTD 信息-->
<!DOCTYPE Struts  PUBLIC
    "-//Apache  Software  Foundation//DTD  Struts  Configuration  2.0//EN"
     "http://struts.apache.org/dtds/struts-2.0.dtd">
<struts>
    <!--通过 constant 元素配置 Struts 2 的属性-- >
    <constant name="struts.custom.i18n.resources" value="properties/myMessages"/>
    ...
</struts>
```

上面的代码片段中配置了一个常用属性 struts.custom.i18n.resources,该属性指定应用所需的国际化资源文件的 baseName 为 properties/myMessages。

对于 struts.properties 文件而言,该文件的内容就是系列的 key-value 对,其中每个 key 对应一个 Struts 2 常量 name,而每个 value 对应一个 Struts 2 常量 value。关于 struts.properties 配置文件,稍后会详细介绍。

在 web.xml 文件中配置 Struts 2 常量,可通过<filter>元素的<int-param>子元素指定,每个<int-param>元素配置了一个 Struts 2 常量。

实际开发中不推荐将 Struts 2 常量配置在 web.xml 文件中。毕竟,采用这种配置方式配置常量需要更多的代码量,而且降低了文件的可读性。通常推荐将 Struts 2 常量集中在 strust.xml 文件中进行管理。

6) 拦截器配置

拦截器其实就是 AOP(面向方面编程)的编程思想。关于面向方面编程,将会在第 11 章详细讲解。拦截器允许在 Action 处理之前,或者 Action 处理结束之后,插入开发者自定义的代码。

在很多情况下，需要在多个 Action 中进行相同的操作，如权限控制，此处就可以使用拦截器检查用户是否登录，用户的权限是否足够(当然，也可以借助 Spring 的 AOP 框架完成)。通常，使用拦截器可以完成如下操作。

- 进行权限控制(检查浏览者是否为登录用户，并且有足够的访问权限)。
- 跟踪日志(记录每个浏览者所请求的每个 Action)。
- 跟踪系统的性能瓶颈(可以通过记录每个 Action 开始处理时间和结束时间，从而取得耗时较长的 Action)。

Struts 2 也允许将多个拦截器组合在一起，形成一个拦截器栈。一个拦截器栈可以包含多个拦截器，多个拦截器组成下一个拦截器栈。对于 Struts 2 系统而言，多个拦截器组成的拦截器栈对外也表现成一个拦截器。

定义拦截器之前，必须先定义组成拦截器栈的多个拦截器。Struts 2 把拦截器栈当成拦截器处理，因此拦截器和拦截器栈都放在<interceptors…/>元素中定义。

下面是拦截器的定义片段：

```
<interceptors>
    <interceptor name="log" class="cc.dynasoft.LogInterceptor" />
    <interceptor name="authority" class="cc.dynasoft. Authority Interceptor" />
    <interceptor name="timer" class="cc.dynasoft.TimerInterceptor" />
    <interceptor-stack name="default">
      <interceptor-ref name=" authority" />
    <interceptor-ref name=" timer" />
    </interceptor>
    ...
</interceptors>
```

一旦定义拦截器和拦截器栈之后，在 Action 中使用拦截器或拦截器栈的方式是相同的。

```
<action name="login" class="cc.dynasoft.LoginAction">
...
   <interceptor-ref name="log" />
</action>
```

在我们的项目中配置了 fileUpload 拦截器，如下所示：

```
<action name="*ProductManagerAction" class="com.ascent.action.ProductManagerAction"
method="{1}">
    <!-- 配置 fileUpload 拦截器 -->
    <interceptor-ref name="fileUpload">
        <!-- 设置上传文件类型 -->
        <param name="allowedTypes">image/bmp,image/png,image/jpg,image/gif,
application/vnd.ms-excel </param>
        <!-- 设置上传文件的大小 -->
        <param name="maximumSize">200000</param>
    </interceptor-ref>
    <!-- 必须显示配置引用 struts 默认的拦截器栈:defaultStack -->
```

```
    <interceptor-ref name="defaultStack"></interceptor-ref>
    ...
</action>
```

2. struts.properties 配置文件

除 struts.xml 核心文件外，Struts 2 框架还包含一个 struts.properties 文件，该文件通常放在 Web 应用的 WEB-INF/classes 路径下。它定义了 Struts 2 框架的大量属性，开发者可以通过改变这些属性满足个性化应用的需求。

struts.properties 中定义的 Struts 2 属性见表 3-4。

表 3-4　struts.properties 中定义的 Struts 2 属性

属　　性	描　　述
struts.configuration	该属性指定加载 Struts 2 配置文件的配置文件管理器。该属性的默认值是 org.apache.Struts2.config.DdfaultConfiguration，这是 Struts 2 默认的配置文件管理器。如果需要实现自己的配置管理器，开发者开发一个实现 configuration 接口的类，该类可以自己加载 Struts 2 配置文件
Struts.locale	指定 Web 应用的默认 Locale
Struts.i18n.encoding	指定 Web 应用的默认编码集。该属性对于处理中文请求参数非常有用，对于获取中文请求参数值，应该将该属性值设置为 GBK 或者 GB2312。 提示：当设置该参数为 GBK 时，相当于调用 httpservletrequest 的 setcharacterencoding()方法
struts.objectFactory	指定 Struts 2 默认的 objectFactory bean，该属性的默认值是 Spring
struts.objectFactory.spring.autoWire	指定 Spring 框架的自动装配模式，该属性的默认值是 name，即默认根据 Bean 的 name 属性自动装配
struts.objectFactory.spring.useClassCache	该属性指定整合 Spring 框架时，是否缓存 Bean 实例。该属性只允许使用 true 和 false 两个属性值，它的默认值是 true。通常不建议修改该属性值
struts.objectTypeDeterminer	该属性指定 Struts 2 的类型检测机制，通常支持 tiger 和 notiger 两个属性值
Struts.multipart.parser	该属性指定处理 multipart/form-data 的 MIME 类型(文件上传)请求的框架。该属性支持 cos、pell 和 jakarta 等属性值，即分别对应使用 cos 的文件上传框架、pell 上传及 common-fileupload 文件上传框架。该属性的默认值为 jakarta。 如果需要使用 cos 或者 pell 的文件上传方式，则应将对应的 JAR 文件复制到 Web 应用中。例如，使用 cos 上传方式，则需要自己下载 cos 框架的 JAR 文件，并将该文件放在 WEB-INF/lib 路径下
Struts.multipart.savedir	该属性指定上传文件的临时保存路径，默认值是 javax.servlet.context.tempdir
Struts.multipart.maxsize	该属性指定 Struts 2 文件中整个请求内容允许的最大字节数
Sturts.custom.properties	该属性指定 Struts 2 应用加载用户自定义的属性文件，该自定义属性文件指定的属性不会覆盖 struts.properties 文件中指定的属性。如果需要加载多个自定义属性文件，则多个自定义属性文件的文件名以英文逗号(,)隔开

续表

属　性	描　述
Struts.mapper.class	指定将 HTTP 请求映射到指定 Action 的映射器,Struts 2 提供了默认的映射器 org.pache.struts2.dispatcher.mapper.defaultactionmapper。默认映射器根据请求的前缀与 Action 的 name 属性完成映射
Struts.action.extension	该属性指定需要 Struts 2 处理的请求后缀,默认值是 action,即所有匹配 *.action 的请求都由 Struts 2 处理。如果用户需要指定多个请求后缀,则多个后缀之间以英文逗号(,)隔开
Struts.serve.static	该属性设置是否通过 JAR 文件提供静态内容服务,该属性只支持 true 和 false 属性值,该属性的默认属性值是 true
Struts.serve.static.browsercache	该属性设置浏览器是否缓存静态内容。当应用处于开发阶段时,若希望每次请求都获得服务器的最新响应,则可设置该属性为 false
Struts.enable.dynamicmethodinvocation	该属性设置 Struts 2 是否支持动态方法调用,默认值是 true。如果需要关闭动态方法调用,则可设置该属性为 false
Struts.enable.slashesinactionnames	该属性设置 Struts 2 是否允许在 Action 名中使用斜线,默认值是 false。如果开发者希望允许在 Action 名中使用斜线,则可设置该属性为 true
Struts.tag.altsyntax	该属性指定是否允许在 Struts 2 标签中使用表达式语法,因为通常需要在标签中使用表达式语法,故此属性应设置为 true。该属性的默认值是 true
Struts.devmode	该属性用于设置 Struts 2 应用是否使用开发模式。如果设置该属性为 true,则可以在应用出错时显示更多、更友好的出错提示。该属性只接受 true 和 false 两个值,默认值是 false。通常,应用在开发阶段,将该属性设置为 true,当进入产品发布阶段后,则该属性设置为 false
Struts.i18n.reload	该属性用于设置是否每次 HTTP 请求到达时,系统都重新加载资源文件,默认值是 false。在开发阶段将该属性设置为 true 会更有利于开发,但在产品发布阶段应将该属性设置为 false。 提示:在开发阶段将该属性设置为 true,可以在每次请求时重新加载国际化资源文件,从而让开发者看到实时开发效果;在产品发布阶段将该属性设置为 false,是为了提供响应性能,每次请求都重新加载资源文件会大大降低应用的性能
Struts.ui.theme	该属性指定视图标签默认的视图主题,默认值是 xhtml
Struts.ui.templateDir	该属性指定视图主题所需要模板文件的位置,默认值是 template,即默认加载 template 路径下的模板文件
Struts.ui.templateSuffix	该属性指定模板文件的后缀,默认值是 ftl。该属性还允许使用 ftl、vm 或 jsp,分别对应 FreeMarker、Velocity 和 JSP 模板
Struts.configuration.xml.reload	该属性设置当 struts.xml 文件改变后,系统是否自动重新加载该文件,默认值是 false
Struts.velocity.configfile	该属性指定 Velocity 框架所需的 velocity.properties 文件的位置,默认值是 velocity.properties
Struts.velocity.toolboxlocation	该属性指定 Velocity 框架的 Context 位置,如果该框架有多个 Context,则多个 Context 之间以英文逗号(,)隔开
Struts.velocity.toolboxlocation	该属性指定 Velocity 框架的 toolbox 的位置
Struts.url.http.port	该属性指定 Web 应用所在的监听端口。该属性通常没有太大的用户,只是当 Struts 2 需要生成 URL 时(如 Url 标签),该属性才提供 Web 应用的默认端口

续表

属　　性	描　　述
Struts.url.https.port	该属性类似于 Struts.url.http.port 属性的作用，区别是该属性指定的是 Web 应用的加密服务端口
Struts.url.includeparams	该属性指定 Struts 2 生成 URL 时是否包含请求参数。该属性接受 none、get 和 all 3 个属性值，分别对应于不包含、仅包含 GET 类型请求参数和包含全部请求参数
Struts.custom.i18n.resources	该属性指定 Struts 2 应用所需要的国际化资源文件，如果有多份国际化资源文件，则多个资源文件的文件名以英文逗号(,)隔开
Struts.dispatcher.parametersWorkaround	某些 Java EE 服务器不支持 HttpServletRequest 调用 getparameterMap()方法，此时可以设置该属性值为 true 解决该问题。该属性的默认值是 false。对于 WebLogic、Orion 和 OC4J 服务器，通常应该设置该属性为 true
Struts.freemarker.manager.classname	该属性指定 Struts 2 使用的 FreeMarker 管理器，默认值是 org.apache.struts2.views.freemarker.FreemarkerManager，这是 Struts 2 内建的 FreeMarker 管理器
Struts.freemarker.wrapper.altMap	该属性只支持 true 和 false 两个属性值，默认值是 true。通常无须修改该属性值
Struts.xslt.nocache	该属性指定 XSLT Result 是否使用样式表缓存。当应用处于开发阶段时，该属性通常设置为 true；当应用处于产品使用阶段时，该属性通常设置为 false
Struts.configuration.files	该属性用于指定 Struts 2 框架默认加载的配置文件，如果需要指定默认加载多个配置文件，则多个配置文件的文件名之间以英文逗号(,)隔开。该属性的默认值为 Struts-default.xml，struts-plugin.xml，struts.xml，看到该属性值，读者应该明白为什么 Struts 2 框架默认加载 struts.xml 文件

有时开发者不喜欢使用额外的 struts.properties 文件。前面提到，Struts 2 允许在 struts.xml 文件中管理 Struts 2 属性，在 struts.xml 文件中管理 Struts 2 属性，在 struts.xml 文件中通过配置 constant 元素，一样可以配置这些属性。前面已经提到，建议尽量在 strust.xml 文件中配置 Struts 2 常量。

3.4 创建 Controller 组件

Struts 的核心是 Controller 组件。它是连接 Model 和 View 组件的桥梁，也是理解 Struts 架构的关键。正如前面提到的，Struts 2 的控制器由两个部分组成：FilterDispatcher 和业务控制器 Action。

3.4.1 FilterDispatcher

任何 MVC 框架都需要与 Web 应用整合，这就离不开 web.xml 文件，只有配置在 web.xml 文件中，Filter/servlet 才会被应用加载。对于 Struts 2 框架而言，需要加载 FilterDispatcher。因为 Struts 2 将核心控制器设计成 filter，而不是一个 servlet，故为了让 Web 应用加载 FilterDispatcher，需要在 web.xml 文件中配置 FilterDispatcher。

配置 FilterDispatcher 的代码片段如下：

```
<!--配置 struts 2 框架的核心 Filter-->
<filter>
    <!--配置 struts 2 核心 Filter 的名字-->
    <filter-name>struts</ filter-name>
    <!--配置 struts 2 核心 Filter 的实现类-->
    <filter-class>org.apache. struts2.dispatcher.Filter Dispatcher</filter-class>
    <init-param>
        <!--配置 struts 2 框架默认加载的 Action 包结构-->
        <param-name>actionpackages</param-name>
        <param-value>org.apache. struts2.showcase.person</param-value>
    </init-param>
        <!--配置 struts 2 框架的配置提供者类-->
    <init-param>
        <param-name>configProviders</param-name>
        <param-value>com.ascent.MyConfigurationProvider</param-value>
    </init-param>
</filter>
```

正如上面看到的，当配置 Struts 2 的 FilterDispatcher 类时，可以指定一系列的初始化参数，为该 Filter 配置初始化参数时，其中有 3 个初始化参数有特殊的意义。

(1) Config：该参数的值是一个英文逗号(,)隔开的字符串，每个字符串都有一个 XML 配置文件的位置。Struts 2 框架将自动加载该属性指定的系列配置文件。

(2) Actionpackages：该参数的值也是一个以英文逗号(,)隔开的字符串，每个字符串都是一个包空间，Struts 2 框架将扫描这些包空间下的 Action 类。

(3) Configproviders：如果用户需要实现自己的 Configurationprovider 类，可以提供一个或多个实现了 Configurationprovider 接口的类，然后将这些类的类名设置成该属性的值，多个类名之间以英文逗号(,)隔开。

除此之外，还可在此处配置 Struts 2 常量，每个＜init-param＞元素配置一个 Struts 2 常量，其中＜param-name＞子元素指定了常量 name，而＜param-value＞子元素指定了常量 value。

在 web.xml 文件中配置了该 Filter，还需要配置该 Filter 拦截的 URL。通常，让该 Filter 拦截所有的用户请求，因此使用通配符配置该 Filter 拦截的 URL。

下面是配置该 Filter 拦截 URL 的片段。

```
<!--配置 Filter 拦截的 URL-->
<filter-mapping>
    <!--配置 struts 2 的核心 Filter Dispatcher 拦截所有用户请求-->
    <filter-name>struts</ filter-name>
    <url-pattern>/*</url-pattern>
</filter-mapping>
```

配置 Struts 2 的核心 FilterDispatcher 后，就基本完成了 Struts 2 在 web.xml 文件中的配置。

3.4.2 Action 的开发

对于 Struts 2 应用而言，Action 是应用系统的核心，我们也称 Action 为业务控制器。开发者需要提供大量的 Action 类，并在 strust.xml 文件中配置 Action。

1. 实现 Action 类

相对于 Strust 1 而言，Struts 2 采用了低侵入式的设计，Struts 2 的 Action 类是一个普通的 POJO（通常应该包含一个无参数的 execute()方法），从而带来很好的代码复用性。

为了让用户开发的 Action 类更规范，Struts 2 提供了一个 Action 接口，这个接口定义了 Struts 2 的 Action 处理类应该实现的规范。它的里面只定义了一个 execute()方法，该接口的规范规定了 Action 类应该包含这样一个方法，该方法返回了一个字符串。除此之外，该接口还定义了 5 个字符串常量，分别是 error、input、login、none 和 success，它们的作用是统一 execute()方法的返回值。例如，当 Action 类处理用户请求成功后，有人喜欢返回 welcome 字符串，有人喜欢返回 success 字符串，这样不利于项目的统一管理。Struts 2 的 Action 定义上面的 5 个字符串分别代表统一的特定含义。

另外，Struts 2 还提供了 Action 类的一个实现类：ActionSupport，它是一个默认的 Action 类，该类里已经提供了许多默认方法，这些默认方法包括获取国际化信息的方法、数据校验的方法、默认的处理用户请求的方法等。实际上，ActionSupport 类是 Struts 2 默认的 Action 处理类，如果让开发者的 Action 类继承该 Action 类，则会大大简化 Action 的开发。

2. Action 访问 Servlet API

Struts 2 的 Action 并未直接与任何 Servlet API 耦合，这是 Struts 2 的一个改进之处，因为这样的 Action 类具有更好的重用性，并且能更轻松地测试该 Action。

然而，对于 Web 应用的控制器而言，不访问 Servlet API 几乎是不可能的。例如，获得 HTTP Request 参数、跟踪 HTTP Session 状态等。为此，Struts 2 提供了一个 ActionContext 类，Struts 2 的 Action 可以通过该类访问 Servlet API，包括 HttpServletRequest、HttpSession 和 ServletContext 这 3 个类，它们分别代表 JSP 内置对象中的 request、session 和 application。

ActionContext 类中包含的几个常用方法见表 3-5。

表 3-5　ActionContext 类中包含的几个常用方法

方　法	描　述
Object get(Object key)	该方法类似于调用 HttpServletRequest 的 getAttribute(stringname)方法
Map getApplication	返回一个 map 对象，该对象模拟了该应用的 ServletContext 实例
Static ActionContext getContext	静态方法，获取系统的 ActionContext 实例
Map getParameters	获取所有的请求参数，类似于调用 HttpServletRequest 对象的 getparameterMap()方法
Map getSession	返回一个对象，该 map 对象模拟了 HttpSession 实例
Void setApplicaion(Map application)	直接传入一个 map 实例，将该 map 实例里的 key-value 对转换成 session 的属性名、属性值
Void setSession(Map session)	直接传入一个 map 实例，将该 map 实例里的 key-value 对转换成 session 的属性名、属性值

虽然 Struts 2 提供了 ActionContext 访问 Servlet API，但这种访问毕竟不能直接获取 Servlet API 实例，为了在 Action 中直接访问 Servlet API，还提供了如表 3-6 所示的系列接口。

表 3-6　Action 访问 Servlet 接口

接　口	描　述
ServletcontextAware：	实现该接口的 Action 可以直接访问应用的 ServletContext 实例
ServletRequestAware：	实现该接口的 Action 可以直接访问用户请求的 HttpServletRequest 实例
ServletResponseAware：	实现该接口的 Action 可以直接访问服务器响应的 HttpServletResponse 实例

另外，为了直接访问 Servlet API，Struts 2 提供了一个 ServletActionContext 类。借助这个类的帮助，开发者也能在 Action 中直接访问 Servlet API，可以避免 Action 类需要实现上面的接口。这个类包含表 3-7 所示的几个静态方法。

表 3-7　ServletActionContext 类的静态方法

方　法	描　述
Static PageContext getPageContext()：	取得 Web 应用的 PageContext 对象
Static HttpServletRequest getRequest()：	取得 Web 应用的 HttpServletRequest 对象
Static HttpServletResponse getResponse()：	取得 Web 应用的 HttpServletResponse 对象
Static ServletContext getServletContext()：	取得 Web 应用的 ServletContext 对象

3.4.3　属性驱动和模型驱动

熟悉 Struts 1 的读者知道，Struts 1 提供了 ActionForm 专门封装用户请求，这种方式在逻辑上显得更加清晰：Action 只负责处理用户请求，而 ActionForm 专门用于封装请求参数。如果 Struts 2 的开发者怀念这种开发方式，则可以使用 Struts 2 提供的模型驱动模式，这种模式也通过专门的 JavaBean 封装请求参数。

当 Struts 1 拦截到用户请求后，Struts 1 框架会负责将请求参数封装成 ActionForm 对象。这个对象的作用就是封装用户的请求参数，并可以进行验证。至于处理这些请求参数的功能，则由 Action 类负责。Struts 2 则不同，Struts 2 的 Action 对象封装了更多的信息，它不仅可以封装用户的请求参数，还可以封装 Action 的处理结果。相比于 Struts 1 的 Action 类，Struts 2 的 Action 承担了太多的责任：既用于封装来回请求的参数，也保护了控制逻辑。相对而言，这种模式确实不太清晰。出于结构清晰的考虑，应该采用单独的 Model 实例封装请求参数和处理结果，这就是所谓的模型驱动，也就是使用单独的 JavaBean 实例贯穿整个 MVC 流程；与之对应的属性驱动模式则使用属性(Property)作为贯穿 MVC 流程的信息携带者。简单地说，模型驱动使用单独的 Value Object(值对象)封装请求参数和处理结果，除了这个 JavaBean，还必须提供一个包含处理逻辑的 Action 类；而属性驱动则使用 Action 实例封装请求参数和处理结果。

对于采用模型驱动的 Action 而言，该 Action 必须实现 modelDriven 接口，实现该接口则必须实现 getModel()方法，该方法用于把 Action 和与之对应的 Model 实例关联起来。

配置模型驱动的 Action 与配置属性驱动的 Action 没有任何区别，Struts 2 不要求配置模型对象，即不需要配置 UserBean 实例。

模型驱动和属性驱动各有利弊，模型驱动结构清晰，但编程烦琐（需要额外提供一个 JavaBean 作为模型）；属性驱动则编程简洁，但结构不够清晰。不推荐使用模型驱动，属性驱动完全可以实现模型驱动的效果。毕竟，大量定义 JavaBean 是一件烦琐的事情。

3.5 创建 Model 组件

Struts 中的 Model 指的是业务逻辑组件，它可以使用 JavaBean 实现。通常，Model 组件的开发者侧重创建支持所有功能需求的 JavaBeans 类。它们通常可以分成下面讨论的几种类型。然而，首先对"范围"概念做一个简短的回顾是有用的，因为它与 Beans 有关。

1. JavaBeans 的范围

在一个基于 Web 的应用程序中，JavaBeans 可以保存在一些不同"属性"的集合中。每个集合都有集合生存期和所保存的 Beans 可见度的不同的规则。总的来说，定义生存期和可见度的这些规则被叫作这些 Beans 的范围。JSP 规范中使用以下术语定义可选的范围（括号中定义的是 servlet API 中的等价物）。

- page：在一个单独的 JSP 页面中可见的 Beans，生存期限于当前请求。（service()方法中的局部变量）
- request：在一个单独的 JSP 页面中可见的 Beans，也包括所有包含这个页面或从这个页面重定向到的页面或 servlet。（Request 属性）
- session：参与一个特定的用户 session 的所有的 JSP 和 servlet 都可见的 Beans，跨越一个或多个请求。（Session 属性）
- application：一个 Web 应用程序的所有 JSP 页面和 servlet 都可见的 Beans。（Servlet Context 属性）

同一个 Web 应用程序的 JSP 页面和 servlets 共享同一组 bean 集合很重要。例如，一个 bean 作为一个 request 属性保存在一个 servlet 中，就像：

```
MyCart mycart = new MyCart(...);
request.setAttribute("cart", mycart);
```

将立即被这个 servlet 重定向到的一个 JSP 页面使用一个标准的行为标记看到，就像：

```
<jsp:useBean id="cart"; scope="request" class="com.mycompany.MyApp.MyCart"/>
```

2. 系统状态 Beans

系统的实际状态通常表示为一组一个或多个 JavaBeans 类，其属性定义当前状态。例如，一个购物车系统包括一个表示购物车的 bean，这个 bean 被每个单独的购物者维护，这个 bean 中包括一组购物者当前选择购买的商品。同时，系统也包括保存用户信息（包括他们的信用卡和送货地址）、可提供商品的目录和它们当前库存水平的不同的 Beans。

对于小规模的系统，或者对于不需要长时间保存的状态信息，一组系统状态 Beans 可以包含所有系统曾经经历的特定细节的信息。或者，系统状态 Beans 表示永久保存在一些外部数据库中的信息（如 CustomerBean 对象对应表 CUSTOMERS 中特定的一行），在需要时从服务器的内存中创建或清除。在大规模应用程序中，Entity EJBs 也有这种用途。

3. 商业逻辑 Beans

应该把应用程序中的功能逻辑封装成为此目的设计的 JavaBeans 的方法调用。这些方法可以是用于系统状态 Beans 的相同类的一部分，也可以是专门执行商业逻辑的独立的类。在后一种情况下，通常需要将系统状态 Beans 传递给这些方法作为参数处理。

为了代码最大的可重用性，商业逻辑 Beans 应该被设计和实现为它们不知道自己被执行于 Web 应用环境中。如果发现在 bean 中必须导入一个 javax.servlet. * 类，就把这个商业逻辑捆绑在了 Web 应用环境中。考虑重新组织事物使 Action 类把所有 HTTP 请求处理为对商业逻辑 Beans 属性 set()方法调用的信息，然后可以发出一个对 execute()的调用。这样的一个商业逻辑类可以被重用在 Web 应用程序以外的环境中。

取决于应用程序的复杂度和范围，商业逻辑 Beans 可以是与作为参数传递的系统状态 Beans 交互作用的普通的 JavaBeans，或者使用 JDBC 调用访问数据库的普通的 JavaBeans。而对于较大的应用程序，这些 Beans 经常是有状态或无状态的 EJBs。

3.6 创建 View 组件

这里侧重创建应用程序中的 View 组件，主要使用 JSP 技术建立，当然，Struts 2 也支持其他 View 技术。在 JSP 中，经常大量使用标签。Struts 1.x 将标志库按功能分成 HTML、Tiles、Logic 和 Bean 等几部分，而 Struts 2.0 的标志库(Tag Library)严格来说没有分类，所有标志都在 URI 为“/struts-tags”的命名空间下。不过，可以从功能上将其分为两大类：一般标志和 UI 标志。

如果 Web 应用使用了 Servlet 2.3 以前的规范，Web 应用不会自动加载标签文件，因此必须在 web.xml 文件中配置加载 Struts 2 标签库。

配置加载 Struts 2 标签库的片段如下。

```
<!-- 手动配置 Struts 2 的标签库 -->
<taglib>
    <!-- 配置 Struts 2 标签库的 URI-->
    <taglib-uri>/s</taglib-uri>
    <!-- 指定 Struts 2 标签库定义文件的位置-->
    <taglib-location>/WEB-INF/strutstags.tld</taglib-location>
    </taglib>
```

上面的配置片段指定了 Struts 2 标签库配置文件的物理位置/WEB-INF/strutstags.tld，因此必须手动复制 Struts 2 的标签库定义文件，将该文件放置在 Web 应用的 WEB-INF 路径下。

如果 Web 应用使用 Servlet 2.4 以上的规范，则无须在 web.xml 文件中配置标签库定义，因为 Servlet 2.4 规范会自动加载标签库定义文件。加载 struts-tag.tld 标签库定义文件时，该文件的开始部分包含如下的代码片段。

```
<taglib>
    <!-- 定义标签库的版本 -->
    <tlib-version>2.2.3</tlib-version>
    <!-- 定义标签库所需的 JSP 版 -->
```

```
    <jsp-version>1.2</jsp-version>
    <short-name>s</short-name>
    <!-- 定义 Struts 2 标签库的 URI -->
    <uri>/sturts-tags</uri>
    ...
</taglib>
```

因为该文件中已经定义了该标签库的 URI：struts-tags，这就避免了在 web.xml 文件中重新定义 Struts 2 标签库文件的 URI。

要在 JSP 中使用 Struts 2.0 标志，先要指明标志的引入。通过在 JSP 代码的顶部加入以下代码可以做到这一点。

```
<%@taglib prefix="s" uri="/struts-tags" %>
```

第 4 章将会详细介绍 Struts 2 标签。

3.7 Struts 开发步骤

下面使用 MyEclipse 工具完成一个综合实例的开发，具体步骤如下。

(1) 创建 Web Project，选择 File→New→Web Project，如图 3-3 所示。

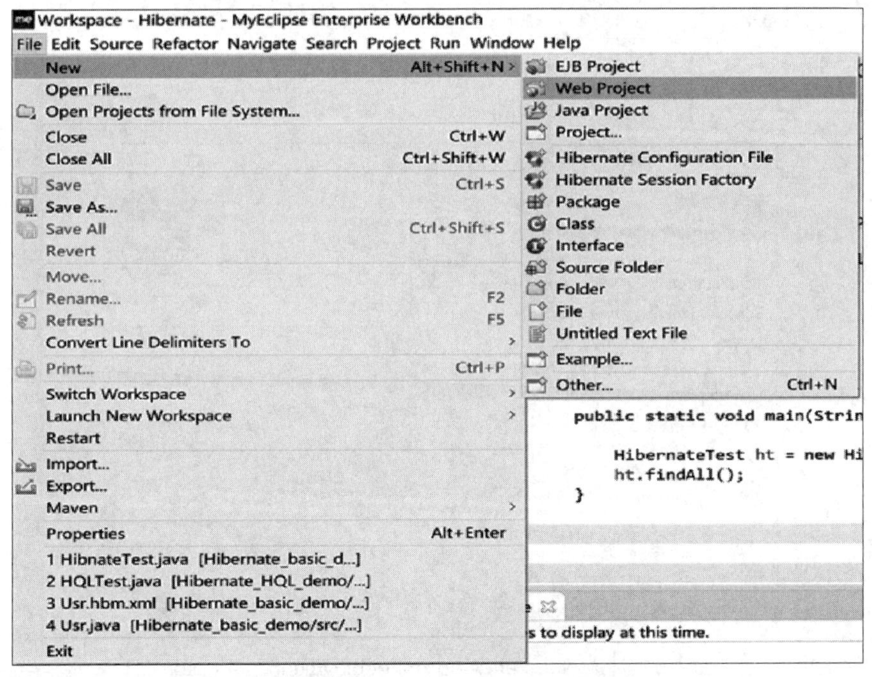

图 3-3 创建 Web 项目

在 Project name 中填写 Struts_basic_demo，如图 3-4 所示。

单击 Next 按钮，之后再单击 Next 按钮，在 New Web Project 对话框中勾选 Generate web.xml deployment descriptor，如图 3-5 所示。

最后单击 Finish 按钮。

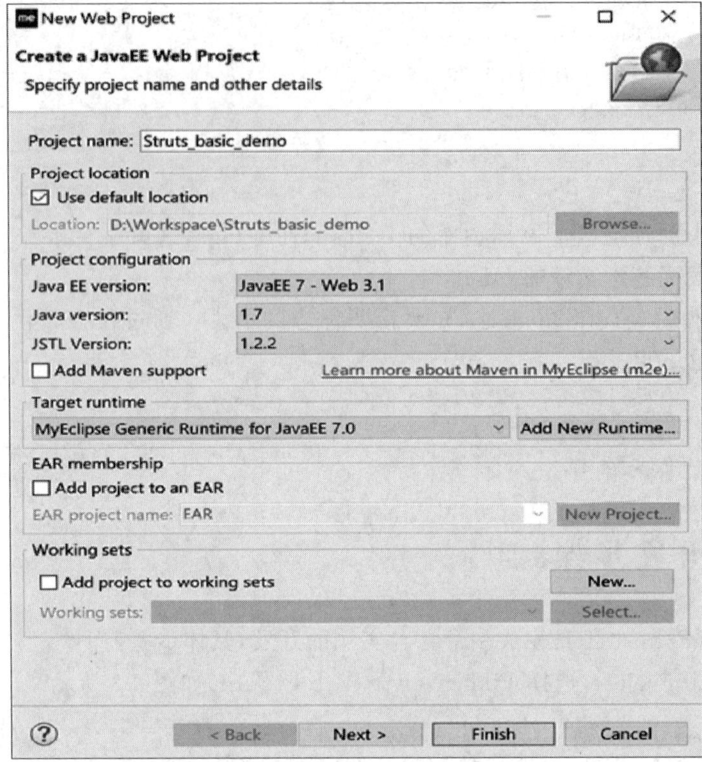

图 3-4　填写项目名称

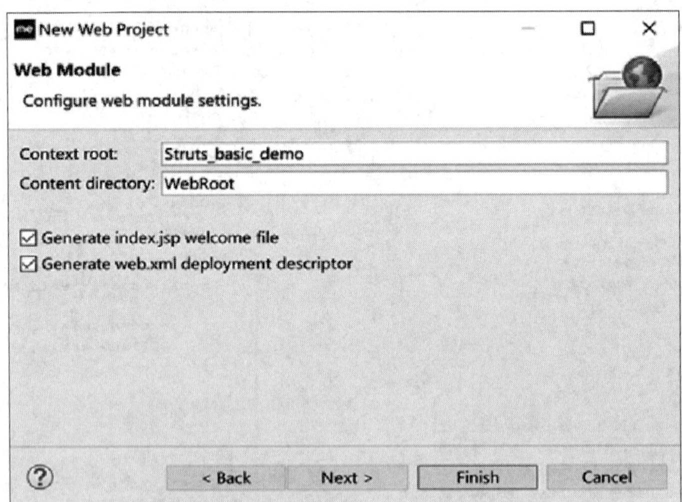

图 3-5　勾选 Generate web.xml deployment descriptor

(2) 添加 Struts Facet 支持。右击项目，从弹出的快捷菜单中选择 Configure Facets→Install Apache Struts (2.x)Facet，如图 3-6 所示。

单击 Next 按钮，之后再单击 Next 按钮，最后单击 Finish 按钮。

MyEclipse 为我们在 WebRoot 目录中的 WEB-INF 文件夹中生成了 web.xml 文件，内容如下。

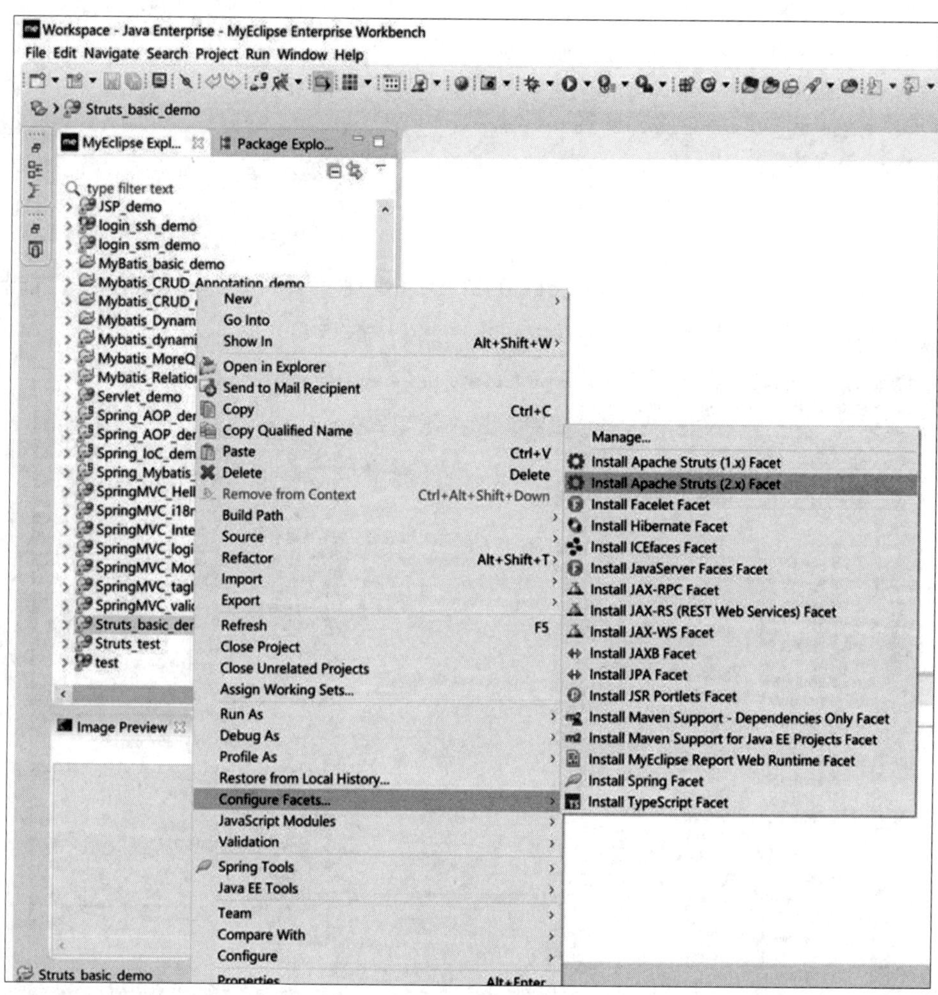

图 3-6 添加 Struts Facet 支持

```
<?xml version="1.0" encoding="UTF-8"?>
<web-app xmlns:xsi="http://www.w3.org/2001/XMLSchema-instance"
xmlns="http://xmlns.jcp.org/xml/ns/javaee"
xsi:schemaLocation="http://xmlns.jcp.org/xml/ns/javaee
http://xmlns.jcp.org/xml/ns/javaee/web-app_3_1.xsd" id="WebApp_ID" version="3.1">
  <display-name>Struts_basic_demo</display-name>
  <welcome-file-list>
    <welcome-file>index.html</welcome-file>
    <welcome-file>index.htm</welcome-file>
    <welcome-file>index.jsp</welcome-file>
    <welcome-file>default.html</welcome-file>
    <welcome-file>default.htm</welcome-file>
    <welcome-file>default.jsp</welcome-file>
  </welcome-file-list>
  <filter>
    <filter-name>struts2</filter-name>
    <filter-class>org.apache.struts2.dispatcher.ng.filter.StrutsPrepareAndExecuteFilter
```

```
    </filter-class>
  </filter>
  <filter-mapping>
    <filter-name>struts2</filter-name>
    <url-pattern> * .action</url-pattern>
  </filter-mapping>
</web-app>
```

(3) 编写 login.jsp。右击 WebRoot,在弹出的快捷菜单中选择 New,之后选择 JSP (Advanced Templates),如图 3-7 所示。

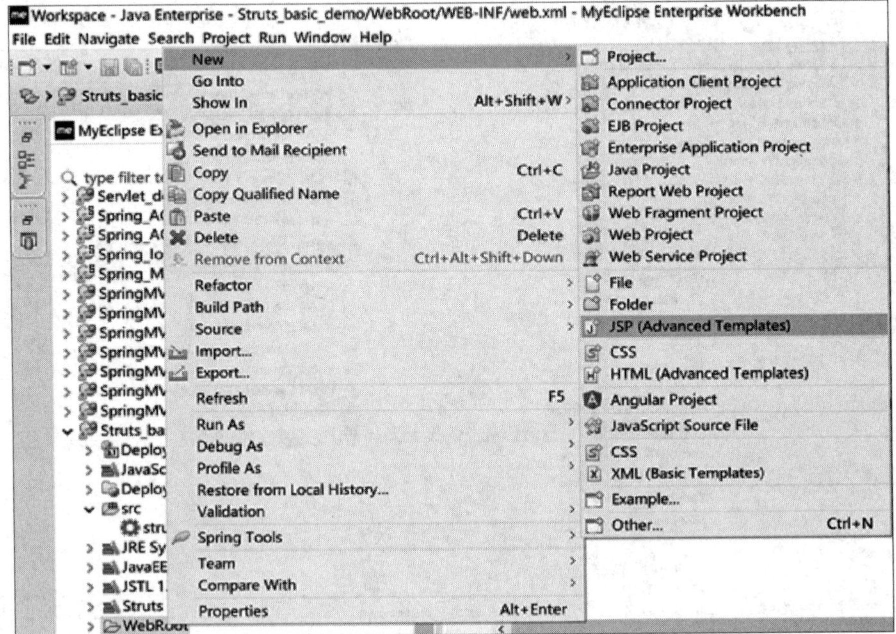

图 3-7 编写 JSP

JSP 命名为 login.jsp,代码如下。

```
<%@ page language="java" contentType="text/html; charset=utf-8"%>
<html>
<head>
  <title>登录页面</title>
</head>
<body>
  <h3>用户登录</h3>
  <form action="login.action" method="post">
    <table>
      <tr align="center">
        <td>用户名:<input type="text" name="username"/></td>
        </tr>
        <tr align="center"><td>密　码:<input type="password"
name="password"/></td></tr>
        <tr align="center">
```

```
        <td colspan="2"><input type="submit" value="提交"/><input
type="reset" value="重置"/></td>
       </tr>
     </table>
   </form>
</body>
</html>
```

(4) 写 Action 类。

右击 src,从弹出的快捷菜单中选择 New,之后选择 Package,如图 3-8 所示。

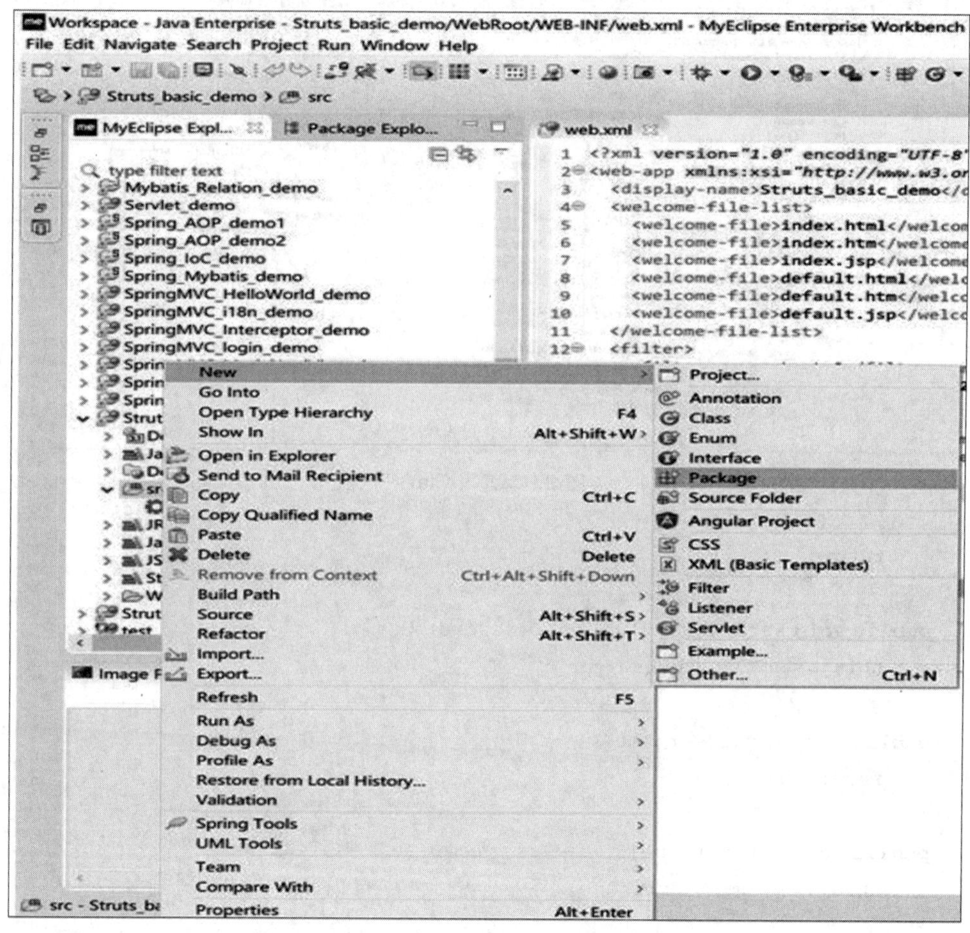

图 3-8 创建 Package

命名 Package 为 com.ascent.struts2.action,右击这个包,从弹出的快捷菜单中选择 New,之后选择 Class,命名类为 LoginAction,如图 3-9 所示。

LoginAction.java 代码如下。

```
package com.ascent.struts2.action;
public class LoginAction {
    private String username;
    private String password;
    public String getPassword() {
```

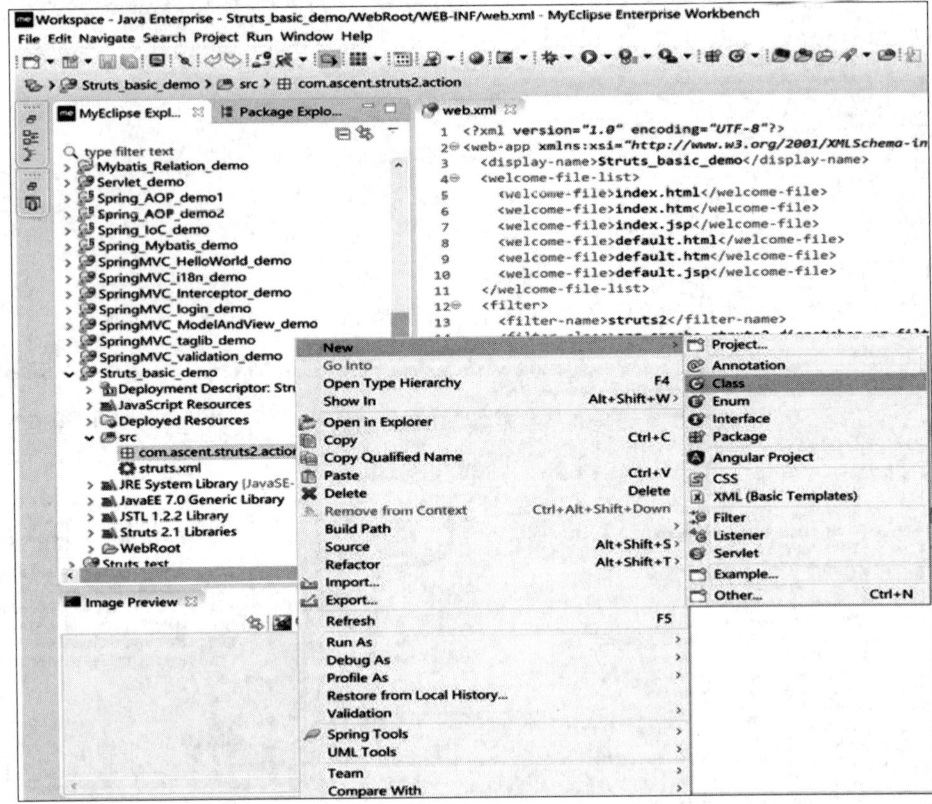

图 3-9 编写 Class

```
        return password;
    }
    public void setPassword(String password) {
        this.password = password;
    }
    public String getUsername() {
        return username;
    }
    public void setUsername(String username) {
        this.username = username;
    }
    public String execute(){
        if(getUsername().equals("liang")&& getPassword().equals("liang")){
            return "success";
        }
        return "error";
    }
}
```

(5) 编辑 src 下的 struts.xml,代码如下。

```
<?xml version="1.0" encoding="UTF-8"?>
```

```
<!DOCTYPE struts PUBLIC "-//Apache Software Foundation//DTD Struts Configuration
2.1//EN" "http://struts.apache.org/dtds/struts-2.1.dtd">
<struts>
  <package name="struts2" extends="struts-default">
    <action name="login" class="com.ascent.struts2.action.LoginAction">
        <result name="error">/error.jsp</result>
        <result name="success">/welcome.jsp</result>
    </action>
  </package>
</struts>
```

(6) 添加 error.jsp 和 welcome.jsp，代码如下。

error.jsp 代码：

```
<%@ page language="java" import="java.util.*" pageEncoding="UTF-8"%>
<%
String path = request.getContextPath();
String basePath = request.getScheme()+"://"+request.getServerName()+":"+
request.getServerPort()+path+"/";
%>
<!DOCTYPE HTML PUBLIC "-//W3C//DTD HTML 4.01 Transitional//EN">
<html>
  <head>
    <base href="<%=basePath%>">
    <title>My JSP 'error.jsp' starting page</title>
    <meta http-equiv="pragma" content="no-cache">
    <meta http-equiv="cache-control" content="no-cache">
    <meta http-equiv="expires" content="0">
    <meta http-equiv="keywords" content="keyword1,keyword2,keyword3">
    <meta http-equiv="description" content="This is my page">
    <!--
    <link rel="stylesheet" type="text/css" href="styles.css">
    -->
  </head>
  <body>
    Struts Demo<br>
    登录失败!
  </body>
</html>
```

welcome.jsp 代码：

```
<%@ page language="java" import="java.util.*" pageEncoding="UTF-8"%>
<%
String path = request.getContextPath();
String basePath = request.getScheme()+"://"+request.getServerName()+":"+
request.getServerPort()+path+"/";
%>
```

```
<!DOCTYPE HTML PUBLIC "-//W3C//DTD HTML 4.01 Transitional//EN">
<html>
  <head>
    <base href="<%=basePath%>">
    <title>My JSP 'welcome.jsp' starting page</title>
    <meta http-equiv="pragma" content="no-cache">
    <meta http-equiv="cache-control" content="no-cache">
    <meta http-equiv="expires" content="0">
    <meta http-equiv="keywords" content="keyword1,keyword2,keyword3">
    <meta http-equiv="description" content="This is my page">
    <!--
    <link rel="stylesheet" type="text/css" href="styles.css">
    -->
  </head>
  <body>
    Struts Demo<br>
    欢迎您,登录成功!
  </body>
</html>
```

(7) 部署和启动,进行测试。

选中 Struts_basic_demo 项目,单击图标,如图 3-10 所示。

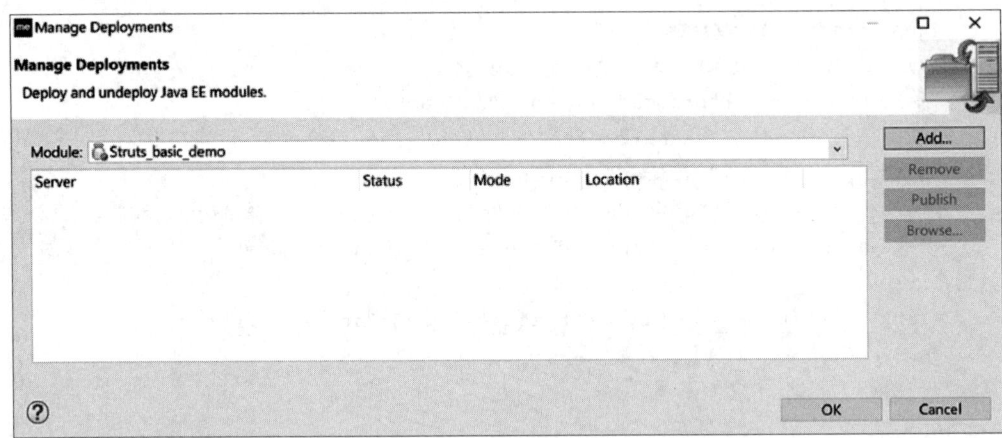

图 3-10 部署项目页面 1

右击 Add 按钮,选中 MyEclipse Tomcat v8.5,如图 3-11 所示。

单击 Next 按钮,再单击 Finish 按钮。

之后启动服务器,如图 3-12 所示。

在浏览器地址栏中输入地址

http://localhost:8080/Struts_basic_demo/login.jsp,打开登录页面,如图 3-13 所示。

输入用户名 liang,密码 liang,登录成功,如图 3-14 所示。

任意输入用户名或密码,登录失败页面如图 3-15 所示。

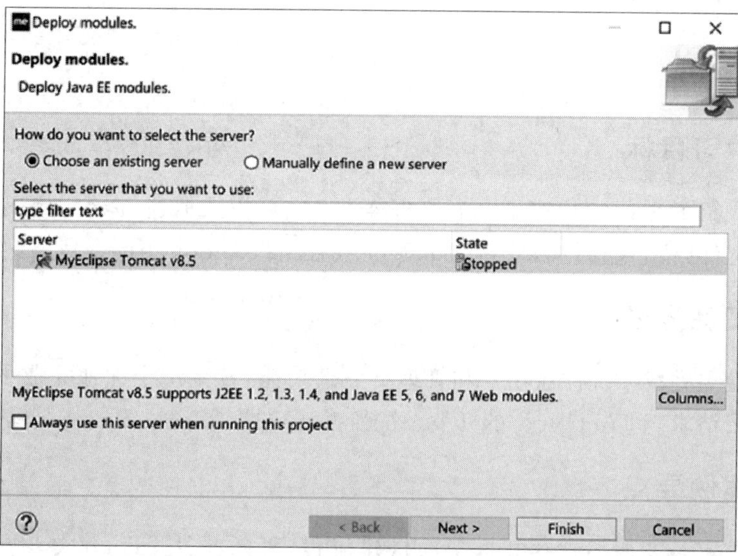

图 3-11 部署项目页面 2

图 3-12 启动服务器

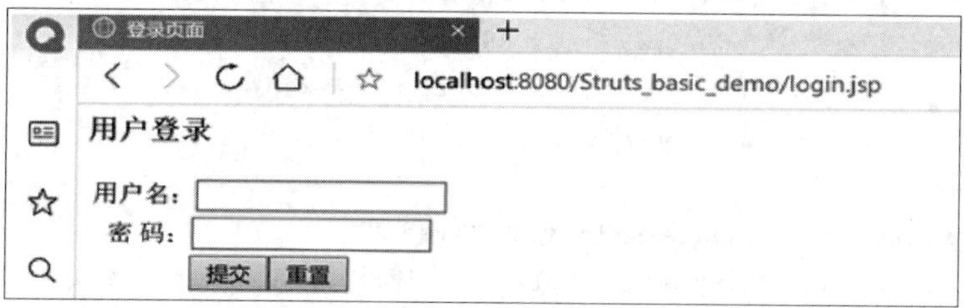

图 3-13 输入 URL 地址

图 3-14 登录成功页面

图 3-15 登录失败页面

3.8 项目案例

3.8.1 学习目标

本章主要介绍了 Struts 基础、Struts 2 框架及 MVC 模式概述，详细讲解了 Struts 2 的工作流程和配置文件、核心控制器 FilterDispatcher 的配置、Action 类的开发及配置。

3.8.2 案例描述

用户登录模块完成系统注册用户和管理员登录功能，较系统全面地完成了项目从前台登录页面提交登录请求，到 Action 类的开发及配置并正确跳转，完成 Struts 2 框架的工作流程。

3.8.3 案例要点

本案例的重点是掌握 Struts 2 框架的搭建流程，正确开发 Action 类及配置 Struts 2 文件，实现登录流程，熟练掌握 Struts 2 的工作原理。

3.8.4 案例实施

(1) 搭建简单的 Struts 2 Web 工程(参考前面介绍的 Struts 开发步骤)，之后编辑 web.xml 文件，配置 Struts 2 的核心控制器 FilterDispatcher。

```
<?xml version="1.0" encoding="UTF-8"?>
<web-app version="2.4"
    xmlns="http://java.sun.com/xml/ns/j2ee"
    xmlns:xsi="http://www.w3.org/2001/XMLSchema-instance"
    xsi:schemaLocation="http://java.sun.com/xml/ns/j2ee
    http://java.sun.com/xml/ns/j2ee/web-app_2_4.xsd">
    <display-name>Struts2.0</display-name>
    <filter>
        <filter-name>struts2</filter-name>
        <filter-class>org.apache.struts2.dispatcher.FilterDispatcher
        </filter-class>
    </filter>
    <filter-mapping>
        <filter-name>struts2</filter-name>
        <url-pattern>/*</url-pattern>
    </filter-mapping>
    <welcome-file-list>
        <welcome-file>index.jsp</welcome-file>
    </welcome-file-list>
</web-app>
```

(2) 开发登录页面 login.jsp、注册用户成功跳转页面 registUsrWelcome.jsp 和管理员登录成功页面 adminWelcome.jsp，代码如下。

登录页面/anli/login.jsp：

```
<%@ page language="java" import="java.util.*" pageEncoding="UTF-8"%>
<%
String path = request.getContextPath();
String basePath = request.getScheme()+"://"+request.getServerName()+":"+
request.getServerPort()+path+"/";
%>
<!DOCTYPE HTML PUBLIC "-//W3C//DTD HTML 4.01 Transitional//EN">
<html>
  <head>
    <base href="<%=basePath%>">
    <title>My JSP 'login.jsp' starting page</title>
    <meta http-equiv="pragma" content="no-cache">
    <meta http-equiv="cache-control" content="no-cache">
    <meta http-equiv="expires" content="0">
    <meta http-equiv="keywords" content="keyword1,keyword2,keyword3">
    <meta http-equiv="description" content="This is my page">
    <!--
    <link rel="stylesheet" type="text/css" href="styles.css">
    -->
  </head>
  <body>
   <form action="usrLoginAction.action" method="post">
    用户名:<input type="text" name="username"/><br/>
    密码:<input type="password" name="password"/><br/>
    <input type="submit" value="登录"/>
   </form>
  </body>
</html>
```

注册用户登录成功页面/anli/registUsrWelcome.jsp:

```
<%@ page language="java" import="java.util.*" pageEncoding="UTF-8"%>
<%
String path = request.getContextPath();
String basePath = request.getScheme()+"://"+request.getServerName()+":"+
request.getServerPort()+path+"/";
%>
<!DOCTYPE HTML PUBLIC "-//W3C//DTD HTML 4.01 Transitional//EN">
<html>
  <head>
    <base href="<%=basePath%>">
    <title>My JSP 'login.jsp' starting page</title>
    <meta http-equiv="pragma" content="no-cache">
    <meta http-equiv="cache-control" content="no-cache">
    <meta http-equiv="expires" content="0">
    <meta http-equiv="keywords" content="keyword1,keyword2,keyword3">
    <meta http-equiv="description" content="This is my page">
```

```
        <!--
        <link rel="stylesheet" type="text/css" href="styles.css">
        -->
    </head>
    <body>
     欢迎注册用户登录成功！
    </body>
</html>
```

管理员登录成功页面/anli/adminWelcome.jsp：

```
<%@ page language="java" import="java.util.*" pageEncoding="UTF-8"%>
<%
String path = request.getContextPath();
String basePath = request.getScheme()+"://"+request.getServerName()+":"+
request.getServerPort()+path+"/";
%>
<!DOCTYPE HTML PUBLIC "-//W3C//DTD HTML 4.01 Transitional//EN">
<html>
  <head>
    <base href="<%=basePath%>">
    <title>My JSP 'login.jsp' starting page</title>
    <meta http-equiv="pragma" content="no-cache">
    <meta http-equiv="cache-control" content="no-cache">
    <meta http-equiv="expires" content="0">
    <meta http-equiv="keywords" content="keyword1,keyword2,keyword3">
    <meta http-equiv="description" content="This is my page">
    <!--
    <link rel="stylesheet" type="text/css" href="styles.css">
    -->
  </head>
  <body>
   欢迎管理员登录成功！
  </body>
</html>
```

（3）Usr.java 类、开发访问数据库的工具类 DBConn.java 和用户模块访问数据库类 UsrDAO.java 类。

Usr.java：

```
package com.ascent.po;
public class Usr implements java.io.Serializable {
    //Fields
    private Integer id;
    private String username;
    private String password;
    private String fullname;
    private String title;
```

```
private String companyname;
private String companyaddress;
private String city;
private String job;
private String tel;
private String email;
private String country;
private String zip;
private String superuser;
private String delsoft;
private String note;
//Constructors
/** default constructor * /
public Usr() {
}
/** full constructor * /
public Usr(String username, String password, String fullname, String title,
        String companyname, String companyaddress, String city, String job,
        String tel, String email, String country, String zip,
        String superuser, String delsoft, String note) {
    this.username = username;
    this.password = password;
    this.fullname = fullname;
    this.title = title;
    this.companyname = companyname;
    this.companyaddress = companyaddress;
    this.city = city;
    this.job = job;
    this.tel = tel;
    this.email = email;
    this.country = country;
    this.zip = zip;
    this.superuser = superuser;
    this.delsoft = delsoft;
    this.note = note;
}
//Property accessors
public Integer getId() {
    return this.id;
}
public void setId(Integer id) {
    this.id = id;
}
public String getUsername() {
    return this.username;
}
```

```
    public void setUsername(String username) {
        this.username = username;
    }
    public String getPassword() {
        return this.password;
    }
    public void setPassword(String password) {
        this.password = password;
    }
    public String getFullname() {
        return this.fullname;
    }
    public void setFullname(String fullname) {
        this.fullname = fullname;
    }
    public String getTitle() {
        return this.title;
    }
    public void setTitle(String title) {
        this.title = title;
    }
    public String getCompanyname() {
        return this.companyname;
    }
    public void setCompanyname(String companyname) {
        this.companyname = companyname;
    }
    public String getCompanyaddress() {
        return this.companyaddress;
    }
    public void setCompanyaddress(String companyaddress) {
        this.companyaddress = companyaddress;
    }
    public String getCity() {
        return this.city;
    }
    public void setCity(String city) {
        this.city = city;
    }
    public String getJob() {
        return this.job;
    }
    public void setJob(String job) {
        this.job = job;
    }
    public String getTel() {
```

```
        return this.tel;
    }
    public void setTel(String tel) {
        this.tel = tel;
    }
    public String getEmail() {
        return this.email;
    }
    public void setEmail(String email) {
        this.email = email;
    }
    public String getCountry() {
        return this.country;
    }
    public void setCountry(String country) {
        this.country = country;
    }
    public String getZip() {
        return this.zip;
    }
    public void setZip(String zip) {
        this.zip = zip;
    }
    public String getSuperuser() {
        return this.superuser;
    }
    public void setSuperuser(String superuser) {
        this.superuser = superuser;
    }
    public String getDelsoft() {
        return this.delsoft;
    }
    public void setDelsoft(String delsoft) {
        this.delsoft = delsoft;
    }
    public String getNote() {
        return this.note;
    }
    public void setNote(String note) {
        this.note = note;
    }
}
```

DBConn.java：

```
package com.ascent.anli;
import java.sql.*;
```

```
/**
 * 数据库操作工具类
 * @author ascent
 *
 */
public class DBConn {
    /**
     * 获得连接方法
     * @return
     */
    public static Connection getConn(){
            Connection con = null;
             try {
                Class.forName("com.mysql.jdbc.Driver");
                String url = "jdbc:mysql://localhost:3306/acesys";
                String user ="root";
                String password ="root";
                con = DriverManager.getConnection(url, user, password);
            } catch (ClassNotFoundException e) {
                System.out.println("=======驱动找不到=======");
            } catch (SQLException e) {
                System.out.println("=======获得数据库连接失败=======");
            }
            return con;
    }
    /**
     * 关闭操作方法
     */
    public static void dbClose(Connection con,Statement st,ResultSet rs){
        try {
                if(rs!=null){
                    rs.close();
                    rs = null;
                }
                if(st!=null){
                    st.close();
                    st=null;
                }
                if(con!=null){
                    con.close();
                    con = null;
                }
            } catch (SQLException e) {
                e.printStackTrace();
            }
    }
}
```

UsrDAO.java：

```
package com.ascent.anli;
import java.sql.*;
import com.ascent.po.Usr;
/**
* 该类是用户数据访问类,是案例的模拟类,使用 JDBC 直接实现功能
* @author LEE
*
*/
public class UsrDAO {
    private Connection con;
    private PreparedStatement ps;
    private ResultSet rs;
    /**
     * 根据用户名、密码查询用户登录方法
     * @param username
     * @param password
     * @return
     */
    public Usr checkUsr(String username, String password) {
        Usr u = null;
        String sql = "select * from usr u where u.username=? and u.password=? and u.
delsoft='0' ";
        try {
            con = DBConn.getConn();
            ps = con.prepareStatement(sql);
            ps.setString(1, username);
            ps.setString(2, password);
            rs = ps.executeQuery();
            if(rs.next()){
                u= new Usr();
                u.setId(rs.getInt("id"));
                u.setUsername(rs.getString("username"));
                u.setEmail(rs.getString("email"));
                u.setTel(rs.getString("tel"));
                u.setSuperuser(rs.getString("superuser"));
            }
        } catch (SQLException e) {
            e.printStackTrace();
        }finally{
            DBConn.dbClose(con, ps, rs);
        }
        return u;
    }
}
```

(4) 编写处理登录的 UsrLoginAction.java。

```
package com.ascent.action;
import java.util.ArrayList;
import java.util.List;
import com.ascent.anli.UsrDAO;
import com.ascent.po.Usr;
import com.opensymphony.xwork2.ActionContext;
import com.opensymphony.xwork2.ActionSupport;
@SuppressWarnings("serial")
public class UsrLoginAction extends ActionSupport {
    private String username;
    private String password;
    private String tip;
    //页面展现用户列表的处理结果集合
    private ArrayList dataList;
    public ArrayList getDataList() {
        return dataList;
    }
    public void setDataList(ArrayList dataList) {
        this.dataList = dataList;
    }
    public String getPassword() {
        return password;
    }
    public void setPassword(String password) {
        this.password = password;
    }
    public String getTip() {
        return tip;
    }
    public void setTip(String tip) {
        this.tip = tip;
    }
    public String getUsername() {
        return username;
    }
    public void setUsername(String username) {
        this.username = username;
    }
    @SuppressWarnings("unchecked")
    public String execute()throws Exception{
        /**
         * 下面是案例模拟代码
         */
        UsrDAO dao = new UsrDAO();
        Usr u = dao.checkUsr(username,password);
```

```
        if(u==null){//登录失败
            return "anli_error";
        }else{//登录成功
            //用户登录成功,这里开始判断权限,将用户保存到 session
            ActionContext.getContext().getSession().put("usr", u);
            String superuser = u.getSuperuser();
            if(superuser.equals("1")){//普通注册用户
                return "anli_success_1";
            }else if(superuser.equals("2")){//分配了能看到某些药品价格的用户
                return "anli_success_2";
            }else {//admin 因为第一次来此页面,所以设置页数为 1
                return "anli_success_3";
            }
        }
    }
}
```

(5) 在配置文件 struts.xml 中配置 Action 类。

```
<?xml version="1.0" encoding="GBK"?>
<!DOCTYPE struts PUBLIC
"-//Apache Software Foundation//DTD Struts Configuration 2.0//EN"
"http://struts.apache.org/dtds/struts-2.0.dtd">
<struts>
    <package name="struts2" extends="struts-default">
    <action name="usrLoginAction" class="com.ascent.action.UsrLoginAction">
            <!-- 下面是案例配置 -->
            <result name="anli_success_1">/anli/registUsrWelcome.jsp</result>
            <result name="anli_success_2">/anli/registUsrWelcome.jsp</result>
            <result name="anli_success_3">/anli/adminWelcome.jsp</result>
            <result name="anli_error">/anli/login.jsp</result>
    </action>
    </package>
</struts>
```

(6) 部署 Web 项目到 tomcat 服务器,启动测试。

访问 http://localhost:8080/acesys/anli/login.jsp,如图 3-16 所示。

图 3-16 访问界面

输入管理员：admin，密码：123456，如图 3-17 所示。

图 3-17　管理员登录

输入普通用户：ascent，密码：ascent，如图 3-18 所示。

图 3-18　普通用户登录

如果输入错误的用户信息登录，则会返回到 login.jsp，之后可以继续登录。

3.8.5　特别提示

该阶段为 Struts 2 的基础部分，用户登录真实项目使用 SSH 技术完成，这里为登录功能的独立模拟案例，所以 JSP 页面和 Action 类调用的业务类 UsrDAO 的登录功能为 JDBC 实现，但不影响演示 Struts 2 的工作流程。

3.8.6　拓展与提高

1. 改进登录案例功能，使用 struts.xml 配置文件实现 action 配置的通配符功能。
2. 模拟登录功能，实现用户注册、商品查询及展现的功能流程。

3.9　本章总结

- Struts 2 框架的概述
- MVC 模式的概述
- 详细介绍 Struts 2 工作流程和配置文件
- Struts 2 核心控制器 FilterDispatcher 的配置
- Struts 2 Action 类的开发和配置

3.10　习题

1. 什么是 MVC 模式?
2. 简述 Struts 2 的工作原理。

3. 如何配置 Struts 2 的核心控制器 FilterDispatcher?
4. 如何开发 Struts 2 的 Action 类?
5. 如何开发 Struts 2 的配置文件 struts.xml? 主要配置哪几个标签?
6. 在 struts.xml 配置文件中如何配置 Action 类?
7. 配置 Action 的 result 标签的类型有哪几种?
8. 文件配置 Action 如何使用通配符?

第4章 Struts 2 标签

学习目的与学习要求

学习目的：本章需要掌握两部分内容，Struts 2 框架标签的使用，其中重点包括一般标签和 UI 标签；Struts 2 支持的 OGNL 表达式语言的使用。

学习要求：在搭建 Struts 2 框架的 Web Project 中熟练使用 Struts 2 标签完成 JSP 页面的开发，练习每个重要标签的使用实例，掌握 OGNL 表达式语言的使用语法。

本章主要内容

Struts 2 框架的标签使用，包括一般标签和 UI 标签。其中，一般标签包括 if/elseif/else、iterator、sort、date、i18n、text、include、param、property、set、url 等。UI 标签包括表单标签和非表单标签，例如表单标签包括 form、checkbox、radio、label、file、hidden、select、textfield、textarea、submit 等，非表单 UI 部分常用的标签有 actionerror、actionmessage、fielderror 等。另外，本章还介绍了 OGNL 表达式语言的语法和使用。

前面提到，Struts 的 View 组件主要是使用 JSP 技术建立的(当然，Struts 2 也支持其他 View 技术)。在 JSP 中，我们会大量使用标签。接下来介绍在实际开发工作中经常使用到的 Struts 2 标签，从功能上可将其分为两大类：一般标签和 UI 标签。

4.1 一般标签

1) if、elseif 和 else

(1) 描述：执行基本的条件流转。

(2) if、elseif 和 else 标签参数见表 4-1。

表 4-1 if、elseif 和 else 标签参数

名称	必需	默认	类型	描 述	备 注
Test	是		Boolean	决定标志里内容是否显示的表达式	else 标签没有这个参数
Id	否		Object/String	用来标识元素的 id。在 UI 和表单中为 HTML 的 id 属性	

(3) 实例：

```
<s:if test="%{false}">
    <div>Will Not Be Executed here 111</div>
</s:if>
<s:elseif test="%{true}">
        <div>Will Be Executed here 222</div>
</s:elseif>
<s:else>
    <div>Will Not Be Executed here 333</div>
</s:else>
```

2) iterator

(1) 描述：

用于遍历集合(java.util.Collection)或枚举值(java.util.Iterator)。

(2) iterator 标签参数见表 4-2。

表 4-2 iterator 标签参数

名称	必需	默 认	类 型
Status	否	String	如果设置此参数，一个 IteratorStatus 的实例将会压入每个遍历的堆栈
Value	否	Object/String	要遍历的可枚举的(iteratable)数据源，或者为将放入新列表(List)的对象
Id	否	Object/String	用来标识元素的 id。在 UI 和表单中为 HTML 的 id 属性

(3) 实例：

```
<%@ page language="java" import="java.util.*" pageEncoding="UTF-8"%>
<%@ taglib uri="/struts-tags"  prefix="s"%>
<%
  String path = request.getContextPath();
  String basePath = request.getScheme()+"://"+request.getServerName()+":"+
request.getServerPort()+path+"/";
%>
<!DOCTYPE HTML PUBLIC "-//W3C//DTD HTML 4.01 Transitional//EN">
<html>
  <head>
    <base href="<%=basePath%>">
    <title>iterator </title>
  <meta http-equiv="pragma" content="no-cache">
```

```
<meta http-equiv="cache-control" content="no-cache">
<meta http-equiv="expires" content="0">
<meta http-equiv="keywords" content="keyword1,keyword2,keyword3">
<meta http-equiv="description" content="This is my page">
<!--
<link rel="stylesheet" type="text/css" href="styles.css">
-->
</head>
<body>
<%
    List<String>list = new ArrayList<String>();
        list.add("Leon");
        list.add("John");
        list.add("Peter");
        list.add("Jeff");
        list.add("Linda");
    request.setAttribute("names",list);
%>
    <h3>Names:?</h3>
    <ol>
    <s:iterator value="#request.names" status="statu" >
        <s:if test="#statu.odd">
            <li>奇数行:<s:property/></li>
        </s:if>
        <s:else>
            <li>偶数行:<s:property/></li>
        </s:else>
    </s:iterator>
</ol>
</body>
</html>
```

3) sort

(1) 描述:

接受集合和比较器作为参数,对集合进行排序。如果声明了'var' 属性,排序后的集合会使用 var 作为键名放在 PageContext 中。

(2) sort 标签参数见表 4-3。

表 4-3 sort 标签参数

名称	必需	默认	类型	描述
Comparator	是		java.util.Comparator	排序使用的比较器
Id	否		String	不再建议使用,用'var' 取代
Source	否		String	用来排序的集合
Var	否		String	用来存放排序后集合的键名

(3) 实例：

```
package com.ascent.util;
import java.util.Comparator;
/**
 * 案例类
 * sort 标签比较器类在/anli/tag/tag_sort.jsp 中使用
 *
 * @author ascent
 *
 */
public class MyComparator implements Comparator
{
    //按照字符串的长度比较
    public int compare(Object element1, Object element2)
    {
        return element1.toString().length() - element2.toString().length();
    }
}
```

Sort 标签测试页面代码如下：

```
<%@ page language="java"  pageEncoding="utf-8"%>
<%@ taglib prefix="s" uri="/struts-tags"%>
<%
  String path = request.getContextPath();
  String basePath = request.getScheme()+"://"+request.getServerName()+":"+
request.getServerPort()+path+"/";
%>
<!DOCTYPE HTML PUBLIC "-//W3C//DTD HTML 4.01 Transitional//EN">
<html>
  <head>
    <base href="<%=basePath%>">
    <title>s:sort  tag page</title>
  <meta http-equiv="pragma" content="no-cache">
  <meta http-equiv="cache-control" content="no-cache">
  <meta http-equiv="expires" content="0">
  <meta http-equiv="keywords" content="keyword1,keyword2,keyword3">
  <meta http-equiv="description" content="This is my page">
  <!--
  <link rel="stylesheet" type="text/css" href="styles.css">
  -->
  </head>
  <body> 
   <s:bean id="mycomparator" name="com.ascent.util.MyComparator"/>
  <table border="1" width="200">
    <s:sort
        source="{'11111111111111','22222222','33333333333'}"
```

```
        comparator="#mycomparator">
    <s:iterator status="st">
        <tr <s:if test="#st.odd">style="background-color:#bbbbbb"</s:if>>
            <td><s:property/></td>
        </tr>
    </s:iterator>
    </s:sort>
  </table>
  </body>
</html>
```

4) date

(1) 描述：

根据特定日期格式(如"dd/MM/yyyy hh：mm")，对日期对象进行多种形式的格式化。

(2) date 标签参数见表 4-4。

表 4-4　date 标签参数

名称	必需	默认	类型	描　　述
Format	否		String	日期格式
Id	否		String	不再建议使用，用'var' 取代
Name	是		String	被格式化的日期对象
Nice	否	否	Boolean	是否优雅地打印日期
Var	否		String	用来存放格式化之后日期的名字

(3) 实例：

```
<%@ page contentType="text/html; charset=GBK" language="java"%>
<%@taglib prefix="s" uri="/struts-tags"%>
<html>
<head>
<meta http-equiv="Content-Type" content="text/html; charset=GBK"/>
<title>使用 s:date 标签格式化日期</title>
</head>
<body>
<%
java.util.Date now = new java.util.Date();
pageContext.setAttribute("now" , now);
%>
nice="false",且指定 format="dd/MM/yyyy"<br>
<s:date name="#attr.now" format="dd/MM/yyyy" nice="false"/><hr><br>
nice="true",且指定 format="dd/MM/yyyy"<br>
<s:date name="#attr.now" format="dd/MM/yyyy" nice="true"/><hr><br>
指定 nice="true"<br>
<s:date name="#attr.now" nice="true" /><hr><br>
nice="false",且没有指定 format 属性<br>
```

```
<s:date name="#attr.now" nice="false"/><hr><br>
</body>
</html>
```

5) i18n

(1) 描述：加载资源包到值堆栈。它可以允许 text 标志访问任何资源包的信息，而不只当前 action 相关联的资源包。

(2) i18n 标签参数见表 4-5。

表 4-5　i18n 标签参数

名称	必需	默认	类型	描　　述
Value	是		Object/String	资源包的类路径(如 com.xxxx.resources.AppMsg)
Id	否		Object/String	用来标识元素的 id。在 UI 和表单中为 HTML 的 id 属性

(3) 实例：

```
<%@ page language="java" import="java.util.*" pageEncoding="UTF-8"%>
<%@taglib prefix="s" uri="/struts-tags"%>
<%
String path = request.getContextPath();
String basePath = request.getScheme()+"://"+request.getServerName()+":"+
request.getServerPort()+path+"/";
%>
<!DOCTYPE HTML PUBLIC "-//W3C//DTD HTML 4.01 Transitional//EN">
<html>
  <head>
    <base href="<%=basePath%>">
    <title>My JSP 'tag_i18n.jsp' starting page</title>
    <meta http-equiv="pragma" content="no-cache">
    <meta http-equiv="cache-control" content="no-cache">
    <meta http-equiv="expires" content="0">
    <meta http-equiv="keywords" content="keyword1,keyword2,keyword3">
    <meta http-equiv="description" content="This is my page">
    <!--
    <link rel="stylesheet" type="text/css" href="styles.css">
    -->
  </head>
  <body>
    <s:i18n name="properties/myMessages">
        <s:text name="HelloWorld"></s:text>
    </s:i18n>
  </body>
</html>
```

6) include

(1) 描述：包含一个 servlet 的输出(servlet 或 jsp 的页面)。

(2) include 标签参数见表 4-6。

表 4-6 include 标签参数

名称	必需	默认	类型	描述
Value	是		String	要包含的 jsp 或 servlet
Id	否		Object/String	用来标识元素的 id。在 UI 和表单中为 HTML 的 id 属性

(3) 实例:

```
<%@ page contentType="text/html; charset=UTF-8" %>
<%@ taglib prefix="s" uri="/struts-tags" %>
<html>
<head>
<meta http-equiv="Content-Type" content="text/html; charset=UTF-8"/>
<title>使用 s:include 标签包含目标页面</title>
</head>
<body>
<h2>使用 s:include 标签包含目标页面</h2>
<s:include value="include-file.jsp"/>
<hr>
</body>
</html>
include-file.jsp
<%@ page contentType="text/html; charset=UTF-8" language="java"%>
<html>
  <head>
  <meta http-equiv="Content-Type" content="text/html; charset=UTF-8"/>
  <title>被包含的页面</title>
  </head>
  <body>
  <h3>被包含的页面</h3>
  ${param.author}
  </body>
</html>
```

7) param

(1) 描述:为其他标签提供参数,如 include 标签和 bean 标签。参数的 name 属性是可选的,如果提供,会调用 Component 的方法 addParameter(String, Object);如果不提供,则外层嵌套标签必须实现 UnnamedParametric 接口(如 TextTag)。

(2) param 标签参数见表 4-7。

表 4-7 param 标签参数

名称	必需	默认	类型	描述
Name	否		String	参数名
Value	否		String	value 表达式
Id	否		Object/String	用来标识元素的 id。在 UI 和表单中为 HTML 的 id 属性

(3) 实例:

```
<%@ page contentType="text/html; charset=GBK" language="java"%>
<%@taglib prefix="s" uri="/struts-tags"%>
<html>
<head>
<meta http-equiv="Content-Type" content="text/html; charset=GBK"/>
<title>使用 s:include 标签包含目标页面</title>
</head>
<body>
<h2>使用 s:include 标签包含目标页面</h2>
<s:include value="include-file.jsp"/>
<hr>
<s:include value="include-file.jsp">
            <s:param name="author" value="'''ssssss'''/>
</s:include>
</body>
</html>
```

8) property

(1) 描述:得到'value'的属性,如果 value 没提供,则默认为堆栈顶端的元素。

(2) property 标签参数见表 4-8。

表 4-8 property 标签参数

名称	必需	默认	类型	描 述
Default	否		String	如果属性是 null,则显示 default 值
Escape	否	true	Boolean	是否退出 HTML
Value	否	栈顶	Object	要显示的值
Id	否		Object/String	用来标识元素的 id。在 UI 和表单中为 HTML 的 id 属性

(3) 实例:

```
<%@ page contentType="text/html; charset=GBK" language="java"%>
<%@taglib prefix="s" uri="/struts-tags"%>
<html>
<head>
<meta http-equiv="Content-Type" content="text/html; charset=GBK"/>
<title>使用 s:push 将某个值放入 ValueStack 的栈顶</title>
</head>
<body>
<h2>使用 s:push 将某个值放入 ValueStack 的栈顶</h2>
<s:bean name="com.ascent.po.Usr" id="u">
    <s:param name="username" value="'''zhangsan'''/>
    <s:param name="password" value="1234"/>
</s:bean>
<s:push value="#u">
```

```
        <s:property value="username"/><br>
        <s:property value="password"/><br>
    </s:push>
    </body>
    </html>
```

9）set

（1）描述：set 标签赋予变量一个特定范围内的值。当希望给一个变量赋一个复杂的表达式，每次访问该变量而不是复杂的表达式时用到。其在两种情况下非常有用：复杂的表达式很耗时（性能提升）或者很难理解（代码可读性提高）。

（2）set 标签参数见表 4-9。

表 4-9　set 标签参数

名称	必需	默认	类型	描　　述
Name	是		String	变量名字
Scope	否		String	变量作用域，可以为 application、session、request、page 或 action
Value	否		Object/String	将会赋给变量的值
Id	否		Object/String	用来标识元素的 id。在 UI 和表单中为 HTML 的 id 属性

（3）实例：

```
<%@ page language="java" import="java.util.*" pageEncoding="UTF-8"%>
<%@ taglib uri="/struts-tags"  prefix="s"%>
<%
String path = request.getContextPath();
String basePath = request.getScheme()+"://"+request.getServerName()+":"+
request.getServerPort()+path+"/";
%>
<!DOCTYPE HTML PUBLIC "-//W3C//DTD HTML 4.01 Transitional//EN">
<html>
  <head>
    <base href="<%=basePath%>">
    <title>Set Test</title>
    <meta http-equiv="pragma" content="no-cache">
    <meta http-equiv="cache-control" content="no-cache">
    <meta http-equiv="expires" content="0">
    <meta http-equiv="keywords" content="keyword1,keyword2,keyword3">
    <meta http-equiv="description" content="This is my page">
    <!--
    <link rel="stylesheet" type="text/css" href="styles.css">
    -->
  </head>
  <body>
        <s:bean name="com.ascent.po.Usr" id="u">
            <s:param name="username" value="'zhangsan'"/>
```

```
        <s:param name="password" value="1234"/>
    </s:bean>
    将 Stack Context 中的 u 值放入默认范围。<br>
    <s:set value="#u" name="usr" scope="request"/>
    <s:property value="#request.usr.username"/><br>
  </body>
</html>
```

10）text

（1）描述：支持国际化信息的标签。国际化信息必须放在一个和当前 action 同名的 resource bundle 中，如果没有找到相应的 message，tag body 将被当作默认 message，如果没有 tag body，message 的 name 会被作为默认 message。

（2）text 标签参数见表 4-10。

表 4-10　text 标签参数

名称	必需	默认	类型	描　　述
Name	是		String	资源属性的名字
Id	否		Object/String	用来标识元素的 id，在 UI 和表单中为 HTML 的 id 属性

（3）实例：

```
<%@ page language="java" import="java.util.* " pageEncoding="UTF-8"%>
<%@ taglib uri="/struts-tags" prefix="s" %>
<%
String path = request.getContextPath();
String basePath = request.getScheme()+"://"+request.getServerName()+":"+
request.getServerPort()+path+"/";
%>
<!DOCTYPE HTML PUBLIC "-//W3C//DTD HTML 4.01 Transitional//EN">
<html>
  <head>
    <base href="<%=basePath%>">
    <title>My JSP 'tag_text.jsp' starting page</title>
    <meta http-equiv="pragma" content="no-cache">
    <meta http-equiv="cache-control" content="no-cache">
    <meta http-equiv="expires" content="0">
    <meta http-equiv="keywords" content="keyword1,keyword2,keyword3">
    <meta http-equiv="description" content="This is my page">
    <!--
    <link rel="stylesheet" type="text/css" href="styles.css">
    -->
  </head>
  <body>
   <!--实例 1-->
    <s:i18n name="com.ascent.action.I18nTestAction">
        <s:text name="main.title"/>
```

```
        </s:i18n>
        <br>
        <!--实例 2-->
        <s:text name="main.title" />
        <br>
        <!--实例 3-->
        <s:text name="i18n.label.greetings">
            <s:param >Mr Smith</s:param>
        </s:text>
    </body>
</html>
```

11）url

（1）描述：该标签用于创建 url，可以通过"param"标签提供 request 参数。当 includeParams 的值为'all'或者'get'时，param 标签中定义的参数将有优先权，也就是说，其会覆盖其他同名参数的值。

（2）url 标签参数见表 4-11。

表 4-11　url 标签参数

名称	必需	默认	类型	描　述
action	否		String	用来生成 URL 的 action
anchor	否		String	URL 包括的 anchor
encode	否	是	Boolean	是否对参数加密
escapeAmp	否	是	Boolean	是否屏蔽 & 符号
forceAddSchemeHostAndPort	否	否	Boolean	是否强制加入 Scheme、Host 和 Port
id	否		String	尽量使用 var
includeContext	否	是	Boolean	URL 中是否包括实际的上下文
includeParams	否	get	String	includeParams 属性的值可能是 'none'、'get' 或'all'
method	否	:	String	Action 使用的方法
namespace	否		String	使用的 namespace
portletMode	否		String	Portlet 结果模式
portletUrlType	否		String	明确提供 portlet 或 action 的类型
scheme	否		String	设定 scheme 属性
value	否		String	目标值
var	否		String	代表目标值的变量名
windowState	否		String	Portlet window 结果状态

（3）实例：

```
<%@ page contentType="text/html; charset=UTF-8" %>
<%@ taglib prefix="s" uri="/struts-tags" %>
```

```
<!DOCTYPE HTML PUBLIC "-//W3C//DTD HTML 4.01 Transitional//EN">
<html>
<head>
  <title>URL</title>
</head>
<body>
<h3>URL</h3>
<s:a href="xxx.action">添加</s:a>
<!--参数传递-->
<!--第一种方式,在标签内使用标签时用-->
<s:a href="xxx.action? id=1">编辑</s:a>
<!-- 第二种方式,创建 url 包含参数,a 标签中使用该 url -->
<s:url id="url" action="xxx.action">
<s:param name="id" value="1"></s:param>
</s:url>
<s:a href="%{url}">删除</s:a>
<!-- 第三种方式,a 标签中直接使用 url -->
<a href="<s:url action="xxx.action">
<s:param name="id" value="1"/></s:url>">删除 2
</a>
</body>
</html>
```

4.2 UI 标签

UI 标签又可以分为表单 UI 和非表单 UI 两部分。表单 UI 部分基本与 Struts 1.x 相同，都是对 HTML 表单元素的包装，包括 orm、checkbox、radio、label、file、hidden、select、textfield、textarea、submit 等，这里就不赘述了。不过，Struts 2 加了几个经常在项目中用到的控件，如 doubleselect、optiontransferselect 等。非表单 UI 部分常用的有 actionerror、actionmessage、fielderror 等。

1) doubleselect

(1) 描述：

提供两套 HTML 列表框(select)元素。其中第二套元素显示的值会根据第一套元素被选中的值而改变。

(2) doubleselect 标签参数见表 4-12。

表 4-12 doubleselect 标签参数

名　　称	必需	默认	类型	描　　述
Accesskey	否		String	在生成 html 标签时设置 html 标签的 accesskey(快捷键访问)属性
cssClass	否		String	指定该元素使用的 css 样式类
cssStyle	否		String	指定该元素使用的 css 样式风格定义

续表

名　　称	必需	默认	类型	描　　述
Disabled	否		String	在生成 html 标签时设置 html 标签的 disabled(无效)属性
doubleAccesskey	否		String	设置 html 标签中的 accesskey(快捷键访问)属性
doubleCssClass	否		String	第二个列表框的 css 样式类
doubleCssStyle	否		String	第二个列表框的 css 样式风格
doubleDisabled	否		String	是否将 disable 属性添加到第二个列表框中
doubleEmptyOption	否		String	是否在第二个列表框中添加空选项
doubleHeaderKey	否		String	第二个列表框的 header 主键
doubleHeaderValue	否		String	第二个列表框的 header 值
doubleId	否		String	第二个列表框的 id
doubleList	是		String	第二个列表框可迭代操作的数据源的出处
doubleListKey	否		String	用于第二个列表框的主键表达式
doubleListValue	否		String	用于第二个列表框的值表达式
doubleMultiple	否		String	是否在第二个列表框上设置多个属性
doubleName	是		String	一个完整组件的名称
doubleOnblur	否		String	第二个列表框的 onblur(失去焦点)属性
doubleOnchange	否		String	第二个列表框的 onchange 属性
doubleOnclick	否		String	第二个列表框的 onclick 属性
doubleOndblclick	否		String	第二个列表框的 ondbclick 属性
doubleOnfocus	否		String	第二个列表框的 onfocus 属性
doubleOnkeydown	否		String	第二个列表框的 onkeydown 属性
doubleOnkeypress	否		String	第二个列表框的 onkeypress 属性
doubleOnkeyup	否		String	第二个列表框的 onkeyup 属性
doubleOnmousedown	否		String	第二个列表框的 onmousedown 属性
doubleOnmousemove	否		String	第二个列表框的 onmousemove 属性
doubleOnmouseout	否		String	第二个列表框的 onmouseout 属性
doubleOnmouseover	否		String	第二个列表框的 onmouseover 属性
doubleOnmouseup	否		String	第二个列表框的 onmouseup 属性
doubleOnselect	否		String	第二个列表框的 onselect 属性
doubleSize	否		String	第二个列表框的 size 属性
doubleValue	否		String	一个完整组件的值表达式
emptyOption	否	否	Boolean	是否在第二个列表框中添加空选项

续表

名　称	必需	默认	类型	描　述
formName	否		String	组件所在的表单名称
headerKey	否		String	为第二个列表框设置 header 主键，不能为空和－1
headerValue	否		String	为第二个列表框设置 header 值信息
Id	否		String	HTML 标签的 id 属性
javascriptTooltip	否	否	Boolean	使用 JavaScript 语言产生 tooltips（小提示）
Key	否		String	为特殊的组件设置主键（名称，值，标签）
Label	否		String	描绘一个元素特殊标签使用的标签表达式
labelSeparator	否	:	String	在标签后面追加的字符串
labelposition	否		String	为表单元素定义标签的位置（顶部/左部）
List	是		String	可迭代的数据源的出处。如果该列表是 Map（键，值）类型，其中 key 将成为 html 标签中 option 选项中的 value 属性的值，而 value 将成为 option 选项的标签体中的内容
listKey	否		String	用于获取列表中对象字段值的属性
listValue	否		String	用于获取列表中对象字段内容的属性
Multiple	否		String	创建多项选择列表框。该标签通过 value 属性可以预先选择多个值，条件是列表框中的值通过类似数组这样的结构进行传递
Name	否		String	为元素设置名称
Onblur	否		String	为 html 元素设置 onblur 属性
Onchange	否		String	为 html 元素设置 onchange 属性
Onclick	否		String	为 html 元素设置 onclick 属性
Ondblclick	否		String	为 html 元素设置 ondbclick 属性
Onfocus	否		String	为 html 元素设置 onfocus 属性
Onkeydown	否		String	为 html 元素设置 onkeydown 属性
Onkeypress	否		String	为 html 元素设置 onkeypress 属性
Onkeyup	否		String	为 html 元素设置 onkeyup 属性
Onmousedown	否		String	为 html 元素设置 onmousedown 属性
Onmousemove	否		String	为 html 标签设置 onmousemove 属性
Onmouseout	否		String	为 html 元素设置 onmouseout 属性
Onmouseover	否		String	为 html 元素设置 onmouseover 属性
Onmouseup	否		String	为 html 元素设置 ommouseup 属性
Onselect	否		String	为 html 元素设置 onselect 属性

续表

名　称	必需	默认	类型	描　述
Required	否	否	Boolean	如果设置成 true,则表示必须要求输入该元素
requiredposition	否		String	定义需要的表单元素的位置(左|右)
Size	否		Integer	元素列表框的容量(用于显示元素)
Tabindex	否		String	设置 html 元素的 tabindex 属性
Template	否		String	用于产生 html 元素采用的模板(而不是默认的)
templateDir	否		String	模板目录
Theme	否		String	产生 html 元素的主题(而不是默认的)
Title	否		String	设置产生的 html 元素的 title 属性
Tooltip	否		String	为特殊组件设置的小提示功能
tooltipConfig	否		String	已经废弃,用独立的 tooltip 配置属性代替
tooltipCssClass	否	StrutsTTClassic	String	用于 JavaScript 脚本提示的 CSS 类
tooltipDelay	否	Classic	String	在显示 JavaScript 提示之前需要延迟的毫秒数
tooltipIconPath	否		String	工具提示所使用图像图标的路径
Value	否		String	为输入的元素预先设置一个值

(3) 实例:

```
<s:form action="" name="form1">
    <s:doubleselect
            label="请选择您喜欢的图书"
            name="author" list="{'作者 1', '作者 2'}"
            doubleList="top == '作者 1' ? {'Spring2.0', 'hibernate 3' , 'struts2'} :
{'JavaScript','Ajax in action'}"
            doubleName="book"/>
</s:form>
```

2) optiontransferselect

(1) 描述:

创建一个可传递选项的列表框组件,该组件基于在两个<select >标签中间添加按钮,并允许两个列表框之间的选项可以相互移动到对方的选择框中。在包含了表单提交动作的基础上可以自动选择所有的列表框选项。

(2) optiontransferselect 标签参数见表 4-13。

表 4-13　optiontransferselect 标签参数

名　称	必需	默认	类型	描　述
Accesskey	否		String	设置产生的 html 元素的 accesskey(快捷键访问)属性

续表

名　称	必需	默认	类型	描　述
addAllToLeftLabel	否		String	设置添加所有选项到左边的按钮标签
addAllToLeftOnclick	否		String	设置添加所有选项到左边的按钮的JavaScript 代码
addAllToRightLabel	否		String	设置添加所有选项到右边的按钮标签
addAllToRightOnclick	否		String	设置添加所有到右边的按钮的 JavaScript 代码
addToLeftLabel	否		String	设置添加选项到左边的按钮标签
addToLeftOnclick	否		String	设置按下添加选项到左边的 JavaScript 事件
addToRightLabel	否		String	设置添加选项到右边的按钮标签
addToRightOnclick	否		String	设置按下添加选项到右边的 JavaScript 事件
allowAddAllToLeft	否		String	允许添加所有选项到左边按钮
allowAddAllToRight	否		String	允许添加所有选项到右边按钮
allowAddToLeft	否		String	允许添加选项到左边
allowAddToRight	否		String	允许添加选项到右边
allowSelectAll	否		String	使用选择所有按钮
allowUpDownOnLeft	否		String	允许在左边的列表框上下翻滚
allowUpDownOnRight	否		String	允许在右边的列表框上下翻滚
buttonCssClass	否		String	设置按钮的 css 样式类
buttonCssStyle	否		String	设置按钮的 css 风格
cssClass	否		String	列表选项的 css 样式类
cssStyle	否		String	列表选项使用的 css 样式风格定义
Disabled	否		String	设置 html 元素的 disabled 属性
doubleAccesskey	否		String	设置 html 的 accesskey 属性
doubleCssClass	否		String	第二个列表框的 css 样式类
doubleCssStyle	否		String	第二个列表框的 css 样式风格
doubleDisabled	否		String	是否将 disable 属性添加到第二个列表框中
doubleEmptyOption	否		String	是否在第二个列表框中添加空选项
doubleHeaderKey	否		String	第二个列表框的 header 主键
doubleHeaderValue	否		String	第二个列表框的 header 值
doubleId	否		String	第二个列表框的 id
doubleList	是		String	第二个列表框可迭代操作的数据源的出处

续表

名　　称	必需	默认	类型	描　　述
doubleListKey	否		String	用于第二个列表框的主键表达式
doubleListValue	否		String	用于第二个列表框的值表达式
doubleMultiple	否		String	是否在第二个列表框上设置多个属性
doubleName	是		String	一个完整组件的名称
doubleOnblur	否		String	第二个列表框的 onblur(失去焦点)属性
doubleOnchange	否		String	第二个列表框的 onchange 属性
doubleOnclick	否		String	第二个列表框的 onclick 属性
doubleOndblclick	否		String	第二个列表框的 ondbclick 属性
doubleOnfocus	否		String	第二个列表框的 onfocus 属性
doubleOnkeydown	否		String	第二个列表框的 onkeydown 属性
doubleOnkeypress	否		String	第二个列表框的 onkeypress 属性
doubleOnkeyup	否		String	第二个列表框的 onkeyup 属性
doubleOnmousedown	否		String	第二个列表框的 onmousedown 属性
doubleOnmousemove	否		String	第二个列表框的 onmousemove 属性
doubleOnmouseout	否		String	第二个列表框的 onmouseout 属性
doubleOnmouseover	否		String	第二个列表框的 onmouseover 属性
doubleOnmouseup	否		String	第二个列表框的 onmouseup 属性
doubleOnselect	否		String	第二个列表框的 onselect 属性
doubleSize	否		String	第二个列表框的 size 属性
doubleValue	否		String	一个完整组件的值表达式
emptyOption	否	否	Boolean	是否在第二个列表框中添加空选项
formName	否		String	组件所在的表单名称
headerKey	否		String	为第二个列表框设置 header 主键，不能为空和－1
headerValue	否		String	为第二个列表框设置 header 值信息
Id	否		String	HTML 标签的 id 属性
javascriptTooltip	否	否	Boolean	使用 JavaScript 语言产生 tooltips(小提示)
Key	否		String	为特殊的组件设置主键(名称，值，标签)
Label	否		String	描绘一个元素特殊标签所使用的标签表达式
labelSeparator	否	:	String	在标签后面追加的字符串
labelposition	否		String	为表单元素定义标签的位置(顶部/左部)
leftDownLabel	否		String	左边列表框下方的标记

续表

名称	必需	默认	类型	描述
leftTitle	否		String	设置左侧列表框的标题
leftUpLabel	否		String	左侧列表框的上方的标记
List	是		String	可迭代的数据源的出处。如果该列表是Map(键,值)类型,其中 key 将成为 html 标签中 option 选项中的 value 属性的值,而 value 将成为 option 选项的标签体中的内容
listKey	否		String	用于获取列表中对象字段值的属性
listValue	否		String	用于获取列表中对象字段内容的属性
Multiple	否		String	创建多项选择列表框。该标签通过 value 属性可以预先选择多个值,条件是列表框中的值通过类似数组这样的结构进行传递
Name	否		String	为元素设置名称
Onblur	否		String	为 html 元素设置 onblur 属性
Onchange	否		String	为 html 元素设置 onchange 属性
Onclick	否		String	为 html 元素设置 onclick 属性
Ondblclick	否		String	为 html 元素设置 ondbclick 属性
Onfocus	否		String	为 html 元素设置 onfocus 属性
Onkeydown	否		String	为 html 元素设置 onkeydown 属性
Onkeypress	否		String	为 html 元素设置 onkeypress 属性
Onkeyup	否		String	为 html 元素设置 onkeyup 属性
Onmousedown	否		String	为 html 元素设置 onmousedown 属性
Onmousemove	否		String	为 html 标签设置 onmousemove 属性
Onmouseout	否		String	为 html 元素设置 onmouseout 属性
Onmouseover	否		String	为 html 元素设置 ommouseover 属性
Onmouseup	否		String	为 html 元素设置 onmouseup 属性
Onselect	否		String	为 html 元素设置 onselect 属性
Required	否	否	Boolean	如果设置成 true,则表示必须要求输入该元素
requiredposition	否		String	定义需要的表单元素的位置(左|右)
rightDownLabel	否		String	右侧列表框下方的标签
rightTitle	否		String	设置右侧列表框的标题
rightUpLabel	否		String	右侧列表框上方的标签
selectAllLabel	否		String	设置选择所有选项按钮的标签

续表

名　　称	必需	默认	类型	描　　述
selectAllOnclick	否		String	按下选择所有选项按钮时的 JavaScript 脚本代码
Size	否		Integer	列表框的容量(显示元素的个数)
Tabindex	否		String	设置 html 元素的 tabindex 标签
Template	否		String	生成 html 元素所用的模板(而不是默认的)
templateDir	否		String	模板目录
Theme	否		String	产生 html 元素的主题(而不是默认的)
Title	否		String	设置产生的 html 元素的 title 属性
Tooltip	否		String	为特殊组件设置的小提示功能
tooltipConfig	否		String	已经废弃,用独立的 tooltip 配置属性代替
tooltipCssClass	否	StrutsTTClassic	String	用于 JavaScript 脚本提示的 CSS 类
tooltipDelay	否	Classic	String	在显示 JavaScript 提示之前需要延迟的毫秒数
tooltipIconPath	否		String	工具提示所使用图像图标的路径
upDownOnLeftOnclick	否		String	左侧上/下翻动按钮被按下时的 JavaScript 代码
upDownOnRightOnclick	否		String	右侧上/下翻动按钮被按下时的 JavaScript 代码
Value	否		String	为输入的元素预先设置一个值

(3) 实例:

实例 1

```
<!-- minimum configuration -->
<s:optiontransferselect
    label="Favourite Cartoons Characters"
    name="leftSideCartoonCharacters"
    list="{'Popeye', 'He-Man', 'Spiderman'}"
    doubleName="rightSideCartoonCharacters"
    doubleList="{'Superman', 'Mickey Mouse', 'Donald Duck'}"
/>
```

实例 2

```
<!-- possible configuration -->
<s:optiontransferselect
    label="Favourite Cartoons Characters"
    name="leftSideCartoonCharacters"
    leftTitle="Left Title"
    rightTitle="Right Title"
    list="{'Popeye', 'He-Man', 'Spiderman'}"
```

```
        multiple="true"
        headerKey="headerKey"
        headerValue="--- Please Select ---"
        emptyOption="true"
        doubleList="{'Superman', 'Mickey Mouse', 'Donald Duck'}"
        doubleName="rightSideCartoonCharacters"
        doubleHeaderKey="doubleHeaderKey"
        doubleHeaderValue="--- Please Select ---"
        doubleEmptyOption="true"
        doubleMultiple="true"
/>
```

3）actionerror

（1）描述：

根据特定布局风格提供由 action 产生的错误。

（2）actionerror 标签参数见表 4-14。

表 4-14 actionerror 标签参数

名　称	必需	默　认	类型	描　述
Accesskey	否		String	在生成 html 标签时设置 html 标签的 accesskey(快捷键访问)属性
cssClass	否		String	指定该元素使用的 css 样式类
cssStyle	否		String	指定该元素使用的 css 样式风格定义
Disabled	否		String	在生成 html 标签时设置 html 标签的 disabled (无效)属性
Id	否		String	设置 HTML 标签的 id 属性
javascriptTooltip	否	否	Boolean	使用 JavaScript 语言产生 tooltips(小提示)
Key	否		String	为特殊的组件设置主键(名称,值,标签)
Label	否		String	描绘一个元素特殊标签所使用的标签表达式
labelSeparator	否	:	String	在标签后面追加的字符串
labelposition	否		String	为表单元素定义标签的位置(顶部/左部)
Name	否		String	元素的名称
Onblur	否		String	为 html 元素设置 onblur 属性
Onchange	否		String	为 html 元素设置 onchange 属性
Onclick	否		String	为 html 元素设置 onclick 属性
Ondblclick	否		String	为 html 元素设置 ondbclick 属性
Onfocus	否		String	为 html 元素设置 onfocus 属性
Onkeydown	否		String	为 html 元素设置 onkeydown 属性
Onkeypress	否		String	为 html 元素设置 onkeypress 属性
Onkeyup	否		String	为 html 元素设置 onkeyup 属性

续表

名　　称	必需	默　　认	类型	描　　述
Onmousedown	否		String	为 html 元素设置 onmousedown 属性
Onmousemove	否		String	为 html 标签设置 onmousemove 属性
Onmouseout	否		String	为 html 元素设置 onmouseout 属性
Onmouseover	否		String	为 html 元素设置 onmouseover 属性
Onmouseup	否		String	为 html 元素设置 ommouseup 属性
Onselect	否		String	为 html 元素设置 onselect 属性
Required	否	否	Boolean	如果设置成 true，则表示必须要求输入该元素
requiredposition	否		String	定义需要的表单元素的位置(左|右)
Tabindex	否		String	设置 html 元素的 tabindex 属性
Template	否		String	用于产生 html 元素所采用的模板(而不是默认的)
templateDir	否		String	模板目录
Theme	否		String	产生 html 元素的主题(而不是默认的)
Title	否		String	设置产生的 html 元素的 title 属性
Tooltip	否		String	为特殊组件设置的小提示功能
tooltipConfig	否		String	已经废弃，用独立的 tooltip 配置属性代替
tooltipCssClass	否	StrutsTTClassic	String	用于 JavaScript 脚本提示的 CSS 类
tooltipDelay	否	Classic	String	在显示 JavaScript 提示之前需要延迟的毫秒数
tooltipIconPath	否		String	工具提示所使用图像图标的路径
Value	否		String	为输入的元素预先设置一个值

(3) 实例

```
<s:actionerror />
  <s:form ... >
    ...
  </s:form>
```

4) actionmessage

(1) 描述：

根据特定布局风格提供由 action 产生的消息。

(2) actionmessage 标签参数见表 4-15。

表 4-15　actionmessage 标签参数

名　　称	必需	默认	类型	描　　述
Accesskey	否		String	在生成 html 标签时设置 html 标签的 accesskey(快捷键访问)属性

续表

名　　称	必需	默认	类型	描　　述
cssClass	否		String	指定该元素使用的 css 样式类
cssStyle	否		String	指定该元素使用的 css 样式风格定义
Disabled	否		String	在生成 html 标签时设置 html 标签的 disabled（无效）属性
Id	否		String	设置 HTML 标签的 id 属性
javascriptTooltip	否	否	Boolean	使用 JavaScript 语言产生 tooltips（小提示）
Key	否		String	为特殊的组件设置主键（名称，值，标签）
Label	否		String	描绘一个元素特殊标签所使用的标签表达式
labelSeparator	否	:	String	在标签后面追加的字符串
labelposition	否		String	为表单元素定义标签的位置（顶部/左部）
Name	否		String	元素的名称
Onblur	否		String	为 html 元素设置 onblur 属性
Onchange	否		String	为 html 元素设置 onchange 属性
Onclick	否		String	为 html 元素设置 onclick 属性
Ondblclick	否		String	为 html 元素设置 ondbclick 属性
Onfocus	否		String	为 html 元素设置 onfocus 属性
Onkeydown	否		String	为 html 元素设置 onkeydown 属性
Onkeypress	否		String	为 html 元素设置 onkeypress 属性
Onkeyup	否		String	为 html 元素设置 onkeyup 属性
Onmousedown	否		String	为 html 元素设置 onmousedown 属性
Onmousemove	否		String	为 html 标签设置 onmousemove 属性
Onmouseout	否		String	为 html 元素设置 onmouseout 属性
Onmouseover	否		String	为 html 元素设置 onmouseover 属性
Onmouseup	否		String	为 html 元素设置 ommouseup 属性
Onselect	否		String	为 html 元素设置 onselect 属性
Required	否	否	Boolean	如果设置成 true，则表示必须要求输入该元素
requiredposition	否		String	定义需要的表单元素的位置（左|右）
Tabindex	否		String	设置 html 元素的 tabindex 属性
Template	否		String	用于产生 html 元素所采用的模板（而不是默认的）
templateDir	否		String	模板目录
Theme	否		String	产生 html 元素的主题（而不是默认的）
Title	否		String	设置产生的 html 元素的 title 属性

续表

名　称	必需	默认	类型	描　述
Tooltip	否		String	为特殊组件设置的小提示功能
tooltipConfig	否		String	已经废弃，用独立的 tooltip 配置属性代替
tooltipCssClass	否	StrutsTTClassic	String	用于 JavaScript 脚本提示的 CSS 类
tooltipDelay	否	Classic	String	在显示 JavaScript 提示之前需要延迟的毫秒数
tooltipIconPath	否		String	工具提示所使用图像图标的路径
Value	否		String	为输入的元素预先设置一个值

(3) 实例：

```
<s:actionmessage />
<s:form ... >
  ...
</s:form>
```

5) fielderror

(1) 描述：

根据特定布局风格提供由 field 产生的错误。

(2) fielderror 标签参数见表 4-16。

表 4-16　fielderror 标签参数

名　称	必需	默认	类型	描　述
Accesskey	否		String	在生成 html 标签时设置 html 标签的 accesskey(快捷键访问)属性
cssClass	否		String	指定该元素使用的 css 样式类
cssStyle	否		String	指定该元素使用的 css 样式风格定义
Disabled	否		String	在生成 html 标签时设置 html 标签的 disabled (无效)属性
Id	否		String	设置 HTML 标签的 id 属性
javascriptTooltip	否	否	Boolean	使用 JavaScript 语言产生 tooltips(小提示)
Key	否		String	为特殊的组件设置主键(名称，值，标签)
Label	否		String	描绘一个元素特殊标签所使用的标签表达式
labelSeparator	否	:	String	在标签后面追加的字符串
labelPosition	否		String	为表单元素定义标签的位置(顶部/左部)
Name	否		String	元素的名称
Onblur	否		String	为 html 元素设置 onblur 属性
Onchange	否		String	为 html 元素设置 onchange 属性
Onclick	否		String	为 html 元素设置 onclick 属性

续表

名　　称	必需	默认	类型	描　　述
Ondblclick	否		String	为 html 元素设置 ondbclick 属性
Onfocus	否		String	为 html 元素设置 onfocus 属性
Onkeydown	否		String	为 html 元素设置 onkeydown 属性
Onkeypress	否		String	为 html 元素设置 onkeypress 属性
Onkeyup	否		String	为 html 元素设置 onkeyup 属性
Onmousedown	否		String	为 html 元素设置 onmousedown 属性
Onmousemove	否		String	为 html 标签设置 onmousemove 属性
Onmouseout	否		String	为 html 元素设置 onmouseout 属性
Onmouseover	否		String	为 html 元素设置 onmouseover 属性
Onmouseup	否		String	为 html 元素设置 ommouseup 属性
Onselect	否		String	为 html 元素设置 onselect 属性
Required	否	否	Boolean	如果设置成 true,则表示必须要求输入该元素
requiredposition	否		String	定义需要的表单元素的位置(左|右)
Tabindex	否		String	设置 html 元素的 tabindex 属性
Template	否		String	用于产生 html 元素所采用的模板(而不是默认的)
templateDir	否		String	模板目录
Theme	否		String	产生 html 元素的主题(而不是默认的)
Title	否		String	设置产生的 html 元素的 title 属性
Tooltip	否		String	为特殊组件设置的小提示功能
tooltipConfig	否		String	已经废弃,用独立的 tooltip 配置属性代替
tooltipCssClass	否	StrutsTTClassic	String	用于 JavaScript 脚本提示的 CSS 类
tooltipDelay	否	Classic	String	在显示 JavaScript 提示之前需要延迟的毫秒数
tooltipIconPath	否		String	工具提示所使用图像图标的路径
Value	否		String	为输入的元素预先设置一个值

(3) 实例:

```
<!—实例 1 -->
  <s:fielderror />
 <s:fielderror>
      <s:param>field1</s:param>
      <s:param>field2</s:param>
  </s:fielderror>
  <s:form ... >
     ...
```

```
   </s:form>
<!—实例 2 -->
   <s:fielderror>
         <s:param value="%{'field1'}" />
         <s:param value="%{'field2'}" />
   </s:fielderror>
   <s:form ... >
      ...
   </s:form>
```

实例 1：显示所有字段的错误。

实例 2：只显示字段 1 和 2 的错误。

4.3 Struts 2 中的表达式语言

在 View 层 JSP 页面开发中，会经常使用表达式语言(Expression Language，EL)。

表达式语言主要有以下几个好处：

(1) 避免<%= Var %>、<%= (MyType) request.getAttribute()%>和<%= myBean.getMyProperty()%>类的语句，使页面更简洁。

(2) 支持运算符(如+、-、*、/)，比普通的标志具有更高的自由度和更强的功能。

(3) 简单明了地表达代码逻辑，使用代码更可读，便于维护。

Struts 2 支持以下几种表达式语言：

(1) OGNL(Object-Graph Navigation Language)，可以方便地操作对象属性的开源表达式语言。

(2) JSTL(JSP Standard Tag Library)，JSP 2.0 集成的标准的表达式语言。

(3) Groovy，基于 Java 平台的动态语言，它具有时下比较流行的动态语言(如 Python、Ruby 和 Smarttalk 等)的一些特性。

(4) Velocity，严格来说，它不是表达式语言，只是一种基于 Java 的模板匹配引擎，其性能比 JSP 好。

下面重点介绍 OGNL。

Struts 2 默认的表达式语言是 OGNL，它是一种功能强大的表达式语言，通过它的简单一致的表达式语法，可以存取对象的任意属性，调用对象的方法，遍历整个对象的结构图，实现字段类型转化等功能。它使用相同的表达式存取对象的属性。关于 OGNL 的详细信息，可以参考相关文档，这里只讲解 OGNL 表达式语言的基本概念。

表 4-17 OGNL 常量

常　量	实　例
char	'a'
string	'hello' 或 "hello" 单个字符 /"a/"
boolean	true | false
int	123

1) 常量

OGNL 常量见表 4-17。

注意：string 可以用单引号，也可以用双引号。但是，单个字母如'a'与"a"是不同的，前者是 char，后者是 string。

2) 操作符

OGNL 操作符见表 4-18。

3）方法调用

```
class Test{
    int fun();
}
```

调用方式：t.fun()

4）访问静态方法和变量

格式为@[类全名(包括包路径)]@[方法名 | 值名]

例如：

```
@some.pkg.SomeClass@CONSTANTS
@some.pkg.SomeClass@someFun()
```

表 4-18 OGNL 操作符

操作符	实 例
+ - * / Mod	1+1 'hello'+'world'
++ --	foo++
== !=	
in not in	foo in aList
=(赋值)	foo=1

5）访问 OGNL 上下文(OGNL context)和 ActionContext，见表 4-19

表 4-19 OGNL 上下文和 ActionContext

OGNL 上下文	ActionContext
ActionContext().getContext().getSession().get("kkk")	#session.kkk
ActionContext().getContext().get("person")	#person

#符号相当于 ActionContext。

ActionContext 中几个有用的属性见表 4-20。

表 4-20 ActionContext 中几个有用的属性

名称	作 用	例 子
parameters	包含当前 HTTP 请求参数的 Map	#parameters.id[0]相当于 request.getParameter("id")
request	包含当前 HttpServletRequest 的属性(attribute)的 Map	#request.userName 相当于 request.getAttribute("userName")
session	包含当前 HttpSession 的属性的 Map	#session.userName 相当于 session.getAttribute("userName")
application	包含当前应用的 ServletContext 的属性的 Map	# application.userName 相当于 application.getAttribute("userName")
attr	用于按 request > session > application 顺序访问其属性	#attr.userName 相当于按顺序在以上 3 个范围(scope)读取 userName 属性，直到找到为止

6）集合操作

(1) 访问 list & array，见表 4-21。

表 4-21 访问 list & array

访问 list & array	值
List.get(0) array[0]	list[0] array[0]
List.get(0).getName()	list[0].name

续表

访问 list & array	值
list.size()　array.length	list.size　　　array.length
list.isEmpty()	list.isEmpty
List list = newArrayList() list.ad("foo");　list.add("bar");	{"foo", "bar"} {1,2,3}

(2) 访问 Map,见表 4-22。

动态创建 map,例如:#{1:'a', 2:'b'} #{'foo1':'bar1', 'foo2':'bar2'}。

表 4-22　访问 Map

访问 Map	值
Map.get("foo")	map['foo']或 map.foo
Map.get(1)	map[1]

Map map = newHashMap()
map.put("k1", "v1");
map.put("k2","v2");
	#{"k1":"v1", "k2":"v2"}

7) 筛选与投影

筛选 collection.{? expr }:　#this 代表当前循环到的 object

投影 collection.{ expr }

OGNL 筛选与投影见表 4-23。

表 4-23　OGNL 筛选与投影

筛选与投影	值
Children.{name}	(投影)得到 Collection<String> names,只有孩子名字的 list
Children.{? #this.age>2}	(筛选)得到 collection<Person> age>2 的记录
Children.{? #this.age<=2}.{name}	先筛选再投影
Children.{name+'->'+mother.name}	(筛选)得到元素为 str->str 的集合

下面通过实例学习它们的具体写法。首先创建 Book 对象,之后使用 Action 和 OGNL 对 Book 的集合进行操作,以便演示"用于过滤迭代(Books)集合"的功能。

```
package com.ascent.anli.model;
public class Book {
    private String isbn;
    private String title;
    private double price;
    public Book() {
    }
    public Book(String isbn, String title, double price) {
        this.isbn = isbn;
        this.title = title;
```

```
        this.price = price;
    }
public String getIsbn() {
        return isbn;
    }
    public void setIsbn(String isbn) {
        this.isbn = isbn;
    }
    public double getPrice() {
        return price;
    }
    public void setPrice(double price) {
        this.price = price;
    }
    public String getTitle() {
        return title;
    }
    public void setTitle(String title) {
        this.title = title;
    }
}
```

然后开发 Action 代码如下。

```
com.ascent.anli.action;
import java.util.LinkedList;
import java.util.List;
import java.util.Map;
import javax.servlet.ServletContext;
import javax.servlet.http.HttpServletRequest;
import org.apache.struts2.interceptor.ServletRequestAware;
import org.apache.struts2.interceptor.SessionAware;
import org.apache.struts2.util.ServletContextAware;
import com.ascent.anli.model.Book;
import com.opensymphony.xwork2.ActionSupport;
public class OgnlAction extends ActionSupport implements ServletRequestAware,
SessionAware, ServletContextAware  {
    private static final long serialVersionUID = 1L;
    private HttpServletRequest request;
    private Map<String, String>session;
    private ServletContext application;
private List<Book>books;
private String userName;
public String getUserName() {
        return userName;
    }
public void setUserName(String userName) {
```

```
        this.userName = userName;
    }
    public void setServletRequest(HttpServletRequest request) {
        this.request = request;
    }
    @SuppressWarnings("unchecked")
    public void setSession(Map session) {
        this.session = session;
    }
    public void setServletContext(ServletContext application) {
        this.application = application;
    }
    public List<Book>getBooks() {
        return books;
    }
    @Override
public String execute() {
    request.setAttribute("userName", "Ascenttech From request");
    session.put("userName", " Ascenttech From session");
    application.setAttribute("userName", " Ascenttech From application");
    books = new LinkedList<Book>();
    books.add(new Book("7-121-02871-9", "项目实践精解 ssh", 52.00));
    books.add(new Book("7-5083-1102-7", "Oracle SQL 必备参考", 49.00));
    books.add(new Book("978-7-121-04736-7", "SAP 系统项目实施与操作指南", 35.00));
    books.add(new Book("7-121-01760-1", "Java 数据库高级编程", 69.00));
    books.add(new Book("7-111-17901-3", "JAVA2 核心技术", 108.00));
        return SUCCESS;
    }
}
```

以上代码分别在 request、session 和 application 的范围添加 userName 属性，然后再在 JSP 页面使用 OGNL 将其取回。

下面是/anli/ognl1.jsp 和/anli/ognl2.jsp 的代码，内容如下。

/anli/ognl1.jsp：

```
<%@ page language="java" import="java.util.*" pageEncoding="gb2312"%>
<%
String path = request.getContextPath();
String basePath = request.getScheme()+"://"
+request.getServerName()+":"+request.getServerPort()+path+"/";
%>
<!DOCTYPE HTML PUBLIC "-//W3C//DTD HTML 4.01 Transitional//EN">
<html>
  <head>
    <base href="<%=basePath%>">
    <title>OGNL Demo index</title>
<meta http-equiv="pragma" content="no-cache">
```

```
<meta http-equiv="cache-control" content="no-cache">
<meta http-equiv="expires" content="0">
<meta http-equiv="keywords" content="keyword1,keyword2,keyword3">
<meta http-equiv="description" content="This is my page">
<!--
<link rel="stylesheet" type="text/css" href="styles.css">
-->
  </head>
  <body>
    OGNL 测试用例 <br>
    单击<a href="ognl.action?userName=Ascenttech From parameters">进入</a>用例展
现页面。
  </body>
</html>
```

/anli/ognl2.jsp:

```
<%@ page language="java" import="java.util.*" pageEncoding="gb2312"%>
<%@ taglib prefix="s" uri="/struts-tags" %>
<%
  String path = request.getContextPath();
  String basePath = request.getScheme()+"://"+request.getServerName()+":"+
request.getServerPort()+path+"/";
%>
<!DOCTYPE html PUBLIC "-//W3C//DTD XHTML 1.0 Transitional//EN" "http://www.w3.org/
TR/xhtml1/DTD/xhtml1-transitional.dtd">
  <html xmlns="http://www.w3.org/1999/xhtml">
  <head>
      <title>Struts OGNL Demo</title>
  </head>
  <body>
  <h3>访问 OGNL 上下文和 Action 上下文</h3>
  <p>parameters: <s:property value="#parameters.userName" /></p>
  <p>request.userName: <s:property value="#request.userName" /></p>
  <p>session.userName: <s:property value="#session.userName" /></p>
  <p>application.userName: <s:property value="#application.userName" /></p>
  <p>attr.userName: <s:property value="#attr.userName" /></p>
  <hr />
  <h3>用于有条件过滤迭代(Books)集合</h3>
  <p>价格超过 50.0 元的书籍列表</p>
  <ul>
    <s:iterator value="books.{?#this.price > 50}">
    <li><s:property value="title" />- <s:property value="price" /></li>
        </s:iterator>
    </ul>
    <p>项目实践精解 ssh 的价格是:
  <s:property value="books.{?#this.title=='项目实践精解 ssh'}.{price}[0]"/></p>
```

```
    <hr />
    <h3>构造 Map</h3>
    <s:set name="foobar" value="#{'foo1':'bar1', 'foo2':'bar2'}" />
    <p>The value of key "foo1" is <s:property value="#foobar['foo1']" /></p>
    <hr />
    <h3>%的用途</h3>
    "%"符号的用途是在标志的属性为字符串类型时，计算 OGNL 表达式的值。
    <p><s:url value="#foobar['foo1']" /></p>
    <p><s:url value="%{#foobar['foo1']}" /></p>
</body>
</html>
```

以上代码值得注意的是<s:property value="books.{?#this.title=='项目实践精解 ssh'}.{price}[0]"/>，因为 books.{?#this.title=='项目实践精解 ssh'}.{price}返回的值是集合类型，所以要用[索引]访问其值。

最后是 Struts 2 的配置文件 struts.xml，内容如下。

```
<?xml version="1.0" encoding="GBK"?>
<!DOCTYPE struts PUBLIC
"-//Apache Software Foundation//DTD Struts Configuration 2.0//EN"
"http://struts.apache.org/dtds/struts-2.0.dtd">
<struts>
    <package name="struts2_ognl" extends="struts-default">
        <!-- 案例   ognl -->
        <action name="ognl" class="com.ascent.anli.action.OgnlAction">
            <result>/anli/ognl2.jsp</result>
        </action>
    </package>
</struts>
```

发布运行应用程序，结果如图 4-1 所示。

图 4-1 发布运行应用程序

从入口 Action 到下面展现页，如图 4-2 所示。

最后再补充%和$符号的用途。

“%”符号的用途是在标志的属性为字符串类型时，计算 OGNL 表达式的值。例如，在 Ognl2.jsp 中加入以下代码：

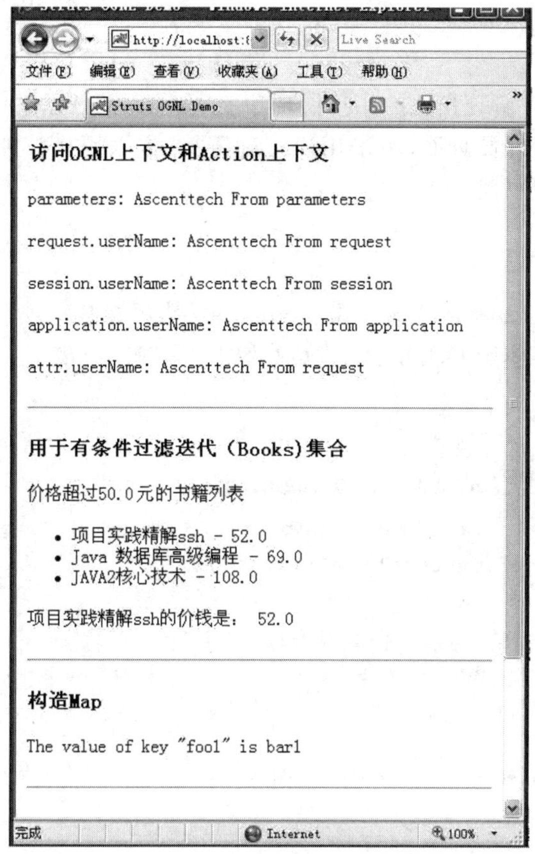

图 4-2 运行结果

```
<hr />
<h3>%的用途</h3>
<p><s:url value="#foobar['foo1']" /></p>
<p><s:url value="%{#foobar['foo1']}" /></p>
```

使用#会原样打印#foobar['foo1']，而使用%会计算#foobar['foo1']的值。例如，得到 bar1。

"$"主要有两个用途。

(1) 在国际化资源文件中引用 OGNL 表达式。

(2) 在 Struts 2 配置文件中引用 OGNL 表达式，例如：

```
<action name="AddPhoto" class="addPhoto">
        <interceptor-ref name="fileUploadStack" />
        <result type="redirect">ListPhotos.action?albumId=${albumId}</result>
    </action>
```

4.4 项目案例

4.4.1 学习目标

本章详细介绍了 Struts 2 的标签及 OGNL 表达式语言，并且配有详细的实例。

4.4.2 案例描述

本案例是管理员用户管理模块的用户展现功能，在前面的登录案例基础上进行了改进，管理员登录成功后，进入管理员页面，单击用户管理链接，进入用户管理 Action，进行查询并保存，之后跳转到用户展现页面。

4.4.3 案例要点

在案例使用 Struts 2 的标签实现登录 form 表单，使用标签实现用户管理链接，并使用标签迭代用户列表，其中要使用 OGNL 进行读取数据的实现。

4.4.4 案例实施

1. Struts 2 标签实现登录页面 /anli/login.jsp

```
<%@ page language="java" import="java.util.*" pageEncoding="UTF-8"%>
<%@ taglib uri="/struts-tags" prefix="s"%>
<%
String path = request.getContextPath();
String basePath = request.getScheme()+"://"+request.getServerName()+":"+
request.getServerPort()+path+"/";
%>
<!DOCTYPE HTML PUBLIC "-//W3C//DTD HTML 4.01 Transitional//EN">
<html>
  <head>
    <base href="<%=basePath%>">
    <title>My JSP 'login.jsp' starting page</title>
    <meta http-equiv="pragma" content="no-cache">
    <meta http-equiv="cache-control" content="no-cache">
    <meta http-equiv="expires" content="0">
    <meta http-equiv="keywords" content="keyword1,keyword2,keyword3">
    <meta http-equiv="description" content="This is my page">
    <!--
    <link rel="stylesheet" type="text/css" href="styles.css">
    -->
  </head>
  <body>
   <!--HTML 表单 -->
   <form action="usrLoginAction.action" method="post">
    用户名:<input type="text" name="username"/><br/>
    密码:<input type="password" name="password"/><br/>
    <input type="submit" value="登录"/>
   </form>
  -->
  <!-- Struts 2 标签实现表单 -->
  <s:form action="usrLoginAction" method="post">
         <s:textfield name="username" label="用户名"></s:textfield>
```

```
        <s:password name="password" label="密码"></s:password>
        <s:submit value="登录"></s:submit>
    </s:form>
    </body>
</html>
```

2. 管理员登录成功后的管理页面 /anli/adminWelcome.jsp

```
<%@ page language="java" import="java.util.* " pageEncoding="UTF-8"%>
<%@ taglib uri="/struts-tags"  prefix="s" %>
<%
String path = request.getContextPath();
String basePath = request.getScheme()+"://"+request.getServerName()+":"+
request.getServerPort()+path+"/";
%>
<!DOCTYPE HTML PUBLIC "-//W3C//DTD HTML 4.01 Transitional//EN">
<html>
  <head>
    <base href="<%=basePath%>">
    <title>My JSP 'login.jsp' starting page</title>
    <meta http-equiv="pragma" content="no-cache">
    <meta http-equiv="cache-control" content="no-cache">
    <meta http-equiv="expires" content="0">
    <meta http-equiv="keywords" content="keyword1,keyword2,keyword3">
    <meta http-equiv="description" content="This is my page">
    <!--
    <link rel="stylesheet" type="text/css" href="styles.css">
    -->
  </head>
  <body>
   欢迎管理员登录成功!<br/>
   <s:url id="url1" action="findAllusrManagerAction.action"></s:url>
   <s:a href="%{url1}">用户管理</s:a>
  </body>
</html>
```

3. 在用户模块数据操作模拟类 UsrDAO 中查询所有的用户功能代码

```
package com.ascent.anli;
import java.sql.*;
import java.util.ArrayList;
import java.util.List;
import com.ascent.po.Usr;
/**
* 该类是用户数据访问类,是案例的模拟类,使用 jdbc 直接实现功能
* @author LEE
*
*/
```

```
public class UsrDAO {
    private Connection con;
    private PreparedStatement ps;
    private ResultSet rs;
/**
     * 查询所有用户,案例模拟
     * @return
     */
    public List<Usr>findAllUsr() {
        List<Usr>list = new ArrayList<Usr>();
        Usr u = null;
        String sql = "select * from usr";
        try {
            con = DBConn.getConn();
            ps = con.prepareStatement(sql);
            rs = ps.executeQuery();
            while(rs.next()){
                u= new Usr();
                u.setId(rs.getInt("id"));
                u.setUsername(rs.getString("username"));
                u.setEmail(rs.getString("email"));
                u.setTel(rs.getString("tel"));
                u.setSuperuser(rs.getString("superuser"));
                list.add(u);
            }
        } catch (SQLException e) {
            e.printStackTrace();
        }finally{
            DBConn.dbClose(con, ps, rs);
        }
        return list;
    }
}
```

4. 在用户管理 UsrManagerAction 中查询所有的用户 findAll 功能方法代码

```
package com.ascent.action;
import java.util.List;
import com.ascent.anli.UsrDAO;
import com.ascent.po.Usr;
import com.opensymphony.xwork2.ActionContext;
import com.opensymphony.xwork2.ActionSupport;
public class UsrManagerAction extends ActionSupport{
    /**
         * 查询所有用户展现 案例模拟功能方法
         * @return
         * @throws Exception
```

```
    */
    public String findAll()throws Exception{
        //创建用户数据操作模拟类实例
        UsrDAO dao = new UsrDAO();
        //调用查询所有用户方法,获得用户集合
        List <Usr>list=dao.findAllUsr();
        //将用户集合保存在 ActionContext 中
        ActionContext.getContext().put("allUsr", list);
        return "anli_showusr";
    }
}
```

5. struts.xml 文件配置

```
<action name="*usrManagerAction" class="com.ascent.action.UsrManagerAction"
method="{1}">
            <result></result>
            <result name="show_users">/product/products_showusers.jsp</result>
            <result name="updateuser">/product/updateuser.jsp</result>
            <result name="updateuser_error">/product/updateuser.jsp</result>
            <result name="changesuperuser_error">/product/changesuperuser.jsp</
result>
            <result name="error">/product/products.jsp</result>
            <result name="admin_order_user">/product/admin_orderuser.jsp</result>
            <!-- 下面是案例配置  查询所有用户 -->
            <result name="anli_showusr">/anli/admin_showusr.jsp</result>
        </action>
```

6. 用户展现模拟页面 /anli/admin_showusr.jsp

使用迭代标签展现以下代码:

```
<%@ page language="java" import="java.util.*" pageEncoding="UTF-8"%>
<%@ taglib uri="/struts-tags" prefix="s"%>
<%
String path = request.getContextPath();
String basePath = request.getScheme()+"://"+request.getServerName()+":"+
request.getServerPort()+path+"/";
%>
<!DOCTYPE HTML PUBLIC "-//W3C//DTD HTML 4.01 Transitional//EN">
<html>
  <head>
    <base href="<%=basePath%>">
    <title>My JSP 'admin_showusr.jsp' starting page</title>
    <meta http-equiv="pragma" content="no-cache">
    <meta http-equiv="cache-control" content="no-cache">
    <meta http-equiv="expires" content="0">
    <meta http-equiv="keywords" content="keyword1,keyword2,keyword3">
    <meta http-equiv="description" content="This is my page">
```

```
    <!--
    <link rel="stylesheet" type="text/css" href="styles.css">
    -->
  </head>
  <body>
    <center>
        <h1>用户列表</h1>
        <table border="1" width="80%">
            <tr><td>ID</td><td>用户名</td><td>邮箱</td><td>电话</td><td>权限</
td><td>操作</td></tr>
            <s:iterator value="#request.allUsr">
            <tr><td><s:property value="id"/></td>
            <td><s:property value="username"/></td>
            <td><s:property value="email"/></td>
            <td><s:property value="tel"/></td>
            <td>
                <s:if test="superuser==1">普通用户</s:if>
                <s:elseif test="superuser==2">高权用户</s:elseif>
                <s:elseif test="superuser==3">管理员</s:elseif>
            </td>
            <td>操作</td></tr>
            </s:iterator>
        </table>
    </center>
  </body>
</html>
```

7. 测试

部署项目案例，启动 tomcat 服务器，在浏览器的地址栏中输入 http://localhost:8080/chapter4/anli/login.jsp 打开登录页面，使用管理员 admin，密码 123456 成功登录，如图 4-3 所示。

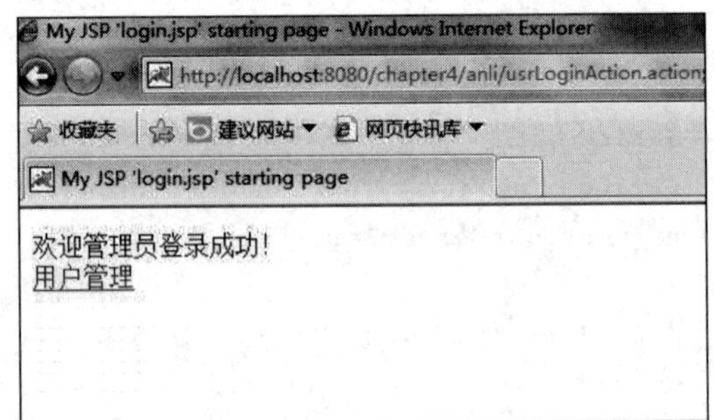

图 4-3　管理员登录

单击“用户管理”链接，展现用户列表，如图 4-4 所示。

4.4.5　特别提示

本案例是真实项目的一个模拟案例，所以在 UsrDAO 中查询所有用户使用 jdbc 实现数

用户列表

ID	用户名	邮箱	电话	权限	操作
1	admin	admin@163.comm	13315266854	管理员	操作
2	lixin	lixin@163.com	13315266853	高权用户	操作
3	ascent	ascent@163.com	13315266852	普通用户	操作
4	shang	test@163.com	13315266851	普通用户	操作
5	test	test@163.com	111	高权用户	操作

图 4-4 用户列表

据库的操作，但不影响学习 Struts 2 标签和 OGNL 表达式语言。

4.4.6 拓展与提高

1. 模拟上述案例完成项目中管理员的管理商品功能。
2. 模拟上述案例完成项目中普通用户或游客前台商品的查询和展现功能。

4.5 本章总结

- Struts 2 标签的概述。
- Struts 2 常用标签的详细属性介绍及实例。
- OGNL 表达式语言的概述。
- OGNL 表达式的案例。
- 管理员用户管理的案例。

4.6 习题

1. 如何在 JSP 页面导入 Struts 2 标签库？
2. 简述 If 标签的用法。
3. 简述 Iterator 迭代标签的用法。
4. 使用 Struts 2 标签编写一个登录的表单。
5. 使用 OGNL 如何取 request 或 session 范围保存的数据？

第5章 Struts高级技术

学习目的与学习要求

学习目的：掌握 Struts 2 国际化的思路及开发流程、Struts 2 的异常机制，了解 Struts 2 的类型转换器，掌握 Struts 2 的校验框架。

学习要求：重点掌握 Struts 2 的国际化及验证框架，搭建流程，开发该知识点的实例。

本章主要内容

本章主要讲解 Struts 2 框架的高级技术，包括 Struts 2 的国际化、异常机制、类型转换和校验。其中国际化包括国际化的思路及配置资源文件的种类，校验分为 validate 代码校验和校验框架。

前面讲解了 Struts 的基本原理，接下来介绍 Struts 的高级部分，包括 Struts 2 框架的国际化、异常处理、类型转换器和 Struts 2 验证框架等。首先讲解 Struts 对国际化的支持。

5.1 国际化支持

几年前，应用程序开发者能够考虑到仅支持他们本国的只使用一种语言(有时候是两种)和通常只有一种数量表现方式(如日期、数字、货币值)的应用。然而，基于 Web 技术的应用程序的爆炸性增长，以及将这些应用程序部署在 Internet 或其他被广泛访问的网络之上，已经在很多情况下使得国家的边界淡化到不可见。这种情况转变成为一种对于应用程序支持国际化(internationalization，经常被称作 i18n，因为 18 是字母 i 和字母 n 之间的字母个数)和本地化的需求。国际化是商业系统中不可或缺的一部分，所以无论您学习的是什么 Web 框架，它都是必须掌握的技能。

Struts 1.x 对国际化有很好的支持，它极大地简化了程序员在做国际化时所需的工作。例如，如果要输出一条国际化信息，只在代码包中加入 FILE-NAME_xx_XX.properties（其中 FILE-NAME 为默认资源文件的文件名），然后在 struts-config.xml 中指明其路径，再在页面用＜bean：message＞标志输出即可。而 Struts 2.0 在原有的 Struts 1 简单、易用的基础上，将其做得更灵活、更强大。

1. Struts 2 的国际化概述

Struts 2 国际化建立在 Java 国际化的基础之上，也是通过提供不同国家/语言环境的消息资源，然后通过 ResourceBundle 加载指定 Locale 对应的资源文件，再取得该资源文件中指定 key 对应的消息——整个过程与 Java 程序的国际化完全相同，只要 Struts 2 框架对 Java 程序国际化进行了进一步封装，从而简化了应用程序的国际化。

1）在 Struts 2 中加载全局资源文件

Struts 2 支持 4 种配置和访问资源文件的方法，包括：

- 使用全局的资源文件。
- 使用包范围的资源文件。
- 使用 Action 范围的资源文件。
- 使用＜s:i18n＞标志访问特定路径的 properties 文件。

其中最常用的是加载全局的国际化资源文件，至于其他几种方式，后面会讲解。加载全局的国际化资源文件的方式通过配置常量实现。不管在 struts.custom.xml 文件中配置常量，还是在 struts.properties 文件中配置常量，只配置 struts.custom.il8n.resources 常量即可。

配置 struts. custom. il8n. resources 常量时，该常量的值为全局国际化资源文件的 baseName。

假如系统需要加载的国际化资源文件的 baseName 为 properties/messageResource，则可以在 struts.properties 文件中指定如下一行：

```
Struts.custom.il8n.resources= properties.messageResource
```

或者，在 struts.xml 文件中配置如下的一个常量：

```
<!-- 定义资源文件的位置和类型 -->
<constant name="struts.custom.i18n.resources" value="properties/
messageResource "/>
```

通过这种方式加载国际化资源文件后，Struts 2 应用就可以在所有地方取出这些国际化资源文件了，包括 JSP 页面和 Action。

2）访问国际化资源

Struts 2 既可以在 JSP 页面中通过标签输出国际化消息，也可以在 Action 类中输出国际化消息，不管采用哪种方式，Struts 2 都提供了支持，使用起来非常简单。

Struts 2 访问国际化消息主要有如下 3 种方式：

（1）为了在 JSP 页面中输出国际化消息，可以使用 Struts 2 的＜s:text…/＞标签，该标签可以指定一个 name 属性，该属性指定了国际化资源文件中的 key。

（2）为了在表单元素里输出国际化信息，可以为该表单标签指定一个 key 属性，该 key 指定了国际化资源文件中的 key。

（3）为了在 Action 类中访问国际化消息，可以使用 ActionSupport 类的 getText()方法，该方法可以接受一个 name 参数，该参数指定了国际化资源文件中的 key。

举例说明。首先是提供资源文件。

#资源文件的内容就是 key-value 对

```
loginPage=loginPage
errorPage=errorPage
welcomePage=welcomePage
showBooksPage=showBooksPage
errorTip=sorry,you login error!!!
errorLink1=show books
errorLink2=here coming in GetBooksAction,but you did not login,so goto login path
welcomeTip=welcome,{0},you login success!
welcomeLink=show books
loginTip=Login
user=username
password=password
submit=submit
showbookTip=show books
bookname=book name
username.required=username is required.
password.required=password is required.
```

上面的文件以 messageResource_en_US.properties 文件名保存，并将其保存在 WEB-INF/classes/properties 路径下，然后提供如下文件：

```
loginPage=登录页面
errorPage=错误页面
welcomePage=成功欢迎页面
showBooksPage=图书展现页面
errorTip=对不起,您登录失败!!!
errorLink1=展现图书
errorLink2=(此处应进入 GetBooksAction,但是检测到未登录,所以跳转到 login 的 path)
welcomeTip=欢迎,{0},您已经登录成功!
welcomeLink=展现书籍
loginTip=用户登录
user=用户名
password=密码
submit=提交
showbookTip=图书展示
bookname=书名
username.required=用户名不能为空
password.required=密码不能为空
```

使用 native2ascii 工具处理上面的资源文件，并命名为 messageResource_zh_CN.properties 保存在 WEB-INF/classes/properties 路径下，具体内容如下：

```
loginPage=\u767b\u9646\u9875\u9762
errorPage=\u9519\u8bef\u9875\u9762
welcomePage=\u6210\u529f\u6b22\u8fce\u9875\u9762
```

```
showBooksPage=\u56fe\u4e66\u5c55\u73b0\u9875\u9762
errorTip=\u5bf9\u4e0d\u8d77\uff0c\u60a8\u767b\u9646\u5931\u8d25\uff01\uff01\uff01
errorLink1=\u5c55\u73b0\u56fe\u4e66
errorLink2=\uff08\u6b64\u5904\u5e94\u8fdb\u5165GetBooksAction\uff0c\u4f46\u662f\
u68c0\u6d4b\u5230\u672a\u767b\u9646\u6240\u4ee5\u8df3\u8f6c\u5230login\u7684path
\uff09
welcomeTip=\u6b22\u8fce\uff0c{0},\u60a8\u5df2\u7ecf\u767b\u9646\u6210\u529f\uff01
welcomeLink=\u5c55\u73b0\u4e66\u7c4d
loginTip=\u7528\u6237\u767b\u9646
user=\u7528\u6237\u540d
password=\u5bc6\u7801
submit=\u63d0\u4ea4
showbookTip=\u56fe\u4e66\u5c55\u793a
bookname=\u4e66\u540d
username.required=\u7528\u6237\u540d\u4e0d\u80fd\u4e3a\u7a7a
password.required=\u5bc6\u7801\u4e0d\u80fd\u4e3a\u7a7a
```

提供上面两份资源文件后，系统会根据浏览者所在的区域加载对应的语言资源文件。

下面是登录页面代码：

```
<%@ page language="java" contentType="text/html; charset=utf-8"%>
<!--导入 struts2 标签-->
<%@ taglib uri="/struts-tags" prefix="s"%>
<html>
<head>
<!--使用 s:text 标签输出国际化消息-->
<title><s:text name="loginPage"/></title>
</head>
<body>
<h3><s:text name="loginTip"/></h3>
<!--在表单元素中使用 key 指定国际化消息的 key-->
<s:form action="Login" method="post">
  <s:textfield name="username" key="user"/>
  <s:password name="password" key="password"/>
  <s:submit name="submit" key="submit" />
</s:form>
</body>
</html>
```

上面的 JSP 页面中使用<s:text…/>标签直接输出国际化信息，也通过在表单元素中指定 key 属性输出国际化信息。通过这种方式就可以完成 JSP 页面中普通文本、表单元素标签的国际化。

如果在简体中文环境下，浏览该页面将看到如图 5-1 所示的页面。

如果在控制面板中修改语言/区域，将机器的语言/区域环境修改成美国英语环境，再次浏览该页面，将看到如图 5-2 所示的页面。

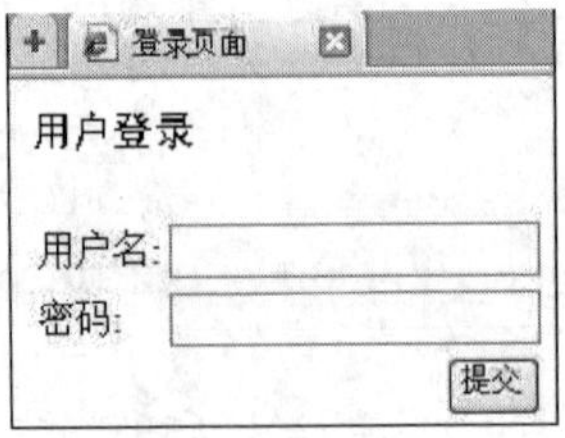

图 5-1　登录页面

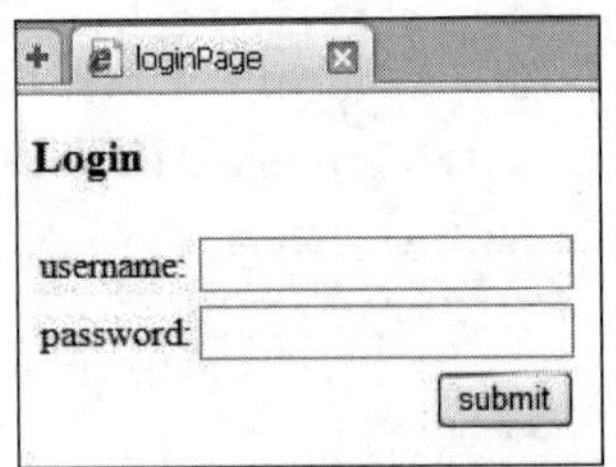

图 5-2　修改后的登录页面

如果为了在 Action 中访问国际化消息，则在 Action 类中调用 ActionSupport 类的 getText()方法，就能够取得国际化资源文件中的国际化消息。通过这种方式，即使 Action 需要设置在下一个页面显示的信息，也无须直接设置字符串常量，而是使用国际化消息的 key 输出，从而实现程序的国际化。

下面是本示例应用中 Action 类的代码：

```
package com.ascent.action;
import com.opensymphony.xwork2.ActionContext;
import com.opensymphony.xwork2.ActionSupport;
@SuppressWarnings("serial")
public class LoginAction extends ActionSupport{
    private String username;
    private String password;
    public String getPassword() {
        return password;
    }
    public void setPassword(String password) {
        this.password = password;
    }
    public String getUsername() {
        return username;
    }
    public void setUsername(String username) {
        this.username = username;
    }
    @SuppressWarnings("unchecked")
    public String execute(){
        if(getUsername().equals("ascent")&& getPassword().equals("ascent")){
            ActionContext.getContext().getSession().put("user", this.getUsername());
            return SUCCESS;
        }
        return ERROR;
    }
    //完成输入校验需要重写的 validate()方法(读取资源文件 getText(String str))
    public void validate(){
    //调用 getText()方法取出国际化消息
        if(getUsername()==null||"".equals(this.getUsername().trim())){
```

```
            this.addFieldError("username", this.getText("username.required"));
        }
        if(this.getPassword()==null||"".equals(this.getPassword().trim())){
            this.addFieldError("password", this.getText("password.required"));
        }
    }
}
```

注：这里使用了数据验证技术，为此需要重写 validate()方法。如果用户登录时没有填写用户名或密码，系统就会报错。在简体中文环境下，提示消息分别为：用户名不能为空；密码不能为空。如果在控制面板中修改语言/区域，将机器的语言/区域环境修改成美国英语环境，那么提示消息分别变为 username is required;password is required。这样，也就提供了国际化的支持。

关于数据验证的详细内容，稍后会讲解，这里不赘述了。

2. 参数化国际化字符串

许多情况下，需要动态地为国际化字符插入一些参数，在 Struts 2.0 中可以方便地做到这一点。

如果需要在 JSP 页面中填充国际化消息里的占位符，则可以通过在<s:text…/>标签中使用多个<s:param…/>标签填充消息中的占位符。第一个<s:param…/>标签指定第一个占位符值，第二个<s:param…/>标签指定第二个占位符值，以此类推。

如果需要在 Action 中填充国际化消息里的占位符，则可以通过在调用 getText()方法时使用 getText(String aTextName,List args)或 getText(String key, String[] args)方法填充占位符。该方法的第二个参数既可以是一个字符串数组，也可以是字符串组成的 List 对象。

在上述实例中，资源文件中有如下国际化消息：

```
#带占位符的国际化消息
welcomeTip=欢迎,{0},您已经登录成功!
```

为了在 Action 类中输出占位符的消息，我们在 Action 类中调用 ActionSupport 类的 getText()方法，调用该方法时，传入用于填充占位符的参数值。访问该带占位符消息的 Action 类如下：

```
package com.ascent.struts2.action;
import com.opensymphony.xwork2.ActionContext;
import com.opensymphony.xwork2.ActionSupport;
@SuppressWarnings("serial")
public class LoginAction extends ActionSupport{
    private String username;
    private String password;
    public String getPassword() {
        return password;
    }
    public void setPassword(String password) {
        this.password = password;
    }
```

```
    public String getUsername() {
        return username;
    }
    public void setUsername(String username) {
        this.username = username;
    }
    @SuppressWarnings("unchecked")
    public String execute(){
        if(getUsername().equals("ascent")&& getPassword().equals("ascent")){
            //调用 getText()方法取出国际化消息,使用字符串数组传入占位符的参数值
(request 范围)
            ActionContext.getContext().put("user", this.getText("welcomeTip", new
String[]{this.getUsername()}));
            return SUCCESS;
        }
        return ERROR;
    }
}
```

通过上面的带参数的 getText()方法，就可以为国际化消息的占位符传入参数了。

为了在 JSP 页面中输出带两个占位符的国际化消息，只为<s:text…/>标签指定<s:param…/>子标签即可。下面是 welcome.jsp 页面的代码：

```
<%@ page language="java" import="java.util.*" pageEncoding="utf-8"%>
<%@ taglib prefix="s" uri="/struts-tags" %>
<%
String path = request.getContextPath();
String basePath = request.getScheme()+"://"+request.getServerName()+":"+
request.getServerPort()+path+"/";
%>
<!DOCTYPE HTML PUBLIC "-//W3C//DTD HTML 4.01 Transitional//EN">
<html>
  <head>
   <base href="<%=basePath%>">
   <title><s:text name="welcomePage"/></title>
  </head>
  <body>
  <!--使用 s:text 标签输出 welcomeTip 对应的国际化消息-->
  <s:text name="welcomeTip">
    <!--使用 s:param 为国际化消息的占位符传入参数-->
    <s:param><s:property value="username"/></s:param>
  </s:text>
  <br><br>
  <!-- 输出 request 范围内的 user 值(资源文件取值)-->
  request:${requestScope.user}
  <br>
    <a href="getBooks.action"><s:text name="welcomeLink"/></a>
```

```
  </body>
</html>
```

上面的页面使用 ${requestScope.user}输出的是 Action 类中取出的国际化消息，而通过<s:text…/>标签取出的是另一个国际化消息，且使用<param…/>标签为该国际化消息的占位符指定了占位符值。当以 ascent 用户名登录成功后，结果如图 5-3 所示。

如果美国英语语言环境下用户通过登录页面登录成功，进入 welcome.jsp 页面，将看到如图 5-4 所示的页面。

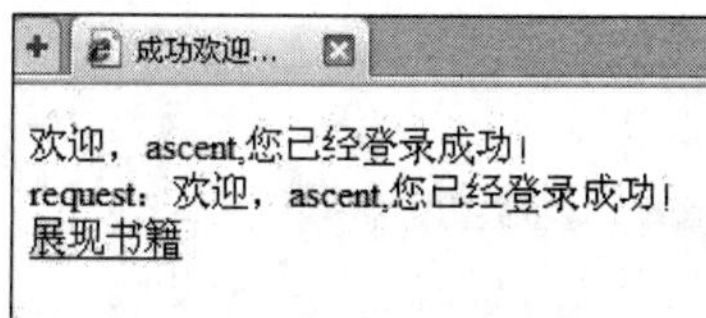

图 5-3　中文欢迎页面

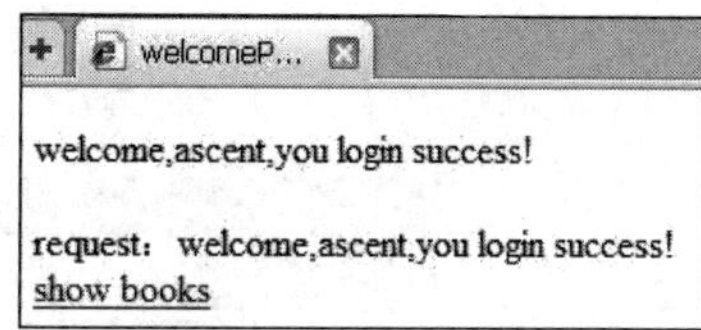

图 5-4　英文欢迎页面

登录失败 error.jsp 页面代码如下：

```
<%@ page language="java" import="java.util.*" pageEncoding="UTF-8"%>
<!--导入 struts2 标签-->
<%@ taglib uri="/struts-tags" prefix="s"%>
<%
String path = request.getContextPath();
String basePath = request.getScheme()+"://"+request.getServerName()+":"+
request.getServerPort()+path+"/";
%>
<!DOCTYPE HTML PUBLIC "-//W3C//DTD HTML 4.01 Transitional//EN">
<html>
  <head>
    <base href="<%=basePath%>">
    <!-- 使用 s:text 标签输出国际化消息-->
    <title><s:text name="errorPage"/></title>
    <meta http-equiv="pragma" content="no-cache">
    <meta http-equiv="cache-control" content="no-cache">
    <meta http-equiv="expires" content="0">
    <meta http-equiv="keywords" content="keyword1,keyword2,keyword3">
    <meta http-equiv="description" content="This is my page">
    <!--
    <link rel="stylesheet" type="text/css" href="styles.css">
    -->
  </head>
  <body>
    <s:text name="errorTip"></s:text><br>
    <a href="login.jsp"><s:text name="errorLink1"></s:text></a>
    <s:text name="errorLink2"></s:text>
  </body>
</html>
```

用户名或密码错误时,中文和英文环境下的页面分别如图 5-5 和图 5-6 所示。

图 5-5　登录失败中文页面

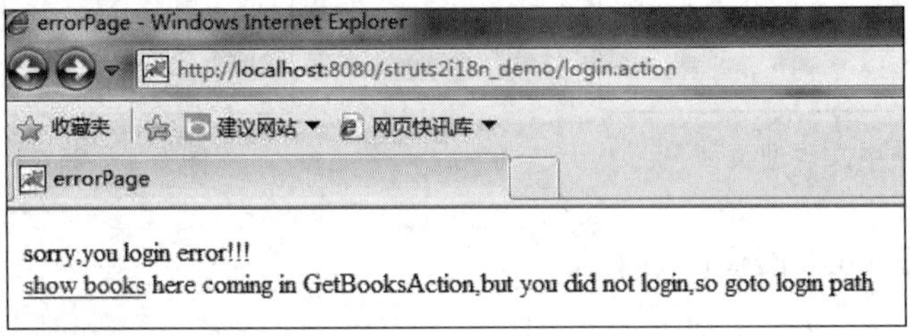

图 5-6　登录失败英文页面

Struts 的配置文件 struts.xml 如下:

```
<?xml version="1.0" encoding="GBK"?>
<!DOCTYPE struts PUBLIC
"-//Apache Software Foundation//DTD Struts Configuration 2.0//EN"
"http://struts.apache.org/dtds/struts-2.0.dtd">
<struts>
    <constant name="struts.custom.i18n.resources"
value="properties/messageResource "/>
    <package name="struts2" extends="struts-default">
        <!-- 全局国际化测试类 -->
        <action name="login" class="com.ascent.action.LoginAction">
            <result>/welcome.jsp</result>
            <result name="error">/error.jsp</result>
            <result name="input">/login.jsp</result>
        </action>
    </package>
</struts>
```

3. 加载其他资源文件的方式

前面介绍了 Struts 2 中加载国际化资源最常用的方式,除此之外,Struts 2 还提供了多种方式加载国际资源文件,包括指定包范围资源文件、Action 范围资源文件,以及临时指定资源文件等。

1) 包范围资源文件

对于一个大型应用而言,国际化资源文件的管理也是一个复杂的工程,因为整个应用中有大量内容需要实现国际化,如果把国际化资源都放在同一个全局文件里,这将是不可想象的事情。为了更好地体现软件工程里“分而治之”的原则，Struts 2 允许针对不同模块、不同 Action 组织国际化资源文件。

为 Struts 2 应用指定包范围资源文件的方法是：在包的根路径下建立多个文件名为 package_language_country.properties 的文件，一旦建立了这个系列国际化资源文件，应用中处于该包下的所有 Action 都可以访问该资源文件。

例如，com.ascent.action2 包下的 Action 类：

```
package com.ascent.action2;
import com.opensymphony.xwork2.ActionContext;
import com.opensymphony.xwork2.ActionSupport;
@SuppressWarnings("serial")
public class LoginAction2 extends ActionSupport{
    private String username;
    private String password;
    public String getPassword() {
        return password;
    }
    public void setPassword(String password) {
        this.password = password;
    }
    public String getUsername() {
        return username;
    }
    public void setUsername(String username) {
        this.username = username;
    }
    @SuppressWarnings("unchecked")
    public String execute(){
        if(getUsername().equals("ascent")&& getPassword().equals("ascent")){
            //调包范围资源文件
            ActionContext.getContext().put("tip", this.getText("succTip"));
            return SUCCESS;
        }
        ActionContext.getContext().put("tip", this.getText("failTip"));
        return ERROR;
    }
}
```

接着提供两份资源文件：第一份资源文件为 package_zh_CN.properties，内容为

```
failTip=\u5305\u8303\u56f4\u6d88\u606f\uff1a\u5bf9\u4e0d\u8d77\uff0c\u60a8\u4e0d\
u80fd\u767b\u5f55\uff01
succTip=\u5305\u8303\u56f4\u6d88\u606f\uff1a\u6b22\u8fce\uff0c\u60a8\u5df2\u7ecf\
u767b\u5f55\uff01
```

它使用 native2ascii 工具处理以下内容：

```
failTip=包范围消息:对不起,您不能登录!
```

```
succTip 包范围消息:欢迎,您已经登录!
```

第二份资源文件为 package_en_US.properties，内容为

```
failTip= Package Scope: Sorry,You can not log in!
succTip= Package Scope: Welcome,you has logged in!
```

将这两份资源文件保存在 WEB-INF/classes/com/ascent/action2 路径下，该资源文件就可以被位于 action2 包（包括 action2 子包）下的所有 Action 访问了。

登录页面 login2.jsp 的代码如下：

```
<%@ page language="java" contentType="text/html; charset=utf-8"%>
<!--导入 struts2 标签-->
<%@ taglib uri="/struts-tags" prefix="s"%>
<html>
<head>
<!-- 使用 s:text 标签输出国际化消息-->
<title><s:text name="loginPage"/></title>
</head>
<body>
<h3><s:text name="loginTip"/></h3>
<!-- 在表单元素中使用 key 指定国际化消息的 key-->
<s:form action="login2" method="post">
<s:textfield name="username" key="user"/>
<s:password name="password" key="password"/>
<s:submit name="submit" key="submit" />
</s:form>
</body>
</html>
```

登录成功的页面 welcome2.jsp 的代码如下：

```
<%@ page language="java" import="java.util.*" pageEncoding="utf-8"%>
<%@ taglib prefix="s" uri="/struts-tags" %>
<%
String path = request.getContextPath();
String basePath = request.getScheme()+"://"+request.getServerName()+":"+
request.getServerPort()+path+"/";
%>
<!DOCTYPE HTML PUBLIC "-//W3C//DTD HTML 4.01 Transitional//EN">
<html>
  <head>
   <base href="<%=basePath%>">
   <title><s:text name="welcomePage"/></title>
  </head>
  <body>
  <!-- 输出 request 范围内的 tip 值(tip 值取自包资源文件)-->
  request:${requestScope.tip}
  </body>
</html>
```

因此，当在简体中文语言环境下成功登录时，将看到如图 5-7 所示的页面。

英文环境下登录成功页面如图 5-8 所示。

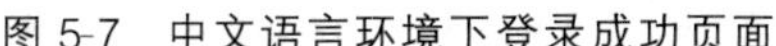

图 5-7 中文语言环境下登录成功页面

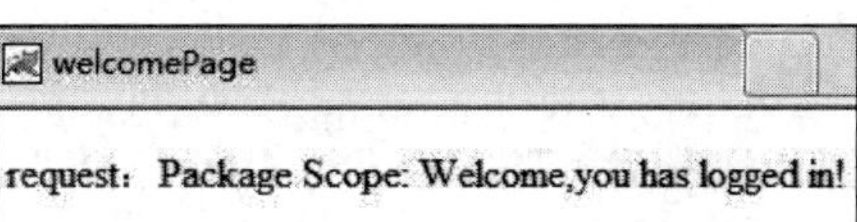

图 5-8 英文环境下登录成功页面

登录失败的页面 error.jsp2 的代码如下：

```
<%@ page language="java" import="java.util.*" pageEncoding="UTF-8"%>
<!--导入 struts2 标签-->
<%@ taglib uri="/struts-tags" prefix="s"%>
<%
String path = request.getContextPath();
String basePath = request.getScheme()+"://"+request.getServerName()+":"+
request.getServerPort()+path+"/";
%>
<!DOCTYPE HTML PUBLIC "-//W3C//DTD HTML 4.01 Transitional//EN">
<html>
  <head>
    <base href="<%=basePath%>">
    <!-- 使用 s:text 标签输出国际化消息-->
    <title><s:text name="errorPage"/></title>
    <meta http-equiv="pragma" content="no-cache">
    <meta http-equiv="cache-control" content="no-cache">
    <meta http-equiv="expires" content="0">
    <meta http-equiv="keywords" content="keyword1,keyword2,keyword3">
    <meta http-equiv="description" content="This is my page">
    <!--
    <link rel="stylesheet" type="text/css" href="styles.css">
    -->
  </head>
  <body>
     <!-- 输出 request 范围内的 tip 值(tip 值取自包资源文件)-->
    request:${requestScope.tip}
  </body>
</html>
```

当登录失败时，中文和英文环境的效果图分别如图 5-9 和图 5-10 所示。

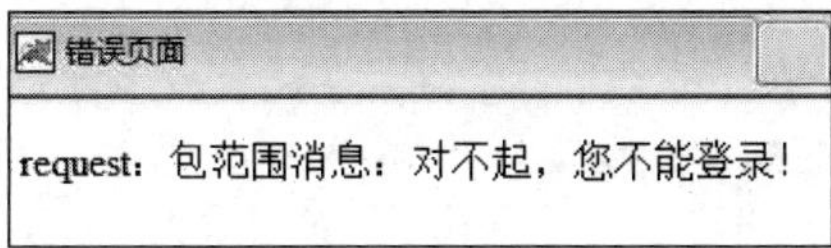

图 5-9 登录失败时中文环境的效果图

图 5-10 登录失败时英文环境的效果图

Struts 的配置文件代码如下：

```
<?xml version="1.0" encoding="GBK"?>
<!DOCTYPE struts PUBLIC
"-//Apache Software Foundation//DTD Struts Configuration 2.0//EN"
"http://struts.apache.org/dtds/struts-2.0.dtd">
<struts>
    <constant name="struts.custom.i18n.resources" value="properties/
messageResource "/>
    <package name="struts2" extends="struts-default">
        <!-- 全局国际化测试类 -->
        <action name="login" class="com.ascent.action.LoginAction">
            <result>/welcome.jsp</result>
            <result name="error">/error.jsp</result>
            <result name="input">/login.jsp</result>
        </action>
        <!-- 包范围国际化测试类 -->
        <action name="login2" class="com.ascent.action2.LoginAction2">
            <result>/welcome2.jsp</result>
            <result name="error">/error2.jsp</result>
            <result name="input">/login2.jsp</result>
        </action>
    </package>
</struts>
```

2）Action 范围资源文件

除此之外，Struts 2 还允许为 Action 单独指定一份国际化资源文件。为 Action 单独指定国际化资源文件的方法是：在 Action 类文件所在的路径建立多个文件名为 ActionName_language_country.properties 的文件，一旦建立了这个系列的国际化资源文件，该 Action 将可以访问该 Action 范围的资源文件。

还是使用上面应用中的 Action 类，该 Action 类的类文件位于 WEB-INF/classes/ com/ascent/ action2 路径下，于是建立如下两份资源文件。

第一份文件的文件名为 LoginAction2_zh_CN.properties，将该文件保存在 WEB-INF/classes/ com/ascent/action2 路径下。该文件的内容为

```
failTip=Action\u8303\u56f4\u6d88\u606f\uff1a\u5bf9\u4e0d\u8d77\uff0c\u60a8\u4e0d\
u80fd\u767b\u5f55\uff01
succTip=Action\u8303\u56f4\u6d88\u606f\uff1a\u6b22\u8fce\uff0c\u60a8\u5df2\u7ecf\
u767b\u5f55\uff01
```

它使用 native2ascii 工具处理以下内容：

```
failTip= Action 范围消息:对不起,您不能登录!
succTip= Action 范围消息:欢迎,您已经登录!
```

第二份文件的文件名为 LoginAction2_en_US.properties，将该文件也保存在 WEB-INF/classes/ com/ascent/action2 路径下。该文件的内容为

```
failTip= Action Scope: Sorry,You can not log in!
succTip= Action Scope: Welcome,you has logged in!
```

一旦建立了这两份资源文件，com.ascent.action2 下的 LoginAction2 将优先加载 Action 范围的资源文件，如果使用中文环境，登录成功将看到如图 5-11 所示的页面。

图 5-11 中文环境登录成功

通过使用这种 Action 范围的资源文件，就可以在不同的 Action 里使用相同的 key 名表示不同的字符串值。

3）临时指定资源文件

另外还有一种临时指定资源文件的方式。可以在 JSP 页面中输出国际化消息时临时指定国际化资源的位置。在这种方式下，需要借助 Struts 2 的另外一个标签<s:il8n>。

如果把<s:il8n>标签作为<s:text…/>标签的父标签，则<s:text…/>标签将会直接加载<s:il8n>标签里指定的国际化资源文件；如果把<s:il8n>标签当成表单标签的父标签，则表单标签的 key 属性将会从国际化资源文件中加载该消息。

假设本应用中包含两份资源文件，第一份资源文件为 temp_zh_CN.properties，该文件的内容是：

```
loginPage=\u4e34\u65f6\u6d88\u606f\uff1a\u767b\u9646\u9875\u9762
loginTip=\u4e34\u65f6\u6d88\u606f\uff1a\u7528\u6237\u767b\u9646
user=\u4e34\u65f6\u6d88\u606f\uff1a\u7528\u6237\u540d
password=\u4e34\u65f6\u6d88\u606f\uff1a\u5bc6\u7801
submit=\u4e34\u65f6\u6d88\u606f\uff1a\u63d0\u4ea4
```

它使用 native2ascii 工具处理以下内容：

#在 login.jsp 页面使用的临时资源文件

```
loginPage=临时消息:登录页面
loginTip=临时消息:用户登录
user=临时消息:用户名
password=临时消息:密码
submit=临时消息:提交
```

将这份文件保存在 WEB-INF/classes 路径下。第二份资源文件为 temp_en_US.properties，这份资源文件的内容是：

#在 login.jsp 页面使用的临时资源文件

```
loginPage=Temp Message:loginPage
loginTip=Temp Message:Login
user=Temp Message:username
password=Temp Message:password
submit=Temp Message:submit
```

这份文件也被保存在 WEB-INF/classes 路径下，然后就可以在 JSP 页面中通过<s:il8n>标签使用该资源文件了。下面是系统登录页面 login3.jsp 的页面代码：

```
<%@ page language="java" contentType="text/html; charset=utf-8"%>
<%@ taglib uri="/struts-tags" prefix="s"%>
```

```
<html>
<head>
<title>
<s:i18n name="temp">
<s:text name="loginPage"/>
</s:i18n>
</title>
</head>
<body>
<h3>
<!--使用 i18n 作为 s:text 标签的父标签,临时指定国际化资源文件的 baseName 为 temp-->
<s:i18n name="temp">
<!--输出国际化信息-->
<s:text name="loginTip"/>
</s:i18n>
</h3>
<!--使用 i18n 作为 s:text 标签的父标签,临时指定国际化资源文件的 baseName 为 temp-->
<s:i18n name="temp">
<s:form action="Login" method="post">
<s:textfield name="username" key="user"/>
<s:password name="password" key="password"/>
<s:submit name="submit" key="submit" />
</s:form>
</s:i18n>
</body>
</html>
```

在浏览器中浏览该页面,将看到如图 5-12 所示的页面。

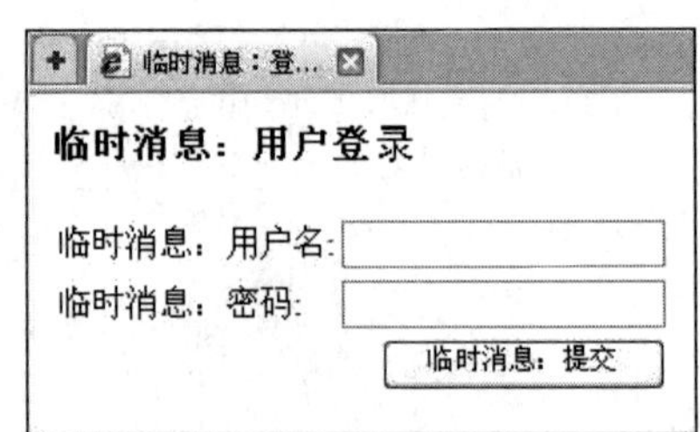

图 5-12 浏览页面

4) 资源文件的查找顺序

Struts 支持 4 种配置和访问资源的方法,分别如下:

(1) 使用全局的资源文件;

(2) 使用包范围内的资源文件;

(3) 使用 Action 范围的资源文件;

(4) 使用<s:i18n>标志访问特定路径的 properties 文件。

它们的范围分别是从大到小,而 Struts 2.0 在查找国际化字符串时遵循的是特定的顺序,如图 5-13 所示。

假设在某个 ChildAction 中调用了 getText("user. title "),Struts 2 将会执行以下操作:

(1) 查找 ChildAction_xx_XX.properties 文件或 ChildAction.properties;

(2) 查找 ChildAction 实现的接口,查找与接口同名的资源文件 MyInterface.properties;

(3) 查找 ChildAction 的父类 ParentAction 的 properties 文件,文件名为 ParentAction.properties;

(4) 判断当前 ChildAction 是否实现接口 ModelDriven。如果是,则调用 getModel()获得

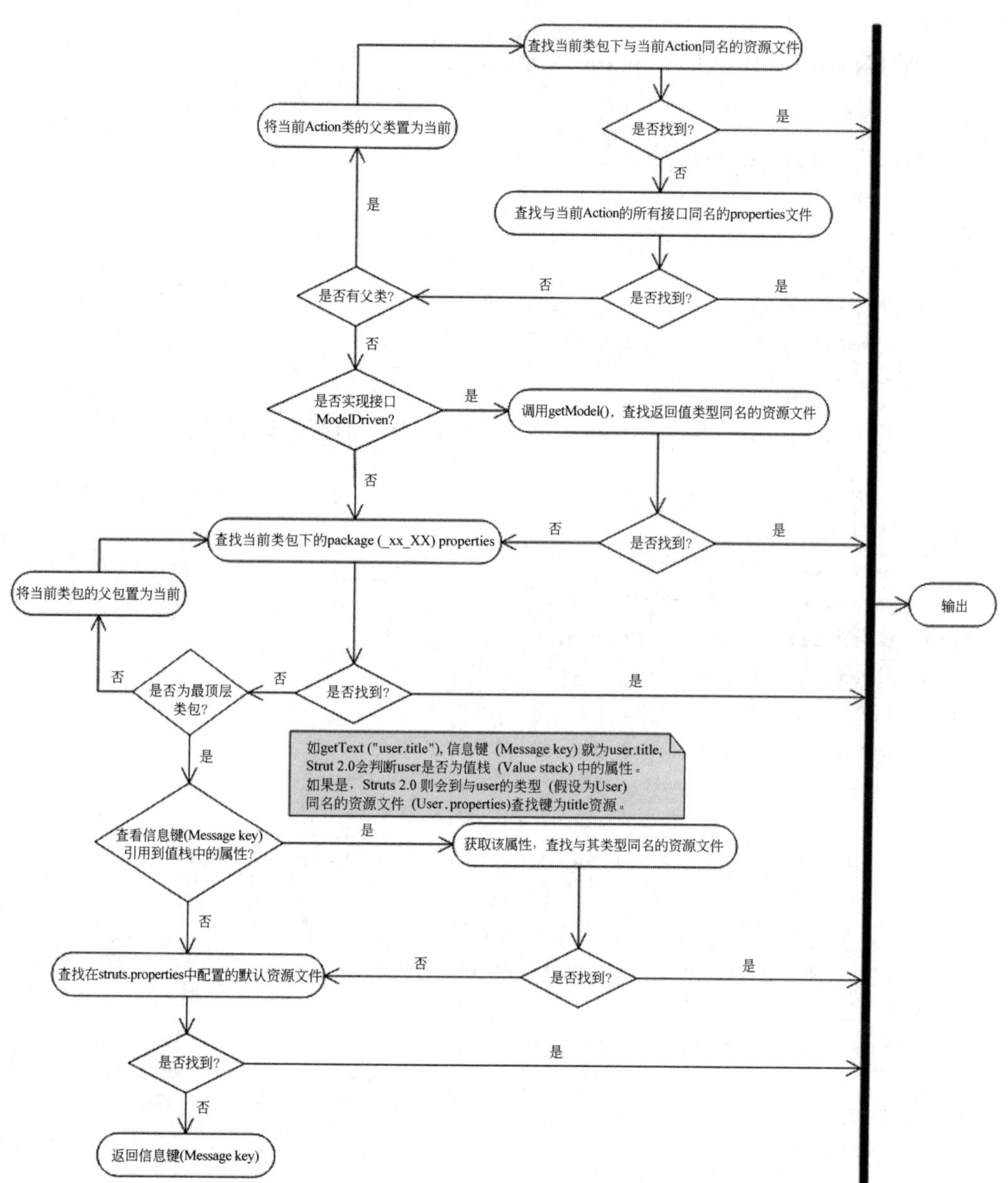

图 5-13　资源文件查找的顺序图

对象，查找与其同名的资源文件；

(5) 查找当前包下的 package.properties 文件；

(6) 查找当前包的父包，直到最顶层包；

(7) 在值栈(Value Stack)中查找名为 user 的属性，转到 user 类型同名的资源文件，查找键为 title 的资源；

(8) 查找在 struts.properties 配置的默认的资源文件；

(9) 输出 user.title。

4. 数据库中文问题的处理

除读取资源文件外，还需要处理页面和数据库之间数据存取的中文问题。这是通过开发

SetCharacterEncodingFilter 实现的。

首先，WebRoot/WEB-INF/web.xml 有编码的 filter 声明。

```
<filter>
    <filter-name>Set Character Encoding</filter-name>
    <filter-class>com.ascent.util.SetCharacterEncodingFilter</filter-class>
</filter>
<filter-mapping>
    <filter-name>Set Character Encoding</filter-name>
    <url-pattern>/*</url-pattern>
</filter-mapping>
```

其次，我们开发的 filter 类 SetCharacterEncodingFilter 的源代码如下：

```
package com.ascent.util;
import java.io.IOException;
import javax.servlet.Filter;
import javax.servlet.FilterChain;
import javax.servlet.FilterConfig;
import javax.servlet.ServletException;
import javax.servlet.ServletRequest;
import javax.servlet.ServletResponse;
import javax.servlet.UnavailableException;
/**
 * Example filter that sets the character encoding to be used in parsing the
 * incoming request
 */
public class SetCharacterEncodingFilter implements Filter {
    /**
     * Take this filter out of service.
     */
    public void destroy() {
    }
    /**
     * Select and set (if specified) the character encoding to be used to
     * interpret request parameters for this request.
     */
    public void doFilter(ServletRequest request, ServletResponse response,
    FilterChain chain) throws IOException, ServletException {
    request.setCharacterEncoding("gb2312");
    //传递控制到下一个过滤器
    chain.doFilter(request, response);
    }
    public void init(FilterConfig filterConfig) throws ServletException {
    }
}
```

5.2 Struts 2 的异常机制

异常处理机制是 Struts 2 框架应该提供的。可以在 Action 的 execute()方法中使用try…catch 块捕获异常，当捕获到特定异常时，返回特定逻辑视图名。但这种处理方式非常烦琐，需要在 execute()方法中书写大量的异常处理程序块。另外，它最大的缺点还在于异常处理与代码耦合，一旦需要改变异常处理方式，必须修改 Action 代码。这显然不是我们希望看到的结果，更好的方式是通过声明式的方法管理异常处理。

对于 Struts 框架，我们希望的异常处理流程是：当 Action 处理用户请求时，如果出现了异常 E1，则系统转入视图资源 V1，在该视图资源上输出服务器异常提示；如果出现异常 E2，则系统转入视图资源 V2，并在该资源上输出服务器异常提示。

为此，可以采用声明异常处理方式，也就是通过 struts.xml 文件配置异常的处理。当 Action 的 execute()方法抛出异常时，无须进行任何异常处理，而是把异常直接抛给 Struts 2 框架处理。Struts 2 框架接收到 Action 抛出的异常之后，将根据 struts.xml 文件配置的异常映射转入指定的视图资源。

为了使用 Struts 2 的异常处理机制，必须打开 Struts 2 的异常映射功能。开启异常映射功能需要一个拦截器。由于在 struts-default.xml 的 defaultStack 中已经存在这个拦截器的定义，于是可以不做任何事情。

Struts 2 的异常处理机制是通过在 struts.xml 文件中配置<exception-mapping…/>元素完成的，配置该元素时，需要指定两个属性。

- exception：此属性指定该异常映射所设置的异常类型。
- result：此属性指定 Action 出现该异常时，系统转入 result 属性所指向的结果。

根据<exception-mapping…/>元素出现位置的不同，异常映射又可分为两种。

- 局部异常映射：将<exception-mapping…/>元素作为<action…/>元素的子元素配置。
- 全局异常映射：将<exception-mapping…/>元素作为<global-exception-mapping>元素的子元素配置。

与前面的<result…/>元素的配置结果类似，全局异常映射对所有的 Action 都有效，但局部异常映射仅在该异常映射所在的 Action 内有效。局部异常映射会覆盖全局异常映射。

当 Struts 2 框架控制系统进入异常处理页面后，必须在对应页面中输出指定的异常信息。可以使用 Struts 2 的如下标签输出异常信息。

- <s:property value="exception"/>：输出异常对象本身。注意，这个异常代表 Exception 的实例，因此可以调用 message 属性。
- <s:property value="exceptionStack"/>：输出异常堆栈信息。

5.3 转换器

Web 应用程序实际上是分布在不同的主机上的两个进程之间的交互。这种交互建立在 HTTP 之上，它们互相传递时都是字符串。换句话说，服务器接收到的来自用户的数据只能是字符串或字符数组，而在服务器上的对象中，这些数据往往有多种不同的类型，如日期

(Date)、整数(int)、浮点数(float)或自定义类型(UDT)等。同样的问题在使用 UI 展示服务器数据的情况下也会发生。HTML 的 Form 控件不同于桌面应用程序可以表示对象,其值只能为字符串类型,所以需要通过某种方式将特定对象转换成字符串。

在 Struts 1 开发中,有一个问题不得不经常考虑,那就是在创建 FormBean 时,对于某个属性,到底应该用 String,还是用其他类型?这些 String 如何与其他类型进行转换?为了解决这些问题,必须一遍又一遍地重复编写类似下列的代码:

```
Date birthday = DateFormat.getInstance(DateFormat.SHORT).parse(strDate);
<input type="text" value="<%= DateFormat.getInstance(DateFormat.SHORT).format
(birthday) %>" />
```

显然,这是非常烦琐的,需要一种更好的解决方法。在 Struts 2 中,要实现上述转换,可以使用转换器(Converter)。Struts 2 的类型转换是基于 OGNL 表达式的,只要把 HTML 输入项(表单元素和其他 GET/POET 的参数)命名为合法的 OGNL 表达式,就可以利用 Struts 2 的转换机制。

1. 已经实现的转换器

对于一些经常用到的转换器,如日期、整数或浮点数等类型,Struts 2 已经为您实现了。下面列出已经实现的转换器。

(1) 预定义类型,如 int、boolean、double 等;

(2) 日期类型,使用当前区域(Locale)的短格式转换,即 DateFormat.getInstance(DateFormat.SHORT);

(3) 集合(Collection)类型,将 request.getParameterValues(String arg)返回的字符串数据与 java.util.Collection 转换;

(4) 集合(Set)类型,与 List 的转换相似,去掉相同的值;

(5) 数组(Array)类型,将字符串数组的每一个元素转换成特定的类型,并组成一个数组。

对于已有的转换器,大家不必再重新发明。Struts 在遇到这些类型时,会自动调用相应的转换器。

除此之外,Struts 2 提供了很好的扩展性,开发者可以非常简单地开发自己的类型转换器,完成字符串和自定义复合类型之间的转换。总之,Struts 2 的类型转换器提供了非常强大的表现层数据处理机制,开发者可以利用 Struts 2 的类型转换机制完成任意的类型转换。

2. 实现自定义类型转换器

为了实现自定义类型转换器,所有的 Struts 2 中的转换器都必须实现 ognl.TypeConverter 接口,或者继承 DefaultTypeConverter 实现类(该类实现了 TypeCoverter 接口),然后重写 convertValue()方法即可。convertValue()方法的原型为"public Object convertValue(Map context, Object value, Class toType)"。这个方法的参数如下。

(1) context——用于获取当前的 ActionContext。

(2) value——需要转换的值。

(3) toType——需要转换成的目标类型。

为了简化类型转换器的实现,Struts 2 还提供了一个 StrutsTypeConverter 抽象类,这个抽象类提供了 2 个不同转换方向的方法:Object convertToString(Map context,String[] values,Class toClass)和 String convertFromString(Map context,Object o)。为了让 Struts 2

框架发现类型转换的错误，需要在出错的情况下在上述的两个方法中抛出 XWorkException 或者 TypeConversionException。

3. 注册自定义类型转换器

实现了自定义类型转换器之后，将该类型转换器注册在 Web 应用中，Struts 2 框架才可以正常使用该类型转换器。

关于类型转换器的注册方式，主要有 3 种。

- 注册局部类型转换器：仅对某个 Action 的属性起作用。
- 注册全局类型转换器：对所有 Action 的特定类型的属性都会生效。
- 使用 JDK 1.5 的注释注册类型转换器：通过注释方式生成类型转换器。

1）局部类型转换器

局部类型转换器提供如下格式的文件。

文件名：ActionName-conversion.properties。

内容：多个 propertyName（属性名）＝类型转换器类（含包名），如 date＝com.aumy.DateConverter。

存放位置：和 ActionName 类的路径相同。

2）全局类型转换器

全局类型转换器提供如下格式的文件。

文件名：xwork-conversion.properties。

内容：由多个“复合类型＝对应类型转换器”项组成，如 java.Util.Date＝com.aumy.DateConverter。

存放位置：WEB-INF/classes/目录下。

4. 应用示例

由于 Struts 2 对日期转换显示时会显示日期和时间，现在项目只需要显示日期，所以采用自定义的类型转换器显示日期。

1）类型转换类的 Java 代码

```
public class DateConverter extends StrutsTypeConverter {
  private static String DATE_TIME_FOMART_IE = "yyyy-MM-dd HH:mm:ss";
  private static String DATE_TIME_FOMART_FF = "yy/MM/dd hh:mm:ss";
   @Override
   public Object convertFromString(Map context, String[] values, Class toClass) {
       Date date = null;
       String dateString = null;
       if (values != null && values.length > 0) {
           dateString = values[0];
           if (dateString != null) {
               //匹配 IE 浏览器
               SimpleDateFormat format = new SimpleDateFormat(DATE_FOMART_IE);
               try {
                   date = format.parse(dateString);
               } catch (ParseException e) {
                   date = null;
               }
```

```
                //匹配 Firefox 浏览器
                if (date == null) {
                    format = new SimpleDateFormat(DATE_FOMART_FF);
                    try {
                        date = format.parse(dateString);
                    } catch (ParseException e) {
                        date = null;
                    }
                }
            }
        }
        return date;
    }
    @Override
    public String convertToString(Map context, Object o) {
        //格式化为 date 格式的字符串
        Date date = (Date) o;
        String dateTimeString=DateUtils.formatDate(date);
    }
}
```

注：DateUtils.formatDate(date)；是调用该项目一个基础包的公用方法，如果单独使用，则直接用日期格式化代码代替。

2）xwork-conversion.properties 配置文件

```
java.util.Date=com.ascent.converter.DateConverter
```

5.4 数据验证

在实际项目开发中，应该对所有的外部输入进行校验。而表单是应用程序最简单的入口，对其传进来的数据，必须进行校验。校验可以通过客户端的 JavaScript 技术完成，也可以使用 Struts 的数据验证方案，包括以下两种方法。

(1) 在继承了 ActionSupport 类的.Aciton 类中重写 validate()方法。

(2) 使用基于 xml 文件的验证框架。

5.4.1 使用 Action 的 validate()方法

看一个例子，大家会更清楚。

1. struts.xml 配置文件

```
<?xml version="1.0" encoding="GBK"?>
<!DOCTYPE struts PUBLIC
"-//Apache Software Foundation//DTD Struts Configuration 2.0//EN"
"http://struts.apache.org/dtds/struts-2.0.dtd">
<struts>
    <package name="struts2" extends="struts-default">
```

```
        <!-- validate方法验证 -->
        <action name="login" class="com.ascent.action.LoginAction">
            <result>/ok.jsp</result>
            <result name="input">/index.jsp</result>
        </action>
    </package>
</struts>
```

2. 建立两个 jsp

1）index.jsp

```
<%@page language="java" pageEncoding="GB18030"%>
<%@taglib prefix="s" uri="/struts-tags"%>
<html>
    <head>
        <title>My JSP 'index.jsp' starting page</title>
    </head>
    <body>
<s:form action="login" method="post">
            <s:textfield name="username" label="User Name:"/><br />
            <s:password name="password" label="Password:"/><br />
            <s:submit value="Submit" />
        </s:form>
    </body>
</html>
```

2）ok.jsp

```
<%@page language="java" pageEncoding="GB18030"%>
<%@taglib prefix="s" uri="/struts-tags"%>
<html>
    <head>
        <title>ok</title>
    </head>
    <body>
    UserName:<s:property value="username"/>
    Password:<s:property value="password"/>
    </body>
</html>
```

3. Action 代码

LoginAction：

```
package com.ascent.action;
import com.opensymphony.xwork2.ActionSupport;
public class LoginAction extends ActionSupport
{
    private String username;
    private String password;
```

```
    public String getUsername()
    {
        return username;
    }
    public void setUsername(String username)
    {
        this.username = username;
    }
    public String getPassword()
    {
        return password;
    }
    public void setPassword(String password)
    {
        this.password = password;
    }
    @Override
    public String execute() throws Exception
    {
         if("admin".equals(this.getUsername().trim()) && "admin".equals(this.
getPassword().trim()))
        {
            return SUCCESS;
        }
        else
        {
            this.addFieldError("username", "UserName or password is wrong!");
            return INPUT;
        }
    }
    @Override
    public void validate()
    {
        if(null == this.getUsername() || "".equals(this.getUsername().trim()))
        {
            //第一个参数表示表单中的textfield的name,第二个参数是提示信息
            this.addFieldError("username", "UserName is required!");
        }
        if(null == this.getPassword() || "".equals(this.getPassword().trim()))
        {
            this.addFieldError("password", "Password is required!");
        }
    }
    private static final long serialVersionUID = 4771028725069625041L;
}
```

访问首页面 index.jsp,如图 5-14 所示。

当用户名和密码为空时,单击 Submit 按钮,验证效果如图 5-15 所示。

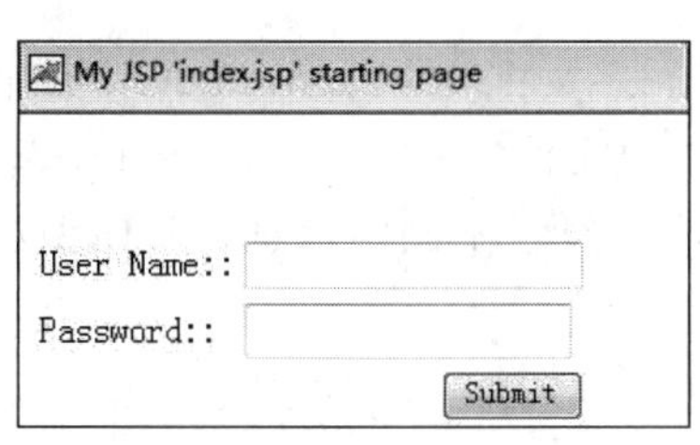

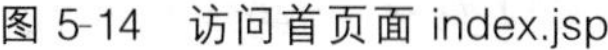

图 5-14 访问首页面 index.jsp

图 5-15 当用户名和密码为空时的验证效果图

Struts 2 的数据校验工作方式需要经过下面 5 个步骤。

(1) 通过转换器将请求参数转换成相应的 Bean 属性。

(2) 判断转换过程是否出现异常。如果有，则将其保存到 ActionContext 中，conversionError 拦截器再封装为 fieldError；如果没有，则进行下一步。

(3) 通过反射(Reflection)调用 validateXxx()方法(可选方法，其中 Xxx 表示 Action 的方法名)。

(4) 调用 validate()方法。

(5) 如果经过上述步骤没有出现 fieldError，则调用 Action 方法；如果有，则会跳过 Action 方法，通过国际化将 fieldError 输出到页面。

不喜欢看文字的读者，可以参考图 5-16。

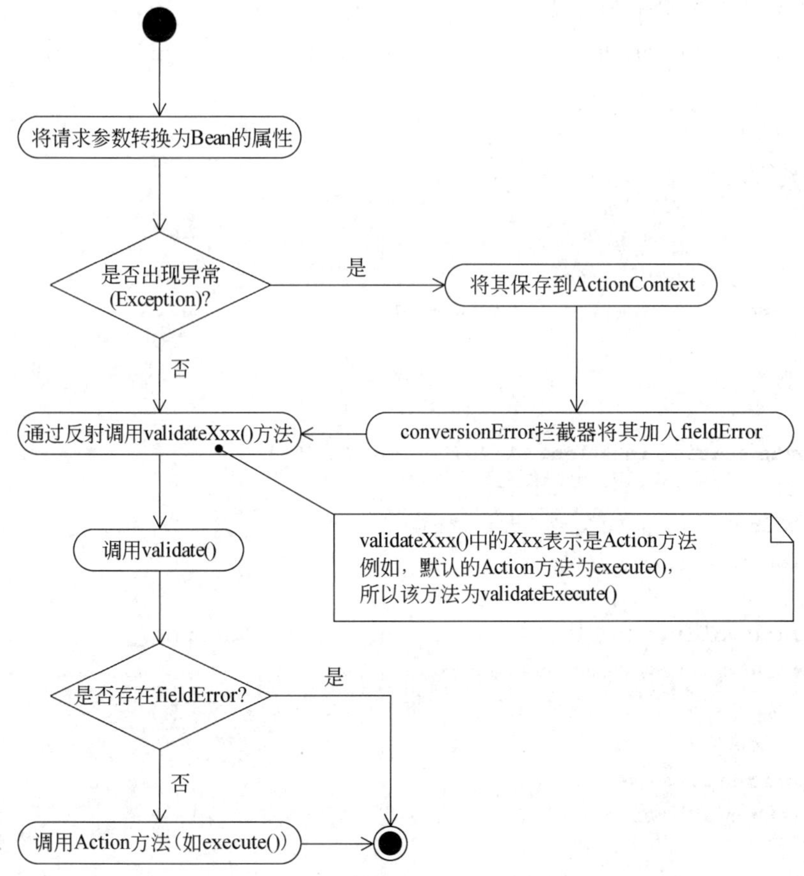

图 5-16 校验顺序图

看到这里,你可能会问:“这么多地方可以校验表单数据,到底我应该在哪里呢?”如果参照以下几点建议,相信你会比较容易地做出正确的抉择。

(1) 如果需要转换的数据,通常的做法是在转换的时候做格式的校验,在 Action 中的校验方法中校验取值。假如用户填错了格式,可以通过在资源文件中配置 invalid.fieldvalue.xxx (xxx 为属性名)提示用户正确的格式,在不同的阶段出错会显示不同的信息。具体做法请参考上面的例子。

(2) 至于用 validate()还是用 validateXxx(),推荐使用 validate()。原因是 validateXxx() 使用了反射,相对来说性能稍差,而 validate()则是通过接口 com.opensymphony.xwork2.Validateable 调用。当然,如果你的表单数据取值取决于特定 Action 方法,则应该使用 validateXxx()。

5.4.2 使用 Struts 2 的校验框架

5.4.1 节的内容都是关于如何编程实现校验,这部分工作大都是单调的重复。更多情况下,我们使用 Struts 2 的校验框架,通过配置实现一些常见的校验。

1. 使用校验框架的步骤

使用校验框架的基本步骤如下。

(1) Action 类要 extendsActionSupport。

(2) 在 struts.xml 的 Action 标签下一定要定义<result name="input"> XXX.jsp </result>,因为验证框架出错会自动返回到 input。

(3) 在 Action 类所在的包下按照 ActionName-validation.xml 建立一个验证文件,特别要注意命名规则。

请看以下实例。

首先,创建 ValidationAction.java,代码如下。

```
package com.ascent.action;
import com.opensymphony.xwork2.ActionSupport;
public class ValidationAction extends ActionSupport {
    /**
     *
     * /
    private static final long serialVersionUID = 1L;
    private String requiredString;
      public String getRequiredString() {
        return requiredString;
    }
      public void setRequiredString(String requiredString) {
        this .requiredString = requiredString;
    }
    @Override
      public String execute() {
        return SUCCESS;
    }
}
```

然后，配置上述所建的 Ation，代码片段如下：

```
<?xml version="1.0" encoding="GBK"?>
<!DOCTYPE struts PUBLIC
"-//Apache Software Foundation//DTD Struts Configuration 2.0//EN"
"http://struts.apache.org/dtds/struts-2.0.dtd">
<struts>
    <!-- 此处用 constant 元素定义常量 -->
    <constant name="struts.devMode" value="true"/>
    <!-- 定义资源文件的位置和类型 -->
    <constant name="struts.custom.i18n.resources" value="properties/myMessages"/>
    <!-- 设置应用使用的解析码 -->
    <constant name="struts.i18n.encoding" value="GBK"/>
<package name="struts2_validate" extends="struts-default">
<action name ="validationAction" class ="com.ascent.action.ValidationAction" >
    <result>/Output.jsp </result >
    <result name ="input">/Input.jsp </result >
</action>
</package>
</struts>
```

接着，创建 Input.jsp 和 Output.jsp，内容分别如下。

Input.jsp：

```
<%@ page  contentType = " text/html; charset=gb2312" %>
<%@taglib prefix = "s" uri = "/struts-tags" %>
<html>
<head>
    <title>Validation </title >
    <!-- 此标志的作用是引入 Struts 2 的常用的 JavaScript 和 CSS -->
    <s:head/>
</head>
<body>
    <s:form action ="ValidationAction">
        <s:textfield name ="requiredString" label ="Required String"/>
        <s:submit/>
    </s:form>
</body>
</html>
```

Output.jsp：

```
<%@ page  contentType = " text/html; charset=gb2312" %>
<%@taglib prefix = "s" uri = "/struts-tags" %>
<html>
<head>
    <title>Validation </title>
</head>
```

```
<body>
    Required String: <s:property value ="requiredString"/>
</body>
</html>
```

再接下来，在 com.ascent.action 包下创建 ValidationAction.java 的校验配置文件 Xxx-validation.xml(Xxx 为 Action 的类名)。在本例中，文件 ValidationAction-validation.xml 的内容如下：

```
<?xml version="1.0" encoding="UTF-8"?>
<!-- 指定校验规则文件的 DTD 信息 -->
<!DOCTYPE validators PUBLIC "-//OpenSymphony Group//XWork Validator 1.0.2//EN"
    "http://www.opensymphony.com/xwork/xwork-validator-1.0.2.dtd">
<!-- 校验规则定义文件的根元素 -->
<validators >
    <field name ="requiredString" >
        <field-validator type ="requiredstring" >
            <message>This string is required </message >
        </field-validator >
    </field>
</validators>
```

发布运行应用程序，在地址栏中输入 http://localhost：8080/struts2validate_demo/Input.jsp，出现如图 5-17 所示的页面。

图 5-17　Input.jsp 结果

单击 Submit 按钮提交表单，出现如图 5-18 所示的页面。

图 5-18　错误提示

在 Required String 中随便填一些内容，转到 Output.jsp 页面，如图 5-19 所示。

图 5-19 Output.jsp 结果

2. 校验框架的工作原理

(1) 指定要验证的目标 Action——ValidationAction。

(2) 根据命名规则找到目标 Action 对应的 ValidationAction-validation.xml 文件,框架为该类创建了一个验证对象,这个验证对象基于 XML 文件。

(3) 验证器对输入的数据产生作用。

(4) 如果验证失败,错误信息将被添加到内部序列中。

(5) 当所有的验证器都已经执行后,如果框架发现有错误信息产生,它会寻找 input 结果对应的页面,而不调用 Action 类。

(6) 如果通过验证,则调用 Action 的方法,返回 success 对应的结果。

通过上面的例子,可以看到使用该校验框架十分简单、方便。校验框架是通过 validation 拦截器实现的,该拦截被注册到默认的拦截器链中。它在 conversionError 拦截器之后,在 validateXxx()之前被调用。这里又出现了一个选择的问题：到底应该在 Action 中通过 validateXxx()或 validate()实现校验,还是使用 validation 拦截器？绝大多数情况,建议使用校验框架,只有当框架满足不了要求时才编写代码实现。

3. 配置文件查找顺序

在上面的例子中,通过创建 ValidationAction-validation.xml 配置表单校验。Struts 2 的校验框架会自动读取该文件,但这样会引出一个问题——如果我的 Action 继承其他的 Action 类,而这两个 Action 类都需要对表单数据进行校验,那我是否会在子类的配置文件(Xxx-validation.xml)中复制父类的配置？

答案是否定的,因为 Struts 2 的校验框架有特定的配置文件查找顺序。校验框架按照自上而下的顺序在类层次查找配置文件。假设以下条件成立：

(1) 接口 Animal；

(2) 接口 Quadraped 扩展了 Animal；

(3) 类 AnimalImpl 实现了 Animal；

(4) 类 QuadrapedImpl 扩展了 AnimalImpl,实现了 Quadraped；

(5) 类 Dog 扩展了 QuadrapedImpl。

如果 Dog 要被校验,框架方法会查找下面的配置文件(其中别名是 Action 在 struts.xml 中定义的别名)：

① Animal-validation.xml

② Animal-别名-validation.xml

③ AnimalImpl-validation.xml

④ AnimalImpl-别名-validation.xml

⑤ Quadraped-validation.xml

⑥ Quadraped-别名-validation.xml
⑦ QuadrapedImpl-validation.xml
⑧ QuadrapedImpl-别名-validation.xml
⑨ Dog-validation.xml
⑩ Dog-别名-validation.xml

4. 已有的校验器

Struts 2 已经实现很多常用的校验了,以下是已经注册的校验器。

```
<validators>
    <validator name="required" class="com.opensymphony.xwork2.validator.validators.RequiredFieldValidator" />
    <validator name="requiredstring" class="com.opensymphony.xwork2.validator.validators.RequiredStringValidator" />
    <validator name="int" class="com.opensymphony.xwork2.validator.validators.IntRangeFieldValidator" />
    <validator name="double" class="com.opensymphony.xwork2.validator.validators.DoubleRangeFieldValidator" />
    <validator name="date" class="com.opensymphony.xwork2.validator.validators.DateRangeFieldValidator" />
    <validator name="expression" class="com.opensymphony.xwork2.validator.validators.ExpressionValidator" />
    <validator name="fieldexpression" class="com.opensymphony.xwork2.validator.validators.FieldExpressionValidator" />
    <validator name="email" class="com.opensymphony.xwork2.validator.validators.EmailValidator" />
    <validator name="url" class="com.opensymphony.xwork2.validator.validators.URLValidator" />
    <validator name="visitor" class="com.opensymphony.xwork2.validator.validators.VisitorFieldValidator" />
    <validator name="conversion" class="com.opensymphony.xwork2.validator.validators.ConversionErrorFieldValidator" />
    <validator name="stringlength" class="com.opensymphony.xwork2.validator.validators.StringLengthFieldValidator" />
    <validator name="regex" class="com.opensymphony.xwork2.validator.validators.RegexFieldValidator" />
</validators>
```

5.5 项目案例

5.5.1 学习目标

本章着重介绍了 Struts 2 框架的国际化、类型转换器和 Struts 2 验证框架,重点学会国际化和验证框架的使用。

5.5.2 案例描述

本案例是较完整的登录功能实现。用户在登录表单中输入用户名和密码,成功提示登录成功并显示登录用户信息。登录用户信息输入为空或错误,表单验证功能会提示错误信息。

5.5.3 案例要点

首先,使用 Struts 2 的框架验证实现了登录的表单验证;其次,表单的实现使用了 Struts 2 标签,标签的输出信息使用了 Struts 2 国际化,表单抓取验证信息同样使用了国际化实现。

5.5.4 案例实施

首先,UsrLoginAction 的登录的 execute()方法如下。

```
public String execute() throws Exception{
    UsrDAO dao = new UsrDAO();
    Usr u = dao.checkUsr(username, password);
    if(u==null){//登录失败
        return "anli_error";
    }else{//登录成功
        //用户登录成功  这里开始判断权限 将用户保存到 session
        ActionContext.getContext().getSession().put("usr", u);
        String superuser = u.getSuperuser();
        if(superuser.equals("1")){//普通注册用户
            //return "anli_success_1";
            return "success_1";
        }else if(superuser.equals("2")){//分配了能看到某些药品价格的用户
            //return "anli_success_2";
            return "success_2";
        }else {//admin 因为第一次来此页面,所以设置页数为 1
            //return "anli_success_3";
            return "success_3";
        }
    }
}
```

然后,配置上述所建的 Ation,代码片段如下:

```
<action name="usrLoginAction" class="com.ascent.action.UsrLoginAction">
        <result>/index.html</result>
        <result name="success_1">/product/products.jsp</result>
        <result name="success_2">/product/products.jsp</result>
        <result name="success_3">/product/products_showusers.jsp</result>
        <result name="error">/product/products.jsp</result>
        <result name="input">/product/products.jsp</result>
    </action>
```

接着,登录和输出代码为同一页,其中的 key 取国际化消息,部分代码如下。

```
<s:form name="form" method="post" action="usrLoginAction.action">
        <s:textfield name="username" key="user" size="15"/>
        <s:password name="password" key="password" size="15"/>
```

```
        <s:submit name="submit" key="submit" />
        </s:form>
        单击这里<a href="<%=request.getContextPath()%>/product/register.jsp">注
册</a>
```

输入登录信息代码：

```
<div class="loading_p">欢迎您,<%=u.getUsername()%></div>
    <div class="loading_p">邮箱:<%=u.getEmail()%></div>
    <div class="loading_p"><a href="<%=request.getContextPath()%>/
clearSession.action">注销</a></div>
    <%if(u.getSuperuser().equals("3")){%>
    <div class="loading_p"><a href="<%=request.getContextPath()%>/product/
pageusrManagerAction.action">用户管理</a></div>
    <%}}%>
    </div>
```

正确登录后输出代码：

再接下来，在 com.ascent.action 包下创建 UsrLoginAction.java 的校验配置文件 Xxx-validation.xml(Xxx 为 Action 的类名)。在本例中，文件 UsrLoginAction-validation.xml 的内容如下。

```
<?xml version="1.0" encoding="UTF-8"?>
<!-- 指定校验规则文件的 DTD 信息 -->
<!DOCTYPE validators PUBLIC "-//OpenSymphony Group//XWork Validator 1.0.2//EN"
    "http://www.opensymphony.com/xwork/xwork-validator-1.0.2.dtd">
<!-- 校验规则定义文件的根元素 -->
<validators>
    <!-- 校验第一个表单域 :username -->
    <field name="username">
    <!-- 该表单域必须填写 -->
        <field-validator type="requiredstring">
        <!-- 如果校验失败,则显示 username.required 对应的信息 -->
            <message key="username.required"/>
        </field-validator>
    </field>
    <!-- 校验第二个表单域 :password -->
    <field name="password">
    <!-- 该表单域必须填写 -->
        <field-validator type="requiredstring">
        <!-- 如果校验失败,则显示 password.required 对应的信息 -->
            <message key="password.required"/>
        </field-validator>
    </field>
</validators>
```

其中上面配置文件中的信息＜message key＝"username.required"/＞和＜message key＝"password.required"/＞取自国际化资源文件。

最后,启动项目应用 http://localhost:8080/chapter5,单击"电子商务系统"菜单进入"医药商务管理"页面,如图 5-20 所示。

在登录页直接单击"登录"按钮,显示如下。

图 5-20 框架验证显示界面

输入正确的用户名和密码登录,显示如图 5-21 所示。

图 5-21 输入正确信息,登录成功页

5.5.5 特别提示

此案例为较全的登录功能的实现,其中查询数据库验证登录信息是否正确使用 jdbc 技术模拟实现,即 UsrLoginAction.java 的 execute()方法中

```
UsrDAO dao = new UsrDAO();
Usr u = dao.checkUsr(username, password);
```

两行代码为模拟案例的实现使用 jdbc 技术完成。

5.5.6 拓展与提高

1. 完成完整的登录功能,包括表单验证的 Struts 2 验证框架实现和国际化处理信息。

2. 模仿登录功能实现用户注册功能,要求表单使用 Struts 2 标签完成,并使用验证框架和国际化技术。

5.6 本章总结

- Struts 2 国际化概述和实现。
- Struts 2 的类型转换器。
- Struts 2 的验证框架。
- 较完整的用户登录案例。

5.7 习题

1. 简述 Struts 2 实现国际化的流程。
2. 如何配置 Struts 2 全局国际化资源文件?
3. 如何配置 Struts 2 类范围国际化资源文件?
4. Struts 2 页面使用哪个标签获取资源文件信息?
5. 简述 Struts 2 类型转换器的配置流程。
6. 简述 Struts 2 validate 的验证流程。
7. 简述 Struts 2 验证框架的验证流程。
8. 简述 Struts 2 验证框架的开发流程。

第6章 Struts 拦截器和文件上传

学习目的与学习要求

学习目的：深入了解 Struts 2 核心拦截器，开发和配置拦截器及拦截器栈，使用 Struts 2 框架实现上传、下载功能。

学习要求：通过学习拦截器的概念更加深刻地理解 Struts 2 框架的实现原理，可以自己开发和配置拦截器，开发上传、下载实例，掌握 Struts 2 框架的上传、下载功能。

本章主要内容

本章主要内容包括 Struts 2 的拦截器的概述、拦截器和拦截器栈的配置、自定义拦截器的开发和配置，以及 Struts 2 的上传、下载。

在 Struts 应用开发过程中，还需要掌握拦截器和文件上传的使用，接下来详细讲解。

6.1 拦截器概述

拦截器(Interceptor)是 Struts 2 的一个强有力的工具。前面提到，正是大量的内置拦截器完成了 Struts 框架的大部分操作，像 params 拦截器将 http 请求中的参数解析出来赋值给 Action 中对应的属性；Servlet-config 拦截器负责把请求中的 HttpServletRequest 实例和 HttpServletResponse 实例传递给 Action；以及前面讲过的国际化、转换器、校验等。

6.1.1 拦截器

拦截器在 AOP(Aspect-Oriented Programming)中用于在某个方法或字段被访问之前进行拦截，然后在之前或之后加入某些操作。拦截是 AOP 的一种实现策略。关于 AOP，我们会在 Spring 部分详细讲解。

拦截器是动态拦截 Action 调用的对象。它提供了一种机制使开发者可以在一个 Action 执行的前后定义执行的代码，也可以在一个 Action 执行前阻止其执行，同时也是提供了一种可以提取 Action 中可重用部分的方式。

谈到拦截器，还有一个词大家应该知道——拦截器链(Interceptor Chain，在 Struts 2 中称为拦截器栈 Interceptor Stack)。拦截器链就是将拦截器按一定的顺序连接成一个链条。在访问被拦截的方法或字段时，拦截器链中的拦截器就会按其之前定义的顺序被调用。

Struts 2 的拦截器实现相对简单。当请求到达 Struts 2 的 ServletDispatcher 时，Struts 2 会查找配置文件，并根据其配置实例化相对的拦截器对象，然后串成一个列表(list)，最后一个一个地调用列表中的拦截器，如图 6-1 所示。

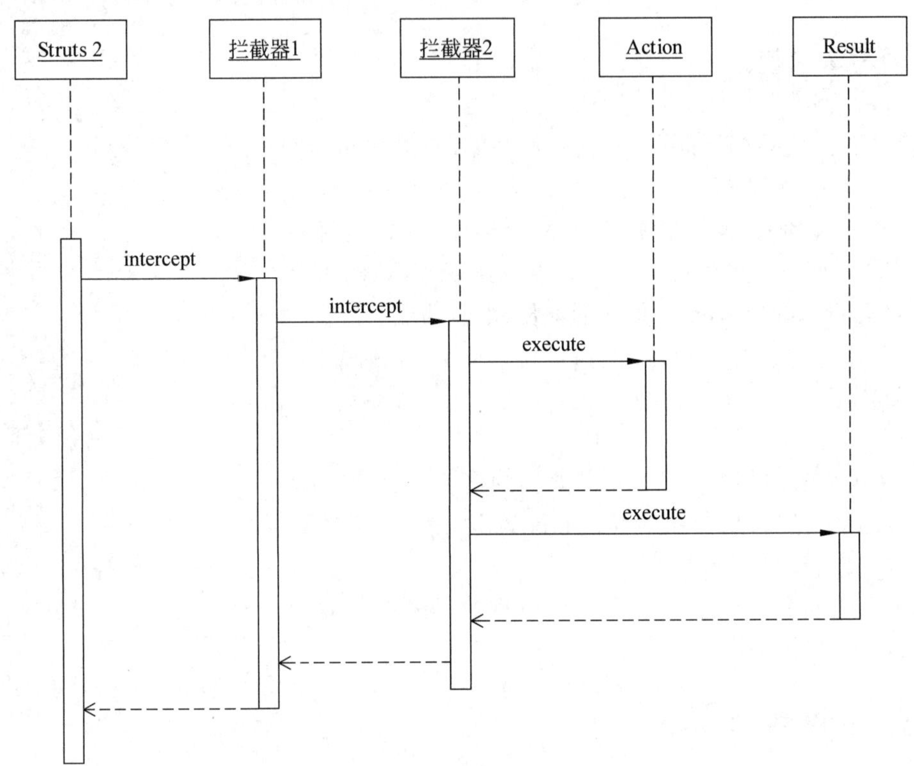

图 6-1 拦截器调用序列图

6.1.2 已有的拦截器

Struts 2 已经提供了丰富多样的、功能齐全的拦截器实现。大家可以到 struts2-all-2.0.1.jar 或 struts2-core-2.0.1.jar 包的 struts-default.xml 查看默认的拦截器与拦截器链的配置。以下部分就是从 struts-default.xml 文件摘取的主要内容。

```
< interceptor name =" alias " class =" com. opensymphony. xwork2. interceptor.
AliasInterceptor" />
< interceptor name =" chain " class =" com. opensymphony. xwork2. interceptor.
ChainingInterceptor" />
< interceptor name =" checkbox " class =" org. apache. struts2. interceptor.
CheckboxInterceptor" />
<interceptor name ="conversionError" class ="org.apache.struts2.interceptor.
```

```
StrutsConversionErrorInterceptor" />
<interceptor name="createSession" class="org.apache.struts2.interceptor.
CreateSessionInterceptor" />
<interceptor name="debugging" class="org.apache.struts2.interceptor.
debugging.DebuggingInterceptor" />
<interceptor name="execAndWait" class="org.apache.struts2.interceptor.
ExecuteAndWaitInterceptor" />
<interceptor name="exception" class="com.opensymphony.xwork2.interceptor.
ExceptionMappingInterceptor" />
<interceptor name="fileUpload" class="org.apache.struts2.interceptor.
FileUploadInterceptor" />
<interceptor name="i18n" class="com.opensymphony.xwork2.interceptor.
I18nInterceptor" />
<interceptor name="logger" class="com.opensymphony.xwork2.interceptor.
LoggingInterceptor" />
<interceptor name="store" class="org.apache.struts2.interceptor.
MessageStoreInterceptor" />
<interceptor name="model-driven" class="com.opensymphony.xwork2.interceptor.
ModelDrivenInterceptor" />
<interceptor name="scoped-model-driven" class="com.opensymphony.xwork2.
interceptor.ScopedModelDrivenInterceptor" />
<interceptor name="params" class="com.opensymphony.xwork2.interceptor.
ParametersInterceptor" />
<interceptor name="prepare" class="com.opensymphony.xwork2.interceptor.
PrepareInterceptor" />
<interceptor name="profiling" class="org.apache.struts2.interceptor.
ProfilingActivationInterceptor" />
<interceptor name="scope" class="org.apache.struts2.interceptor.
ScopeInterceptor" />
<interceptor name="servlet-config" class="org.apache.struts2.interceptor.
ServletConfigInterceptor" />
<interceptor name="static-params" class="com.opensymphony.xwork2.
interceptor.StaticParametersInterceptor" />
<interceptor name="timer" class="com.opensymphony.xwork2.interceptor.
TimerInterceptor" />
<interceptor name="token" class="org.apache.struts2.interceptor.
TokenInterceptor" />
<interceptor name="token-session" class="org.apache.struts2.interceptor.
TokenSessionStoreInterceptor" />
<interceptor name="validation" class="com.opensymphony.xwork2.validator.
ValidationInterceptor" />
<interceptor name="workflow" class="com.opensymphony.xwork2.interceptor.
DefaultWorkflowInterceptor" />
```

1. 主要拦截器的功能说明

主要拦截器的功能说明见表 6-1。

表 6-1　主要拦截器的功能说明

拦　截　器	名　　字	说　　明
Alias Interceptor	alias	在不同请求之间将请求参数在不同名字间转换，请求内容不变
Chaining Interceptor	chain	让前一个 Action 的属性可以被后一个 Action 访问，现在和 chain 类型的 result（<result type="chain">）结合使用
Checkbox Interceptor	checkbox	添加了 checkbox 自动处理代码，将没有选中的 checkbox 的内容设定为 false，而 html 默认情况下不提交没有选中的 checkbox
Conversion Error Interceptor	conversionError	将错误从 ActionContext 中添加到 Action 的属性字段中
Create Session Interceptor	createSession	自动创建 HttpSession，用来为需要使用到 HttpSession 的拦截器服务
Debugging Interceptor	debugging	提供不同调试用的页面展现内部的数据状况
Execute and Wait Interceptor	execAndWait	在后台执行 Action，同时将用户带到一个中间的等待页面
Exception Interceptor	exception	将异常定位到一个画面
File Upload Interceptor	fileUpload	提供文件上传功能
I18n Interceptor	i18n	记录用户选择的 locale
Logger Interceptor	logger	输出 Action 的名字
Message Store Interceptor	store	存储或者访问实现 ValidationAware 接口的 Action 类出现的消息、错误、字段错误等
Model Driven Interceptor	model-driven	如果一个类实现了 ModelDriven，则将 getModel 得到的结果放在 Value Stack 中
Scoped Model Driven	scoped-model-driven	如果一个 Action 实现了 ScopedModelDriven，则这个拦截器会从相应的 Scope 中取出 model 调用 Action 的 setModel()方法将其放入 Action 内部
Parameters Interceptor	params	将请求中的参数设置到 Action 中
Prepare Interceptor	prepare	如果 Acton 实现了 Preparable，则该拦截器会调用 Action 类的 prepare()方法
Profiling Interceptor	profiling	通过参数激活 profile
Scope Interceptor	scope	将 Action 状态存入 session 和 application 的简单方法
Servlet Config Interceptor	servletConfig	提供访问 HttpServletRequest 和 HttpServletResponse 的方法，以 Map 的方式访问
Static Parameters Interceptor	staticParams	从 struts.xml 文件中将<action>中的<param>中的内容设置到对应的 Action 中
Timer Interceptor	timer	输出 Action 执行的时间
Token Interceptor	token	通过 Token 避免双击
Token Session Interceptor	tokenSession	和 Token Interceptor 一样，不过，双击的时候把请求的数据存储在 Session 中

续表

拦 截 器	名 字	说 明
Validation Interceptor	validation	使用 action-validation.xml 文件中定义的内容校验提交的数据
Workflow Interceptor	workflow	调用 Action 的 validate()方法，一旦有错误返回，就重新定位到 INPUT 画面

2. 配置和使用拦截器

在 struts-default.xml 中已经配置了上述拦截器。如果想使用它们，只需要在应用程序 struts.xml 文件中通过"<include file="struts-default.xml" />"将 struts-default.xml 文件包含进来，并继承其中的 struts-default 包(package)，最后在定义 Action 时使用"<interceptor-ref name="xx" />"引用拦截器或拦截器栈(interceptor stack)。一旦继承了 struts-default 包(package)，所有 Action 都会调用拦截器栈——defaultStack。当然，在 Action 配置中加入"<interceptor-ref name="xx" />"可以覆盖 defaultStack。

以下是注册并引用 Interceptor 的配置片段：

```
<package name="default" extends="struts-default">
  <interceptors>
      <interceptor name="timer" class=".."/>
      <interceptor name="logger" class=".."/>
  </interceptors>
  <action name="login" class="tutorial.Login">
      <interceptor-ref name="timer"/>
      <interceptor-ref name="logger"/>
      <result name="input">login.jsp</result>
      <result name="success"
          type="redirect-action">/secure/home</result>
  </action>
</package>
```

下面是关于拦截器 timer 使用的例子。首先，新建 Action 类 com/ascent/action/TimerInterceptorAction.java，内容如下。

```
package com.ascent.action;
import com.opensymphony.xwork2.ActionSupport;
public class TimerInterceptorAction extends ActionSupport {
    @Override
        public String execute() {
            try {
            //模拟耗时的操作
            Thread.sleep( 500 );
            } catch (Exception e) {
            e.printStackTrace();
        }
        return SUCCESS;
    }
```

```
}
```

其次，配置 Action，名为 Timer。配置文件的内容如下：

```
<?xml version="1.0" encoding="GBK"?>
<!DOCTYPE struts PUBLIC
"-//Apache Software Foundation//DTD Struts Configuration 2.0//EN"
"http://struts.apache.org/dtds/struts-2.0.dtd">
<struts>
    <package name = "InterceptorDemo" extends = "struts-default" >
        <action name = "Timer" class = "com.ascent.action.TimerInterceptorAction" >
            <interceptor-ref name = "timer"/>
            <result >/Timer.jsp </result >
        </action>
    </package>
</struts>
```

至于 Timer.jsp，可以随意写些内容作为测试入口。发布运行应用程序，在浏览器的地址栏中输入 http://localhost:8080/struts2interceptor_demo/Timer.action，出现 Timer.jsp 页面后，查看服务器的后台输出。

```
2011-11-22 15:25:04 com.opensymphony.xwork2.interceptor.TimerInterceptor doLog
信息: Executed action [//Timer!execute] took 2390 ms.
```

在你的 PC 环境中执行 Timer! execute 的耗时，可能上述时间有些不同，这取决于 PC 的性能。但是，无论如何，2390ms 与 500ms 还是相差太远了。这是什么原因呢？其实原因是第一次加载 Timer 时，需要进行一定的初始化工作。当重新请求 Timer.action 时，以上输出会变为

```
2011-11-22 15:26:37 com.opensymphony.xwork2.interceptor.TimerInterceptor doLog
信息: Executed action [//Timer!execute] took 500 ms.
```

这正是我们期待的结果。上述例子演示了拦截器 timer 的用途：显示执行某个 Action 方法的耗时。在做一个粗略的性能调试时，这相当有用。

另外，还可以将多个拦截器合并在一起作为一个堆栈调用，当一个拦截器堆栈被附加到一个 Action 的时候，要想 Action 执行，必须执行拦截器堆栈中的每一个拦截器。

```
<package name="default" extends="struts-default">
  <interceptors>
      <interceptor name="timer" class=".."/>
      <interceptor name="logger" class=".."/>
      <interceptor-stack name="myStack">
         <interceptor-ref name="timer"/>
         <interceptor-ref name="logger"/>
      </interceptor-stack>
  </interceptors>
  <action name="login" class="tutuorial.Login">
      <interceptor-ref name="myStack"/>
      <result name="input">login.jsp</result>
```

```
        <result name="success"
            type="redirect-action">/secure/home</result>
    </action>
</package>
```

上述说明的拦截器在默认的 Struts 2 应用中，根据惯例配置了若干个拦截器堆栈，详细可以参看 struts-default.xml，其中有一个拦截器堆栈比较特殊，它会应用在默认的每一个 Action 上。

```
<interceptor-stack name="defaultStack">
    <interceptor-ref name="exception"/>
    <interceptor-ref name="alias"/>
    <interceptor-ref name="servletConfig"/>
    <interceptor-ref name="prepare"/>
    <interceptor-ref name="i18n"/>
    <interceptor-ref name="chain"/>
    <interceptor-ref name="debugging"/>
    <interceptor-ref name="profiling"/>
    <interceptor-ref name="scopedModelDriven"/>
    <interceptor-ref name="modelDriven"/>
    <interceptor-ref name="fileUpload"/>
    <interceptor-ref name="checkbox"/>
    <interceptor-ref name="staticParams"/>
    <interceptor-ref name="params">
      <param name="excludeParams">dojo\..*</param>
    </interceptor-ref>
    <interceptor-ref name="conversionError"/>
    <interceptor-ref name="validation">
        <param name="excludeMethods">input,back,cancel,browse</param>
    </interceptor-ref>
    <interceptor-ref name="workflow">
        <param name="excludeMethods">input,back,cancel,browse</param>
    </interceptor-ref>
</interceptor-stack>
```

每一个拦截器都可以配置参数。有两种方式配置参数：一是针对每一个拦截器定义参数；二是针对一个拦截器堆栈统一定义所有的参数，例如：

```
<interceptor-ref name="validation">
  <param name="excludeMethods">myValidationExcudeMethod</param>
</interceptor-ref>
<interceptor-ref name="workflow">
  <param name="excludeMethods">myWorkflowExcludeMethod</param>
</interceptor-ref>
```

或者

```
<interceptor-ref name="defaultStack">
    <param name="validation.excludeMethods">myValidationExcludeMethod</param>
```

```
    <param name="workflow.excludeMethods">myWorkflowExcludeMethod</param>
</interceptor-ref>
```

其中，每一个拦截器都有两个默认的参数：excludeMethods（过滤掉不使用拦截器的方法）和 includeMethods（使用拦截器的方法）。

6.1.3 自定义拦截器

作为框架(Framework)，可扩展性是不可或缺的，因为世上没有放之四海而皆准的事物。虽然 Struts 2 提供了丰富的拦截器实现，但是这并不意味我们失去了创建自定义拦截器的能力，恰恰相反，在 Struts 2 自定义拦截器是相当容易的一件事。

自定义一个拦截器需要三步：

(1) 自定义一个实现 Interceptor 接口（或者继承自 AbstractInterceptor）的类。

Interceptor 接口的源代码如下。

```
public interface Interceptor extends Serializable {
    void destroy();
    void init();
    String intercept(ActionInvocation invocation) throws Exception;
}
```

① init()：在拦截器执行之前调用，主要用于初始化系统资源。

② destroty()：与 init()对应，用于拦截器执行之后销毁资源。

③ intercept()：拦截器的核心方法，实现具体的拦截操作。与 Action 一样，该方法也返回一个字符串作为逻辑视图。如果拦截器成功调用了 Action，则返回一个真正的，也就是该 Action 中 execute()方法返回的逻辑视图，反之，则返回一个自定义的逻辑视图。Intercept 是拦截器的主要拦截方法，如果需要调用后续的 Action 或者拦截器，只在该方法中调用 invocation.invoke()方法即可。在该方法调用的前后可以插入 Action 调用前后拦截器需要做的方法。如果不需要调用后续的方法，则返回一个 String 类型的对象即可，如 Action.SUCCESS。

另外，AbstractInterceptor 提供了一个简单的 Interceptor 的实现，这个实现为

```
public abstract class AbstractInterceptor implements Interceptor {
    public void init() {
    }
    public void destroy() {
    }
    public abstract String intercept(ActionInvocation invocation) throws Exception;
}
```

在不需要编写 init()和 destroy()方法的时候，只从 AbstractInterceptor 继承而来，实现 intercept()方法即可。

(2) 在 strutx.xml 中注册上一步中定义的拦截器。

(3) 在需要使用的 Action 中引用上述定义的拦截器。为了方便，也可将拦截器定义为默认的拦截器，这样，在没有特殊声明的情况下，所有的 Action 都被这个拦截器拦截。

下面创建一个判断用户是否登录的拦截器。代码如下：

```
import java.util.Map;
import com.opensymphony.xwork2.Action;
import com.opensymphony.xwork2.ActionInvocation;
import com.opensymphony.xwork2.interceptor.AbstractInterceptor;
@SuppressWarnings("serial")
  public class CheckLoginInterceptor extends AbstractInterceptor {
    @SuppressWarnings("unchecked")
      public String intercept(ActionInvocation actionInvocation) throws Exception {
      System.out.println("begin check login interceptor!");
        //检查 Session 中是否存在 user
        Map session =actionInvocation.getInvocationContext().getSession();
        String username =(String) session.get("user");
          if (username !=null && username.length() > 0) {
            //如果条件成立,则进行后续操作
            System.out.println("already login!");
            return actionInvocation.invoke();
          } else {
            //否则终止后续操作,返回 LOGIN
            System.out.println("no login, forward login page!");
            return Action.LOGIN;
        }
    }
}
```

创建好拦截器后,还不能使用,还需要在 struts.xml 中配置。

下面看怎么配置拦截器。

```
<interceptors>
    <interceptor name="checkLogin"
class="com.ascent.interceptor.CheckLoginInterceptor" />
</interceptors>
```

这个定义好的拦截器在 Action 中怎么使用呢? 使用方法很简单,如下:

```
<action name="… " class="… " >
    <result>… </result>
    <interceptor-ref name="checkLogin" />
</action>
```

一旦为某个 Action 引用了自定义的拦截器,Struts 2 默认的拦截器就不再起作用,因此还需要引用默认拦截器。

```
<action name=" " class=" " >
    <result></result>
    <interceptor-ref name="checkLogin" />
    <interceptor-ref name="defaultStack" />
</action>
```

但是,这么做似乎也不太方便,因为如果拦截器 checkLogin 需要被多个 Action 引用,每个都配置一遍太麻烦，此时可以把它定义成默认的拦截器。

```
<interceptors>
    <interceptor name="checkLogin"
class="com.ascent.interceptor.CheckLoginInterceptor" />
    <!--定义一个拦截器栈-->
    <interceptor-stack name="mydefault">
        <interceptor-ref name="defaultStack" />
        <interceptor-ref name="checkLogin" />
    </interceptor-stack>
</interceptors>
<default-interceptor-ref name="mydefault" />
```

另外，Struts 2 还提供了一个方法过滤的拦截器 MethodFilterInterceptor 类，该类继承了 AbstractInterceptor 类，重写了 intercept(ActionInvocation invocation)并提供了一个新的抽象方法 doInterceptor(ActionInvocation invocation)。该类的使用方法很简单，这里就不再举例了。这个拦截器与以往的拦截器配置有所不同，它可以指定哪些方法需要被拦截，哪些不需要，通常在引用该拦截器时指定。

```
<interceptor-ref name="  ">
    <param name="excludeMethods"></param>
    <param name="includeMethods"></param>
</interceptor-ref>
```

excludeMethods：不被拦截的方法，如果有多个，则以逗号分隔。
includeMethods：需要被拦截的方法，如果有多个，则以逗号分隔。

6.2 文件的上传

在项目的开发过程中经常涉及文件上传技术。Struts 2 是通过 Commons FileUpload 文件上传的。Commons FileUpload 通过将 HTTP 的数据保存到临时文件夹，然后 Struts 使用 fileUpload 拦截器将文件绑定到 Action 的实例中，从而就能以本地文件方式操作浏览器上传的文件。

1. 具体实现

特别提示：搭建 Struts 2 框架的项目，该工程需要完成上传功能，除了添加 Struts 2 需要的 5 个 jar 包外，还需要增加 commons-fileupload-1.2.jar 和 commons-io-1.3.2.jar 完成上传与下载功能，这两个 jar 包可以从该上传文件的实例工程中获得或从网上下载。

首先，创建文件上传页面 upload.jsp，内容如下：

```
<%@ page language="java" import="java.util.*" pageEncoding="GBK"%>
<%@ taglib uri="/struts-tags" prefix="s"%>
<%
String path = request.getContextPath();
String basePath = request.getScheme()+"://"+request.getServerName()+":"+
request.getServerPort()+path+"/";
%>
```

```
<!DOCTYPE HTML PUBLIC "-//W3C//DTD HTML 4.01 Transitional//EN">
<html>
  <head>
    <base href="<%=basePath%>">
    <title>简单的文件上传页面</title>
  </head>
  <body>
   <%--  获取错误信息  下面表单如果用 struts 标签实现,则可以省略
<s:fielderror/>
   --%>
  <!--  为了完成文件上传,设置该表单的 enctype 属性为 multipart/form-data-->
  <s:form action="upload" method="post" enctype="multipart/form-data">
    <s:textfield name="title" label="文件标题"/>
    <s:file name="upload" label="选择文件"/>
    <s:submit value="上传"/>
  </s:form>
  </body>
</html>
```

在 upload.jsp 中,先将表单的提交方式设为 POST,然后将 enctype 设为 multipart/form-data,这并没有什么特别之处。接下来,<s:file/>标志将文件上传控件绑定到 Action 的 upload 属性。

其次是 UpLoadAction.java 代码:

```
package com.ascent.upload.action;
import java.io.File;
import java.io.FileInputStream;
import java.io.FileOutputStream;
import com.opensymphony.xwork2.ActionContext;
import org.apache.struts2.ServletActionContext;
import com.opensymphony.xwork2.ActionSupport;
@SuppressWarnings("serial")
public class UpLoadAction extends ActionSupport {
    //标题字段
    private String title;
    //上传文件属性字段  用 File 类型封装
    private File upload;
    //struts 2 中要求定义文件字段+FileName 和 +ContentType 的两个字段,以封装文件名和文
件类型
    private String uploadFileName;
    private String uploadContentType;
    //保存路径属性,该属性的值可以通过配置文件设置,从而动态注入
    private String savePath;
    //接受依赖注入的方法
    public void setSavePath(String savePath) {
        this.savePath = savePath;
    }
```

```
    //返回上传文件的保存路径
    @SuppressWarnings("deprecation")
    public String getSavePath() throws Exception{
        return ServletActionContext.getRequest().getRealPath(savePath);
    }
    public String getTitle() {
        return title;
    }
    public void setTitle(String title) {
        this.title = title;
    }
    public File getUpload() {
        return upload;
    }
    public void setUpload(File upload) {
        this.upload = upload;
    }
    public String getUploadContentType() {
        return uploadContentType;
    }
    public void setUploadContentType(String uploadContentType) {
        this.uploadContentType = uploadContentType;
    }
    public String getUploadFileName() {
        return uploadFileName;
    }
    public void setUploadFileName(String uploadFileName) {
        this.uploadFileName = uploadFileName;
    }
    public String execute() throws Exception{
        //以服务器的文件保存地址和原文件的名建立上传文件输出流
        FileOutputStream fos = new FileOutputStream(this.getSavePath()+"\\"+this.
getUploadFileName());
        //以上传文件建立一个文件上传流
        FileInputStream fis = new FileInputStream(this.getUpload());
        //将上传文件的内容写入服务器
        byte [] buffer = new byte[1024];
        int len=0;
        while((len=fis.read(buffer))>0){
            fos.write(buffer, 0, len);
        }
        System.out.println("结束上传单个文件------------------------");
        return SUCCESS;
    }
}
```

在 UpLoadAction 中分别写了 setUploadContentType( )、setUploadFileName( )、 setUpload()和 setTitle()4 个 Setter 方法，后两者很容易明白，分别对应 upload.jsp 中的<s:file/>和<s:textfield/>标志。但是，前两者并没有显式地与任何页面标志绑定，那么它们的值又是从何而来的呢？其实，<s:file/>标志不仅是绑定到 upload，还有 uploadContentType（上传文件的 MIME 类型）和 uploadFileName（上传文件的文件名，该文件名不包括文件的路径）。因此，<s:file name="xxx" />对应 Action 类里的 xxx、xxxContentType 和 xxxFileName 3 个属性。

下面看上传成功的页面：

```
<%@ page language="java" contentType="text/html; charset=utf-8"%>
<%@ taglib uri="/struts-tags" prefix="s"%>
<html>
    <head>
    <title>上传成功的页面</title>
    </head>
    <body>
        上传成功!<br>
        文件标题:<s:property value="title"/><br>
        文件为:<img src="<s:property value="'upload/'+uploadFileName"/>"/>
    </body>
</html>
```

upload_succ.jsp 获得 uploadFileName，将其与保存路径组成 URL，从而将上传的图像显示出来。

然后是 Action 的配置文件：

```
<?xml version="1.0" encoding="GBK"?>
<!DOCTYPE struts PUBLIC
"-//Apache Software Foundation//DTD Struts Configuration 2.0//EN"
"http://struts.apache.org/dtds/struts-2.0.dtd">
<struts>
    <!-- 此处用 constant 元素定义常量 -->
    <constant name="struts.devMode" value="true"/>
    <!-- 定义资源文件的位置和类型 -->
    <constant name="struts.custom.i18n.resources" value="properties/myMessages"/>
    <!-- 设置应用使用的解析码 -->
    <constant name="struts.i18n.encoding" value="GBK"/>
    <!-- 设置应用使用的上传解析器类型 -->
    <constant name="struts.multipart.parser" value="jakarta"/>
    <package name="upload" extends="struts-default">
        <action name="upload" class="com.ascent.upload.action.UpLoadAction">
            <!-- 配置 fileUpload 拦截器 -->
            <interceptor-ref name="fileUpload">
                <!-- 设置上传文件的类型 -->
                <param name="allowedTypes">image/bmp,image/png,image/jpg,image/
gif,image/pjpeg</param>
                <!-- 设置上传文件的大小 -->
```

```
                <param name="maximumSize">200000</param>
            </interceptor-ref>
            <!-- 必须显示配置引用 struts 默认的拦截器栈 defaultStack -->
            <interceptor-ref name="defaultStack"></interceptor-ref>
            <!-- 设置上传路径 -->
            <param name="savePath">/upload</param>
            <result name="success">/upload_succ.jsp</result>
            <result name="input">/upload.jsp</result>
        </action>
    </package>
</struts>
```

Struts 2 提供了文件上传拦截器 fileUpload，只在该 Action 中配置即可。

(1) Action 实现为最初的实现(没有判断类型和大小的参数和方法)。

(2) 配置 Action，添加 fileUpload 拦截器。

```
<interceptor-ref name="fileUpload">
    <!-- 设置上传文件的类型 -->
    <param name="allowedTypes">
        image/bmp,image/png,image/jpg,image/gif,image/pjpeg</param>
    <!-- 设置上传文件的大小 -->
        <param name="maximumSize">200000</param>
    </interceptor-ref>
    <!-- 必须显示配置引用 struts 默认的拦截器栈 defaultStack -->
    <interceptor-ref name="defaultStack"></interceptor-ref>
```

注意：

ⅰ. fileUpload 拦截器两个参数。

- allowedTypes：指定文件类型，类型间用英文逗号隔开。
- maximumSize：指定上传文件的最大值，单位为字节。

ⅱ. 必须设置 defaultStack 拦截器。

ⅲ. 当发生不符合条件的错误时，会自动返回 input 逻辑视图，所以必须配置 input 逻辑视图。

(3) 定义资源文件的类型常量。

```
<!-- 定义资源文件的位置和类型 -->
    <constant name="struts.custom.i18n.resources" value="properties/myMessages"/>
<!-- 设置应用使用的解析码 -->
    <constant name="struts.i18n.encoding" value="GBK"/>
<!-- 设置应用使用的上传解析器类型 -->
    <constant name="struts.multipart.parser" value="jakarta"/>
```

(4) 添加资源文件输出错误信息。

当发生错误时，有资源文件对应的 key 定义和展现错误信息，这也是上面需要定义 <constant name="struts.custom.i18n.resources" value="properties/myMessages"/>的原因。

注意：

默认文件太大的提示信息 key 是 struts.messages.error.file.too.large。

类型不允许的提示信息 key 是 struts.messages.error.content.type.not.allowed。

可做以下定义：

```
struts.messages.error.content.type.not.allowed=您上传的文件类型只能是图片文件!请重
新选择!
struts.messages.error.file.too.large=您要上传的文件太大,请重新选择!
```

(5) Jsp 显示错误提示。

在上传页面 upload.jsp 中，下述标签可以获取错误信息：

```
<!-- 获取错误信息 当表单用 struts 2 标签开发,可以自己获取错误信息,fielderror 标签可以
省略-->
    <s:fielderror/>
```

最后是 web.xml 配置文件：

```
<?xml version="1.0" encoding="UTF-8"?>
<web-app version="2.4"
    xmlns="http://java.sun.com/xml/ns/j2ee"
    xmlns:xsi="http://www.w3.org/2001/XMLSchema-instance"
    xsi:schemaLocation="http://java.sun.com/xml/ns/j2ee
    http://java.sun.com/xml/ns/j2ee/web-app_2_4.xsd">
  <filter>
    <filter-name>struts2</filter-name>
    <filter-class>org.apache.struts2.dispatcher.FilterDispatcher</filter-class>
  </filter>
  <filter-mapping>
    <filter-name>struts2</filter-name>
    <url-pattern>/*</url-pattern>
  </filter-mapping>
  <filter>
      <filter-name>struts-cleanup</filter-name>
      <filter-class>org.apache.struts2.dispatcher.ActionContextCleanUp</filter
-class>
    </filter>
    <filter-mapping>
        <filter-name>struts-cleanup</filter-name>
        <url-pattern>/*</url-pattern>
    </filter-mapping>
  <welcome-file-list>
    <welcome-file>/upload.jsp</welcome-file>
  </welcome-file-list>
</web-app>
```

发布运行应用程序，在浏览器地址栏中输入 http://localhost：8080/struts2fileupload_demo/upload.jsp，出现如图 6-2 所示的 upload 页面。

选择一个图片文件上传，上传成功页面如图 6-3 所示。

2. 更多配置

运行上述例子，会发现服务器控制台有如下输出：

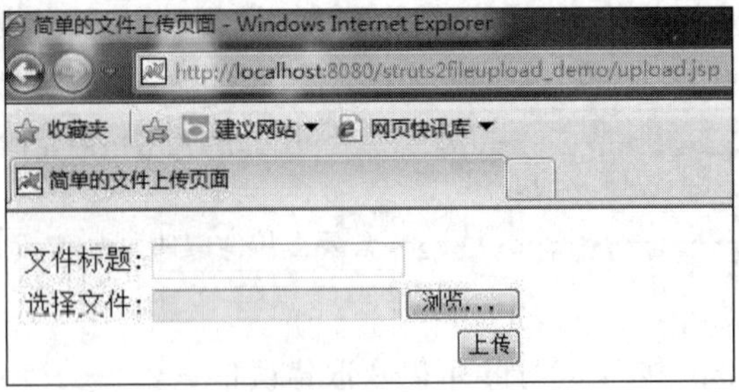

图 6-2　upload 页面

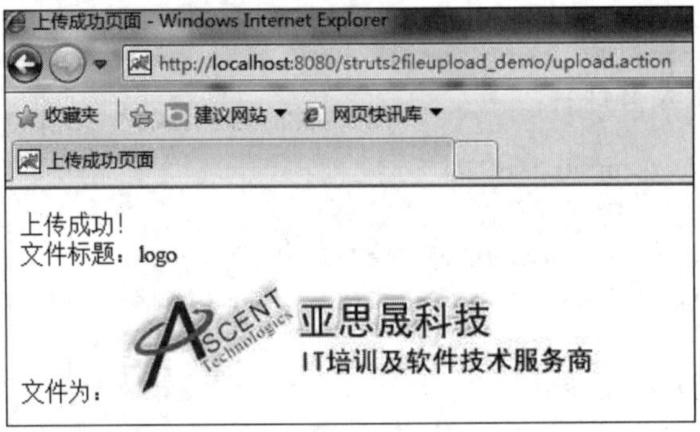

图 6-3　上传成功页面

```
2008-3-3 12:07:55 org.apache.struts2.interceptor.FileUploadInterceptor intercept
信息: Removing file upload C:\Tomcat5.5\work\Catalina\localhost\struts2_upload\
upload__54c4f663_11872a7314b__8000_00000015.tmp
2008-3-3 12:07:55 org.apache.struts2.interceptor.FileUploadInterceptor intercept
信息: Removing file upload C:\Tomcat5.5\work\Catalina\localhost\struts2_upload\
upload__54c4f663_11872a7314b__8000_00000015.tmp
```

上述信息告诉我们，struts.multipart.saveDir 没有配置。struts.multipart.saveDir 用于指定存放临时文件的文件夹，该配置写在 struts.xml 文件中。例如，如果在 struts.xml 文件中加入如下代码：

```
<!-- 指定存放临时文件的文件夹 -->
    <constant name="struts.multipart.saveDir" value="/tmp"/>
```

这样，上传的文件就会临时保存到根目录下的 tmp 文件夹中(一般为 c:\tmp)，如果此文件夹不存在，Struts 2 会自动创建一个。

3. 错误处理

上述例子实现了图片上传的功能，所以应该阻止用户上传非图片类型的文件。在 Struts 2 中如何实现这一点呢?

upload.jsp 中，在<body>与<s:form>之间加入"<s:fielderror />"，用于在页面上输出错误信息。struts.xml 文件已经配置好上传拦截器，上面已经解释过。显而易见，起作用的是 fileUpload 拦截器的 allowTypes 参数。另外，配置还引入了 defaultStack，它会帮我们添加验证等功能，所以在出错之后会跳转到名称为 input 的结果，即 upload.jsp。

发布运行应用程序，出错提示页面如图 6-4 所示。

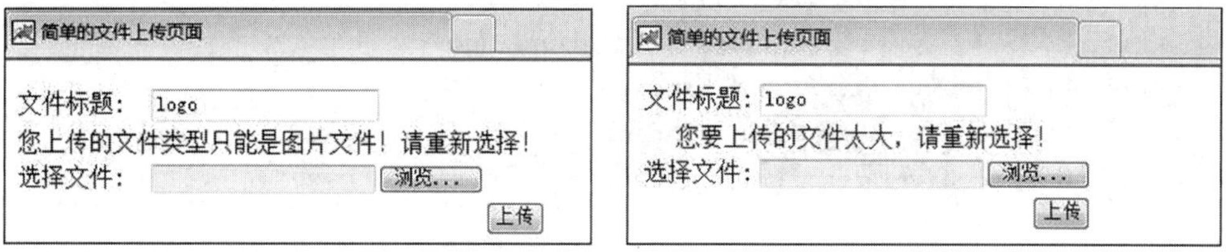

简单的文件上传页面
文件标题: logo
您上传的文件类型只能是图片文件！请重新选择！
选择文件: 浏览... 上传

(a) 出错提示1

简单的文件上传页面
文件标题: logo
您要上传的文件太大，请重新选择！
选择文件: 浏览... 上传

(b) 出错提示2

图 6-4　出错提示页面

上面的出错提示是 Struts 2 默认的，大多数情况下，都需要自定义和国际化这些信息。实现国际化提示信息，struts.xml 配置后已经详细介绍，到此上传例子已经完成。

6.3 项目案例

6.3.1 学习目标

本章详细介绍了 Struts 2 框架的拦截器的概念和开发配置，并以实例的形式讲解了 Struts 2 框架如何实现上传与下载功能。

6.3.2 案例描述

本章案例向管理员后台商品管理模块中添加商品功能，添加商品页面输入商品信息，提交后添加商品到数据库，并且包含商品的图片信息，将该图片上传到保存路径下。

6.3.3 案例要点

添加商品功能中包括图片的上传，注意表单 form 标签的属性设置，使用 Struts 2 框架的上传功能实现图片上传，并配置上传拦截器的属性进行上传文件大小和类型的限制。

6.3.4 案例实施

注意：该功能需要验证管理员权限，所以从管理员登录入口，登录功能基于 chapter3 案例，在管理员登录成功页面增加添加商品功能链接。

1. 管理员登录成功的页面代码

```
<%@ page language="java" import="java.util.*" pageEncoding="UTF-8"%>
<%
String path = request.getContextPath();
String basePath = request.getScheme()+"://"+request.getServerName()+":"+
request.getServerPort()+path+"/";
%>
<!DOCTYPE HTML PUBLIC "-//W3C//DTD HTML 4.01 Transitional//EN">
<html>
  <head>
    <base href="<%=basePath%>">
```

```
    <title>My JSP 'login.jsp' starting page</title>
    <meta http-equiv="pragma" content="no-cache">
    <meta http-equiv="cache-control" content="no-cache">
    <meta http-equiv="expires" content="0">
    <meta http-equiv="keywords" content="keyword1,keyword2,keyword3">
    <meta http-equiv="description" content="This is my page">
    <!--
    <link rel="stylesheet" type="text/css" href="styles.css">
    -->
  </head>
  <body>
   欢迎管理员登录成功!<a href="product/add_products_admin.jsp">添加商品</a>
  </body>
</html>
```

2. 添加商品的页面代码

```
<%
    Usr u = (Usr)session.getAttribute("usr");
    if(u!=null&&u.getSuperuser().equals("3")){
%>
<form name="form" method="post" action="saveOneProductManagerAction.action"
encType=multipart/form-data>
<div class="table_t">|  欢迎,<%=u.getUsername()%>  | 
 <a href="<%=request.getContextPath()%>/clearSession.action" class="table
_t">注销</a>  |</div>
<div class="right_proaducts">我的位置 &gt;&gt;电子商务管理 &gt;&gt;商品添加</div>
    <table width="580">
      <tr>
        <td height="20" colspan="2"></td>
      </tr>
      <tr>
        <td height="5" colspan="2" bgcolor="#666666"></td>
      </tr>
      <tr>
        <td height="7" colspan="2"></td>
      </tr>
      <tr>
        <td width="157" height="20" bgcolor="#B4E4FE" class="table_c">商品信息
    <a href="javascript:history.back()"><<<返回</a></td>
        <td width="411"></td>
      </tr>
    </table>
    <table width="500" border="0" cellspacing="0" bordercolor="#9EA7AB" bgcolor="
#DFEFFD">
     <tr>
      <td height="10" colspan="4"><s:property value="tip"/></td>
```

```
    </tr>
     <tr>
      <td width="122" height="30" class="table_c"><div align="right">编号:</div>
</td>
      <td width="122"><input id="productId" name="productId" type="text"  onblur
="checkId()"/>
      <div id="productIdCheckDiv" class="warning"></div></td>
      <td width="85" class="table_c"><div align="right">产品名称:</div></td>
      <td width="163" height="30"><input name="productname" type="text" /></td>
    </tr>
    <tr>
      <td width="122" height="30" class="table_c"><div align="right">CatalogNo:
</div></td>
      <td width="122"><input name="catalogno" type="text" /></td>
      <td width="85" class="table_c"><div align="right">CAS:</div></td>
      <td width="163" height="35"><input name="cas" type="text" /></td>
    </tr>
    <tr>
      <td width="122" height="30" class="table_c"><div align="right">MDL Number:
</div></td>
      <td width="122">
       <input name="mdlnumber" type="text" /></td>
      <td width="85" class="table_c"><div align="right">新产品:</div></td>
    <!--  <td width="163" height="35"><input name="newproduct" type="text" /></
td>-->
    <td height="30" class="table_c">
    是:  <input type="radio" name="newproduct" value="1" />
    否:   <input type="radio" name="newproduct" value="0" checked/>
    </td>
    </tr>
    <tr>
      <td width="122" height="22" class="table_c"><div align="right">Formula:</
div></td>
      <td width="122">
       <input name="formula" type="text" /></td>
      <td width="85" class="table_c"><div align="right">MW:</div></td>
      <td width="163" height="35"><input name="mw" type="text" /></td>
    </tr>
    <tr>
      <td width="122" height="22" class="table_c"><div align="right">Category:</
div></td>
      <td width="122"><input name="category" type="text" /></td>
      <td width="85" class="table_c"><div align="right">备注:</div></td>
      <td width="163" height="30"><input name="note" type="text" /></td>
      </tr>
   <tr>
```

```
        <td width="122" height="22" class="table_c"><div align="right">价格 1:</div
></td>
        <td width="122">
        <input name="price1" type="text" /></td>
        <td width="85" class="table_c"><div align="right">Stock:</div></td>
        <td width="163" height="35"><input name="stock" type="text" /></td>
      </tr>
        <tr>
        <td width="122" height="30" class="table_c"><div align="right">价格 2:</div
></td>
        <td width="122"><input name="price2" type="text" /></td>
        <td width="85" class="table_c"><div align="right">Real Stock:</div></td>
        <td width="163" height="30"><input name="realstock" type="text" /></td>
       </tr>
       <tr>
        <!-- td width="122" height="22" class="table_c"><div align="right">
Quantity:</div></td>
        <td width="122">
         <input name="quantity" type="text" /></td-->
        <td width="85" class="table_c"><div align="right">图片:</div></td>
        <td width="163" height="35">
        <input type="file" name="upload" />
        </td>
       </tr>
       <tr>
        <td height="45" colspan="4"><div align="center">
          <div class="loading_ll"><input type="image"  src="<%=request.getContextPath
()%>/images/Add.jpg" onclick="return addproducts();"  border="0"/></div>
        </div></td>
       </tr>
    </table>
</div>
</form>
<%}else
{
%>
<center><h3>对不起,您没有权限查看!!!</h3></center>
<%}%>
```

3. ProductManagerAction.java

```
package com.ascent.action;
import java.io.File;
import java.io.FileInputStream;
import java.io.FileOutputStream;
import java.util.ArrayList;
import java.util.List;
```

```
import org.apache.struts2.ServletActionContext;
import com.ascent.anli.ProductDAO;
import com.ascent.po.Product;
import com.ascent.po.Usr;
import com.ascent.util.AddExcelProduct;
import com.ascent.util.PageBean;
import com.opensymphony.xwork2.ActionContext;
@SuppressWarnings("serial")
public class ProductManagerAction extends ActionSupport{
    //Product 属性字段 及 setter()、getter()方法
    private String pid;
    private String productId;
    private String catalogno;
    private String cas;
    private String productname;
    private String structure;
    private String mdlnumber;
    private String formula;
    private String mw;
    private String price1;
    private String price2;
    private String stock;
    private String realstock;
    private String newproduct;
    private String category;
    private String note;
    private String delFlag;
    //上传文件属性字段,用 File 类型封装
    private File upload;
    //struts 2 中要求定义文件字段+FileName 和 +ContentType 的两个字段以封装文件名和文
件类型
    private String uploadFileName;
    private String uploadContentType;
    //选择文件的物理路径
    private String filepath;
    //保存路径属性,该属性的值可以通过配置文件设置,从而动态注入
    private String savePath;
    //处理结果展示字段
    private String tip;
    public String getFilepath() {
        return filepath;
    }
    public void setFilepath(String filepath) {
        this.filepath = filepath;
    }
    public String getTip() {
```

```
        return tip;
    }
    public void setTip(String tip) {
        this.tip = tip;
    }
    @SuppressWarnings("deprecation")
    public String getSavePath() throws Exception{
        return ServletActionContext.getRequest().getRealPath(savePath);
    }
    public void setSavePath(String savePath) {
        this.savePath = savePath;
    }
    public File getUpload() {
        return upload;
    }
    public void setUpload(File upload) {
        this.upload = upload;
    }
    public String getUploadContentType() {
        return uploadContentType;
    }
    public void setUploadContentType(String uploadContentType) {
        this.uploadContentType = uploadContentType;
    }
    public String getUploadFileName() {
        return uploadFileName;
    }
    public void setUploadFileName(String uploadFileName) {
        this.uploadFileName = uploadFileName;
    }
    public String getCas() {
        return cas;
    }
    public void setCas(String cas) {
        this.cas = cas;
    }
    public String getCatalogno() {
        return catalogno;
    }
    public void setCatalogno(String catalogno) {
        this.catalogno = catalogno;
    }
    public String getCategory() {
        return category;
    }
    public void setCategory(String category) {
```

```
        this.category = category;
    }
    public String getDelFlag() {
        return delFlag;
    }
    public void setDelFlag(String delFlag) {
        this.delFlag = delFlag;
    }
    public String getFormula() {
        return formula;
    }
    public void setFormula(String formula) {
        this.formula = formula;
    }
    public String getMdlnumber() {
        return mdlnumber;
    }
    public void setMdlnumber(String mdlnumber) {
        this.mdlnumber = mdlnumber;
    }
    public String getMw() {
        return mw;
    }
    public void setMw(String mw) {
        this.mw = mw;
    }
    public String getNewproduct() {
        return newproduct;
    }
    public void setNewproduct(String newproduct) {
        this.newproduct = newproduct;
    }
    public String getNote() {
        return note;
    }
    public void setNote(String note) {
        this.note = note;
    }
    public String getPid() {
        return pid;
    }
    public void setPid(String pid) {
        this.pid = pid;
    }
    public String getPrice1() {
        return price1;
```

```
    }
    public void setPrice1(String price1) {
        this.price1 = price1;
    }
    public String getPrice2() {
        return price2;
    }
    public void setPrice2(String price2) {
        this.price2 = price2;
    }
    public String getProductId() {
        return productId;
    }
    public void setProductId(String productId) {
        this.productId = productId;
    }
    public String getProductname() {
        return productname;
    }
    public void setProductname(String productname) {
        this.productname = productname;
    }
    public String getRealstock() {
        return realstock;
    }
    public void setRealstock(String realstock) {
        this.realstock = realstock;
    }
    public String getStock() {
        return stock;
    }
    public void setStock(String stock) {
        this.stock = stock;
    }
    public String getStructure() {
        return structure;
    }
    public void setStructure(String structure) {
        this.structure = structure;
    }
    @SuppressWarnings("unchecked")
    public String saveOne()throws Exception{
    /**
              * 下面是添加商品案例模拟代码
              * /
            ProductDAO dao = new ProductDAO();//创建一个操作商品数据访问案例类对象
```

```
        if(dao.findByProductId(this.getProductId())){
        //调用案例模拟类中根据 id 查询商品的方法
            this.setTip(this.getText("productM_tip.id.used"));
            //商品编号被占用,请重新添加商品
            return INPUT;
        }else{
            if(this.getUpload()!=null){
    if(this.getUploadContentType().equals("application/vnd.ms-excel")){
    this.setTip(this.getText("productM_tip.upload.file.type"));
                        //此处只允许上传图片类型文件,请返回重新选择
                        return INPUT;
                    }
                    //保存图片名称到数据库字段 structure
                    this.setStructure(getUploadFileName());
                    //以服务器的文件保存地址和原文件的名建立上传文件输出流
                    FileOutputStream fos = new FileOutputStream(this.getSavePath()
+"\\"+this.getUploadFileName());
                    //以上传文件建立一个文件上传流
                    FileInputStream fis = new FileInputStream(this.getUpload());
                    //将上传文件的内容写入服务器
                    byte [] buffer = new byte[1024];
                    int len=0;
                    while((len=fis.read(buffer))>0){
                        fos.write(buffer, 0, len);
                    }
            }
            System.out.println("结束上传单个文件------------------------");
            Product product = new Product();
            product.setCas(this.getCas());
            product.setCategoryno(this.getCatalogno());
            product.setCategory(this.getCategory());
            product.setDelsoft("0");
            product.setFormula(this.getFormula());
            product.setMdlint(this.getMdlnumber());
            product.setWeight(this.getMw());
            product.setIsnewproduct(this.getNewproduct());
            product.setPrice1(Float.parseFloat(this.getPrice1()));
            product.setPrice2(Float.parseFloat(this.getPrice2()));
            product.setProductnumber(this.getProductId());
            product.setProductname(this.getProductname());
            product.setRealstock(this.getRealstock());
            product.setStock(this.getStock());
            product.setImagepath((this.getStructure()));
            dao.saveProduct(product);
            //调用模拟案例的添加商品方法将商品添加到数据库
            //此处省略  查询商品列表  方法调用,模拟直接返回添加成功提示页面
```

```
                //项目真实流程为查询添加后的所有商品集合  跳转页面展现商品列表
            return "anli_saveOnesuccess";
        }
    }
}
```

4. Action 配置

```
<?xml version="1.0" encoding="GBK"?>
<!DOCTYPE struts PUBLIC
"-//Apache Software Foundation//DTD Struts Configuration 2.0//EN"
"http://struts.apache.org/dtds/struts-2.0.dtd">
<struts>
    <!-- 此处用 constant 元素定义常量 -->
    <constant name="struts.devMode" value="true"/>
    <!-- 定义资源文件的位置和类型 -->
    <constant name="struts.custom.i18n.resources" value="properties/myMessages"/>
    <!-- 设置应用使用的解析码 -->
    <constant name="struts.i18n.encoding" value="GBK"/>
    <!-- 设置应用使用的上传解析器类型 -->
    <constant name="struts.multipart.parser" value="jakarta"/>
    <!-- 指定使用按 type 的自动装配策略 -->
    <constant name="struts.objectFactory.spring.autoWire" value="name"/>
    <package name="struts2" extends="struts-default">
    <action name="usrLoginAction" class="com.ascent.action.UsrLoginAction">
            <!-- 下面是案例配置 -->
            <result name="anli_success_1">/anli/registUsrWelcome.jsp</result>
            <result name="anli_success_2">/anli/registUsrWelcome.jsp</result>
            <result name="anli_success_3">/anli/adminWelcome.jsp</result>
            <result name="anli_error">/anli/login.jsp</result>
    </action>
    <action name="*ProductManagerAction"
class="com.ascent.action.ProductManagerAction" method="{1}">
            <!-- 配置 fileUpload 拦截器 -->
            <interceptor-ref name="fileUpload">
                <!-- 设置上传文件的类型 -->
                <param name="allowedTypes">image/bmp,image/png,image/jpg,image/
gif,application/vnd.ms-excel </param>
                <!-- 设置上传文件的大小 -->
                <param name="maximumSize">200000</param>
            </interceptor-ref>
            <!-- 必须显示配置引用 struts 默认的拦截器栈 defaultStack -->
            <interceptor-ref name="defaultStack"></interceptor-ref>
            <!-- 设置上传路径 -->
            <param name="savePath">/upload</param>
            <!-- 必须设置 input 逻辑视图,拦截器默认出错返回 input -->
            <result name="input">/product/upload_error.jsp</result>
```

```
            <!-- 模拟案例配置    添加商品成功跳转页面  -->
            <result name="anli_saveOnesuccess">/anli/addProductSucc.jsp</result>
        </action>
</package>
</struts>
```

5. 上传成功页面和上传失败页面

上传成功页面/anli/addProductSucc.jsp：

```
<%@ page language="java" import="java.util.*" pageEncoding="UTF-8"%>
<%
String path = request.getContextPath();
String basePath = request.getScheme()+"://"+request.getServerName()+":"+
request.getServerPort()+path+"/";
%>
<!DOCTYPE HTML PUBLIC "-//W3C//DTD HTML 4.01 Transitional//EN">
<html>
  <head>
    <base href="<%=basePath%>">
    <title>My JSP 'addProductSucc.jsp' starting page</title>
    <meta http-equiv="pragma" content="no-cache">
    <meta http-equiv="cache-control" content="no-cache">
    <meta http-equiv="expires" content="0">
    <meta http-equiv="keywords" content="keyword1,keyword2,keyword3">
    <meta http-equiv="description" content="This is my page">
    <!--
    <link rel="stylesheet" type="text/css" href="styles.css">
    -->
  </head>
  <body>
    添加商品成功,图片已经上传成功,商品数据已经插入 product 表中!
  </body>
</html>
```

上传失败页面/product/ppload_error.jsp：

```
<%@ page language="java" import="java.util.*" pageEncoding="gb2312"%>
<%@ taglib prefix="s" uri="/struts-tags" %>
<%
String path = request.getContextPath();
String basePath = request.getScheme()+"://"+request.getServerName()+":"+
request.getServerPort()+path+"/";
%>
<!DOCTYPE HTML PUBLIC "-//W3C//DTD HTML 4.01 Transitional//EN">
<html>
  <head>
    <base href="<%=basePath%>">
   <title>AscentWeb 电子商务</title>
```

```
    <meta http-equiv="pragma" content="no-cache">
    <meta http-equiv="cache-control" content="no-cache">
    <meta http-equiv="expires" content="0">
    <meta http-equiv="keywords" content="keyword1,keyword2,keyword3">
    <meta http-equiv="description" content="This is my page">
    <!--
    <link rel="stylesheet" type="text/css" href="styles.css">
    -->
  </head>
  <body>
    <!-- 获取错误信息 -->
        <font color="red" size="3"><s:fielderror/><s:property value="tip"/></
font>    <a href="javascript:history.back()"><<<返回</a>
  </body>
</html>
```

6. web.xml

```
<?xml version="1.0" encoding="UTF-8"?>
<web-app version="2.4"
    xmlns="http://java.sun.com/xml/ns/j2ee"
    xmlns:xsi="http://www.w3.org/2001/XMLSchema-instance"
    xsi:schemaLocation="http://java.sun.com/xml/ns/j2ee
    http://java.sun.com/xml/ns/j2ee/web-app_2_4.xsd">
  <filter>
      <filter-name>struts2</filter-name>
      <filter-class>org.apache.struts2.dispatcher.FilterDispatcher</filter-
class>
  </filter>
  <filter-mapping>
      <filter-name>struts2</filter-name>
      <url-pattern>/*</url-pattern>
  </filter-mapping>
  <welcome-file-list>
    <welcome-file>/index.jsp</welcome-file>
  </welcome-file-list>
</web-app>
```

7. 测试

访问 http://localhost:8080/chapter6/anli/login.jsp，输入管理员 admin，密码 123456，管理员登录成功页面如图 6-5 所示。

图 6-5 管理员登录成功页面

单击添加商品，管理员进行商品的添加，页面如图 6-6 所示。

ASCENT TECHNOLOGIES
quality is everything!
加拿大 · 亚思晟科技
| 首页 | IT服务 | 电子商务系统 | 员工招聘 | 关于我们
| 欢迎admin | 注销 |
我的位置>>电子商务管理>>商品添加
商品信息 <<< 返回
编号:
产品名称:
CatalogNo:
CAS:
MDL Number:
新产品: 是: 否:
Formula:
MW:
Category:
备注:
价格1:
Stock:
价格2:
Real Stock:
图片:
浏览...
添 加

图 6-6 添加商品上传图片页面

8. 成功页

添加商品，上传图片成功后，到达商品列表页面，该页面展现了商品信息及图片。由于真实实现由 SSH 三个框架完成，所以此处模拟提示成功页面，具体如图 6-7 所示。

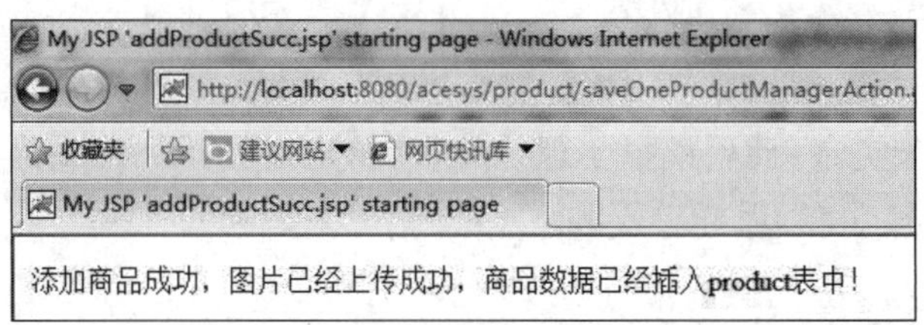

图 6-7 商品添加成功提示页面

9. 错误页

错误提示页面如图 6-8 和图 6-9 所示。

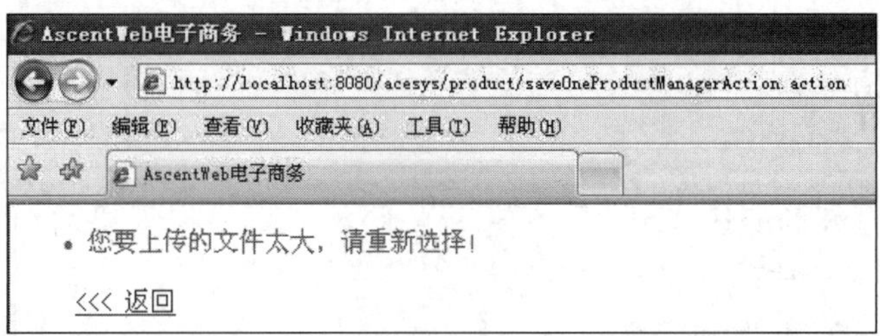

图 6-8 错误提示页面：文件太大错误提示

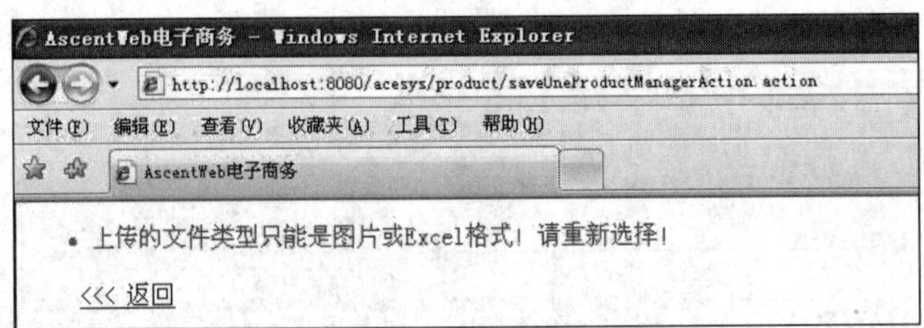

图 6-9 错误提示页面：文件格式错误提示

6.3.5 特别提示

(1) 该工程需要完成上传功能，除了添加 Struts 2 需要的 5 个 jar 包外，还需要增加 commons-fileupload-1.2.jar 和 commons-io-1.3.2.jar 完成文件的上传与下载功能。

(2) 该功能模块为商品添加功能，添加商品页面需要管理员权限才能操作，所以页面有判断权限的功能代码，具体如下：

```
<%
Usr u = (Usr)session.getAttribute("usr");
if(u!=null&&u.getSuperuser().equals("3")){
%>
    …表单代码省略
<%}else
{
%>
<center><h3>对不起,您没有权限查看!!!</h3></center>
<%}%>
```

所以，该项目案例的入口从 struts 实现的登录案例开始。

(3) 该功能完成保存数据库操作的 ProductDAO 为案例模拟类，使用 JDBC 实现。

(4) 在 ProductManagerAction 中执行完添加商品功能后，应该查询新的商品列表进行展现，使用 SSH 3 个框架完成，此处模拟实现，所以简单地以提示添加商品成功为结束页面，重点掌握商品图片的上传功能，理解拦截器。

6.3.6 拓展与提高

(1) 完成将商品添加成功后查询新商品集合的展现功能。

(2) 本案例在 jsp 页面使用 Java 脚本判断是否为管理员权限，可以开发一个权限验证的拦截器，并配置该拦截器，使得上传功能实现的 Action 类在执行保存功能前先经过权限验证拦截器拦截判断。

6.4 本章总结

- Struts 2 拦截器的概述。
- 拦截器及拦截器栈的配置。
- 自定义拦截器的开发和配置。

- Struts 2 框架上传、下载的概述。
- 添加商品案例。

6.5 习题

1. 简述 Struts 2 拦截器的作用。
2. 如何定义 Struts 2 拦截器？
3. 如何定义 Struts 2 拦截器栈？
4. 如何开发和配置 Struts 2 自定义拦截器？
5. 如何配置 Struts 2 上传、下载的拦截器？
6. Struts 2 上传拦截器有哪些重要的属性配置？
7. 如何处理 Struts 2 上传的错误信息？

第7章 Hibernate基础

学习目的与学习要求

学习目的：了解 Hibernate 框架概述，掌握 Hibernate 体系结构、核心配置及单表的映射类及映射文件的配置。

学习要求：熟练搭建 Hibernate 开发流程，清楚 Hibernate 核心配置及单表的操作。

本章主要内容

本章主要讲解 Hibernate 框架的概述及核心流程，Hibernate 单表的对象/关系数据库映射，详细讲解 Hibernate 核心配置文件 hibernate.cfg.xml 的配置、持久化类及对应的映射文件的配置开发及数据访问类 DAO 的开发。

介绍完 Struts 之后，讨论数据持久层的处理。实际项目都需要数据的支持，而 Hibernate 就是目前最好的数据持久层框架之一。

7.1 Hibernate 概述

在今日的企业环境中，把面向对象的软件和关系数据库一起使用可能相当麻烦，并且浪费时间。Hibernate 是一个面向 Java 环境的对象/关系数据库映射工具。对象/关系数据库映射(object/relational mapping，ORM)这个术语表示一种技术，用来把对象模型表示的对象映射到基于 SQL 的关系模型数据结构中。

Hibernate 不仅管理 Java 类到数据库表的映射，还提供数据查询和获取数据的方法，可以大幅减少开发时人工使用 SQL 和 JDBC 处理数据的时间。

Hibernate 高层概览如图 7-1 所示。

Hibernate 全面解决体系如图 7-2 所示。

在全面解决体系中，对于应用程序来说，所有的底层

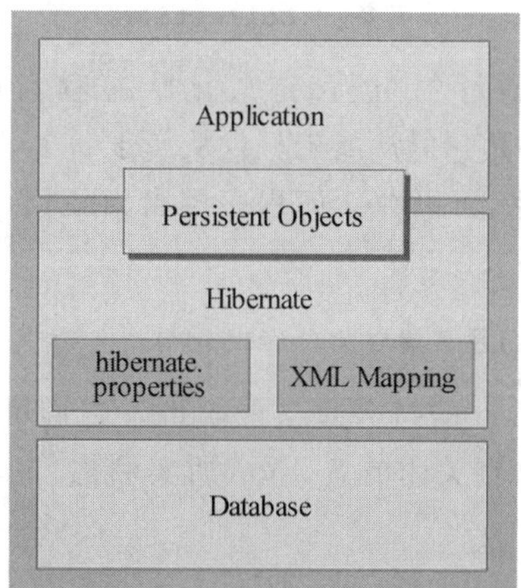

图 7-1 Hibernate 高层概览

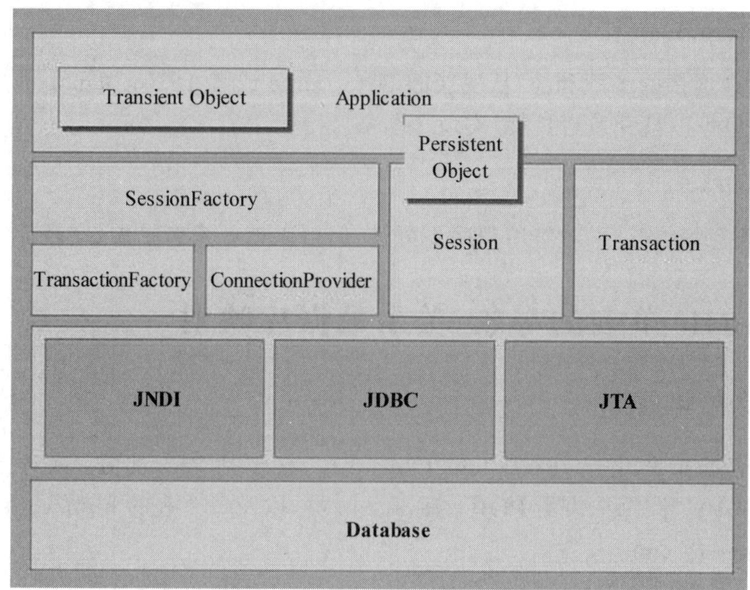

图 7-2 Hibernate 全面解决体系

JDBC/JTA API 都被抽象了，Hibernate 会替你照管所有的细节。

下面是图 7-2 中一些对象的定义。

会话工厂(SessionFactory)

对属于单一数据库的编译过的映射文件的一个线程安全的、不可变的缓存快照。它是 Session 的工厂，是 ConnectionProvider 的客户，可能持有一个可选的(第二级)数据缓存，可以在进程级别或集群级别保存在事物中重用的数据。

会话(Session)

单线程，生命期短暂的对象，代表应用程序和持久化层之间的一次对话，封装了一个 JDBC 连接。也是 Transaction 的工厂。保存有必需的(第一级)持久化对象的缓存，用于遍历对象图，或者通过标识符查找对象。

持久化对象(Persistent Object)及其集合(Collection)

生命周期短暂的单线程的对象，包含持久化状态和商业功能。它们可能是普通的JavaBeans/POJOs，唯一特别的是它们从属于且仅从属于一个 Session。一旦 Session 被关闭，它们都将从 Session 中取消联系，可以在任何程序层自由使用(例如，直接作为传送到表现层的 DTO，即数据传输对象)。

临时对象(Transient Object)及其集合(Collection)

目前没有从属于一个 Session 的持久化类的实例。它们可能刚刚被程序实例化，还没来得及被持久化，或者是被一个已经关闭的 Session 所实例化。

事务(Transaction)

(可选)单线程，生命期短暂的对象，应用程序用它表示一批不可分割的操作，是底层的JDBC、JTA 或者 CORBA 事务的抽象。一个 Session 某些情况下可能跨越多个事务。

ConnectionProvider

(可选)JDBC 连接的工厂和池，从底层的 Datasource 或者 DriverManager 抽象而来，对应用程序不可见，但可以被开发者扩展/实现。

TransactionFactory

(可选)事务实例的工厂，对应用程序不可见，但可以被开发者扩展/实现。

7.2 Hibernate 单表的对象/关系数据库映射

7.2.1 持久化层

首先介绍数据持久化层(Persistent Objects)。它包括 3 个部分：关于整体数据库的 hibernate.cfg.xml 文件、每个表的 POJO/JavaBean 类，以及每个表的 hbm.xml 文件。

1. hibernate.cfg.xml

首先讨论一个重要的 XML 配置文件：hibernate.cfg.xml。这个文件可以替代以前版本中的 hibernate.properties 文件，如果二者都出现，它会覆盖 properties 文件。

XML 配置文件默认期望在 CLASSPATH 的根目录中找到。下面是一个实例。

```
<?xml version='1.0' encoding='UTF-8'?>
<!DOCTYPE hibernate-configuration PUBLIC
          "-//Hibernate/Hibernate Configuration DTD 3.0//EN"
          "http://hibernate.sourceforge.net/hibernate-configuration-3.0.dtd">
<!-- Generated by MyEclipse Hibernate Tools. -->
<hibernate-configuration>
    <session-factory>
        <property name="connection.username">root</property>
        <property name="connection.url">jdbc:mysql://localhost:3306/acesys</
property>
        <property name="dialect">org.hibernate.dialect.MySQLDialect</property>
        <property name="myeclipse.connection.profile">mysql driver</property>
```

```
        <property name="connection.password">root</property>
        <property name="connection.driver_class">com.mysql.jdbc.Driver</
property>
    </session-factory>
</hibernate-configuration>
```

可以看到，这个配置文件主要是管理数据库的整体信息，如 URL、driver class、dialect 等，同时管理数据库中各个表的映射文件(hbm.xml，后面会介绍)。

有了 hibernate.cfg.xml 文件，配置 Hibernate 会如此简单：

```
SessionFactory sf = new Configuration().configure().buildSessionFactory();
```

或者，可以使用一个叫 HibernateSessionFactory 的工具类，它优化改进了 SessionFactory 和 Session 的管理，源代码如下。

```
package com.ascent.anli;
import org.hibernate.HibernateException;
import org.hibernate.Session;
import org.hibernate.cfg.Configuration;
/**
 * Configures and provides access to Hibernate sessions, tied to the
 * current thread of execution.  Follows the Thread Local Session
 * pattern, see {@link http://hibernate.org/42.html }.
 */
public class HibernateSessionFactory {
    /**
     * Location of hibernate.cfg.xml file.
     * Location should be on the classpath as Hibernate uses
     * #resourceAsStream style lookup for its configuration file.
     * The default classpath location of the hibernate config file is
     * in the default package. Use #setConfigFile() to update
     * the location of the configuration file for the current session.
     */
    private static String CONFIG_FILE_LOCATION = "/hibernate.cfg.xml";
    private static final ThreadLocal<Session>threadLocal = new ThreadLocal<Session>();
    private  static Configuration configuration = new Configuration();
    private static org.hibernate.SessionFactory sessionFactory;
    private static String configFile = CONFIG_FILE_LOCATION;
    static {
    try {
            configuration.configure(configFile);
            sessionFactory = configuration.buildSessionFactory();
        } catch (Exception e) {
            System.err
                    .println("%%%%Error Creating SessionFactory %%%%");
            e.printStackTrace();
        }
    }
```

```
private HibernateSessionFactory() {
}
/**
* Returns the ThreadLocal Session instance.  Lazy initialize
* the <code>SessionFactory</code>if needed.
*
*   @return Session
*   @throws HibernateException
*/
public static Session getSession() throws HibernateException {
    Session session = (Session) threadLocal.get();
    if (session == null || !session.isOpen()) {
        if (sessionFactory == null) {
            rebuildSessionFactory();
        }
        session = (sessionFactory != null) ? sessionFactory.openSession(): null;
        threadLocal.set(session);
    }
    return session;
}
/**
*   Rebuild hibernate session factory
*
*/
public static void rebuildSessionFactory() {
    try {
        configuration.configure(configFile);
        sessionFactory = configuration.buildSessionFactory();
    } catch (Exception e) {
        System.err.println("%%%%Error Creating SessionFactory %%%%");
        e.printStackTrace();
    }
}
/**
*   Close the single hibernate session instance.
*
*   @throws HibernateException
*/
public static void closeSession() throws HibernateException {
    Session session = (Session) threadLocal.get();
    threadLocal.set(null);
    if (session != null) {
        session.close();
    }
}
/**
```

```
    *  return session factory
    *
    * /
   public static org.hibernate.SessionFactory getSessionFactory() {
       return sessionFactory;
   }
   /**
    *  return session factory
    *
    *    session factory will be rebuilded in the next call
    * /
   public static void setConfigFile(String configFile) {
       HibernateSessionFactory.configFile = configFile;
       sessionFactory = null;
   }
   /**
    *  return hibernate configuration
    *
    * /
   public static Configuration getConfiguration() {
       return configuration;
   }
}
```

2. 持久化类

持久化类是应用程序用来解决商业问题的类(例如,在项目中的 Usr 和 Orders 等)。持久化类如同名字暗示的,不是短暂存在的,它的实例会被持久性保存于数据库中。

如果这些类符合简单的规则,Hibernate 能够工作得最好,这些规则就是简单传统 Java 对象(Plain Old Java Object,POJO)编程模型。

下面是一个 POJO 简单示例。

大多数 Java 程序都需要一个持久化类的表示方法。

本书以项目中的 Usr 表为例,代码如下。

```
package com.ascent.po;
public class Usr implements java.io.Serializable {
    //Fields
    private Integer id;
    private String username;
    private String password;
    private String fullname;
    private String title;
    private String companyname;
    private String companyaddress;
    private String city;
    private String job;
    private String tel;
```

```
    private String email;
    private String country;
    private String zip;
    private String superuser;
    private String delsoft;
    private String note;
    //Constructors
    /** default constructor * /
    public Usr() {
    }
    /** full constructor * /
    public Usr(String username, String password, String fullname, String title,
            String companyname, String companyaddress, String city, String job,
            String tel, String email, String country, String zip,
            String superuser, String delsoft, String note) {
        this.username = username;
        this.password = password;
        this.fullname = fullname;
        this.title = title;
        this.companyname = companyname;
        this.companyaddress = companyaddress;
        this.city = city;
        this.job = job;
        this.tel = tel;
        this.email = email;
        this.country = country;
        this.zip = zip;
        this.superuser = superuser;
        this.delsoft = delsoft;
        this.note = note;
    }
    //Property accessors
    public Integer getId() {
        return this.id;
    }
    public void setId(Integer id) {
        this.id = id;
    }
    public String getUsername() {
        return this.username;
    }
    public void setUsername(String username) {
        this.username = username;
    }
    public String getPassword() {
        return this.password;
```

```
    }
    public void setPassword(String password) {
        this.password = password;
    }
    public String getFullname() {
        return this.fullname;
    }
    public void setFullname(String fullname) {
        this.fullname = fullname;
    }
    public String getTitle() {
        return this.title;
    }
    public void setTitle(String title) {
        this.title = title;
    }
    public String getCompanyname() {
        return this.companyname;
    }
    public void setCompanyname(String companyname) {
        this.companyname = companyname;
    }
    public String getCompanyaddress() {
        return this.companyaddress;
    }
    public void setCompanyaddress(String companyaddress) {
        this.companyaddress = companyaddress;
    }
    public String getCity() {
        return this.city;
    }
    public void setCity(String city) {
        this.city = city;
    }
    public String getJob() {
        return this.job;
    }
    public void setJob(String job) {
        this.job = job;
    }
    public String getTel() {
        return this.tel;
    }
    public void setTel(String tel) {
        this.tel = tel;
    }
```

```
    public String getEmail() {
        return this.email;
    }
    public void setEmail(String email) {
        this.email = email;
    }
    public String getCountry() {
        return this.country;
    }
    public void setCountry(String country) {
        this.country = country;
    }
    public String getZip() {
        return this.zip;
    }
    public void setZip(String zip) {
        this.zip = zip;
    }
    public String getSuperuser() {
        return this.superuser;
    }
    public void setSuperuser(String superuser) {
        this.superuser = superuser;
    }
    public String getDelsoft() {
        return this.delsoft;
    }
    public void setDelsoft(String delsoft) {
        this.delsoft = delsoft;
    }
    public String getNote() {
        return this.note;
    }
    public void setNote(String note) {
        this.note = note;
    }
}
```

这里主要有 4 条规则：

(1) 为持久化字段声明访问器(accessors)和是否可变的标志(mutators)。

Usr 为它的所有可持久化字段声明了访问方法。很多其他 ORM 工具直接对实例变量进行持久化。相信在持久化机制中不限定这种实现细节要好得多。Hibernate 对 JavaBeans 风格的属性实行持久化，采用如下格式辨认方法：getFoo、isFoo 和 setFoo。

属性不一定需要声明为 public 的。Hibernate 可以对 default、protected 或者 private 的 get/set()方法对的属性一视同仁地执行持久化。

(2) 实现一个默认的构造方法(constructor)。

Usr 有一个显式的无参数默认构造方法。所有的持久化类都必须具有一个默认的构造方法(可以不是 public 的),这样 Hibernate 就可以使用 Constructor.newInstance()实例化它们。

(3) 提供一个标识属性(identifier property)(可选)。

Usr 有一个属性叫作 id。这个属性包含了数据库表中的主键字段。这个属性可以叫任何名字,其类型可以是任何的原始类型、原始类型的包装类型、java.lang.String 或者是 java.util.Date。(如果你的老式数据库表有联合主键,你甚至可以用一个用户自定义的类,其中每个属性都是这些类型之一。)

用于标识的属性是可选的。可以不管它,让 Hibernate 内部追踪对象的识别。当然,对于大多数应用程序来说,这是一个好的设计方案。

更进一步,一些功能只能对声明了标识属性的类起作用:

级联更新(Cascaded updates)

```
Session.saveOrUpdate()
```

建议对所有的持久化类采取同样的名字作为标识属性。更进一步,建议使用一个可以为空(也就是说,不是原始类型)的类型。

(4) 建议使用不是 final 的类(可选)。

Hibernate 的关键功能之一——代理(proxies),要求持久化类不是 final 的,或者是一个全部方法都是 public 的接口的具体实现。

可以对一个 final 的,也没有实现接口的类执行持久化,但是不能对它们使用代理,这多多少少会影响性能优化的选择。

3. hbm.xml

现在讨论一下 hbm.xml 文件,这也是 O/R Mapping 的基础。这个映射文档被设计为易读的,并且可以手工修改。映射语言是以 Java 为中心的,意味着映射是按照持久化类的定义创建的,而非表的定义。

请注意,虽然很多 Hibernate 用户选择手工定义 XML 映射文档,也有一些工具生成映射文档,包括 XDoclet、Middlegen 和 AndroMDA。

让我们从 Usr 映射的 Usr.hbm.xml 例子开始:

```
<?xml version="1.0" encoding="utf-8"?>
<!DOCTYPE hibernate-mapping PUBLIC "-//Hibernate/Hibernate Mapping DTD 3.0//EN"
"http://hibernate.sourceforge.net/hibernate-mapping-3.0.dtd">
<hibernate-mapping>
    <class name="com.ascent.po.Usr" table="usr" catalog="ascentweb">
        <id name="id" type="integer">
            <column name="id" />
            <generator class="native" />
        </id>
        <property name="username" type="string">
            <column name="username" length="32">
             </column>
        </property>
        <property name="password" type="string">
```

```
        <column name="password" length="32">
        </column>
    </property>
    <property name="fullname" type="string">
        <column name="fullname" length="64">
        </column>
    </property>
    <property name="title" type="string">
        <column name="title" length="32">
        </column>
    </property>
    <property name="companyname" type="string">
        <column name="companyname" length="32">
        </column>
    </property>
    <property name="companyaddress" type="string">
        <column name="companyaddress" length="100">
        </column>
    </property>
    <property name="city" type="string">
        <column name="city" length="32">
        </column>
    </property>
    <property name="job" type="string">
        <column name="job" length="32">
        </column>
    </property>
    <property name="tel" type="string">
        <column name="tel" length="32">
        </column>
    </property>
    <property name="email" type="string">
        <column name="email" length="64">
        </column>
    </property>
    <property name="country" type="string">
        <column name="country" length="32">
        </column>
    </property>
    <property name="zip" type="string">
        <column name="zip" length="6">
        </column>
    </property>
    <property name="superuser" type="string">
        <column name="superuser" length="2">
        </column>
```

```
        </property>
        <property name="delsoft" type="string">
            <column name="delsoft" length="2">
            </column>
        </property>
        <property name="note" type="string">
            <column name="note">
             </column>
        </property>
    </class>
</hibernate-mapping>
```

下面开始讨论映射文档的内容。这里只描述 Hibernate 在运行时用到的文档元素和属性。映射文档还包括一些额外的可选属性和元素，它们在使用 schema 导出工具的时候会影响导出的数据库 schema 结果(如 not-null 属性。)

1) doctype

所有的 XML 映射都需要定义如上所示的 doctype。DTD 可以从上述 URL 中获取，或者在 hibernate-x.x.x/src/net/sf/hibernate 目录或 hibernate.jar 文件中找到。Hibernate 总是会在它的 classpath 中首先搜索 DTD 文件。

2) hibernate-mapping

这个元素包括 3 个可选的属性。schema 属性，指明了这个映射所引用的表所在的 schema 名称，若指定了这个属性，表名会加上所指定的 schema 的名字扩展为全限定名；若没有指定这个属性，表名就不会使用全限定名。default-cascade 属性指定了未明确注明 cascade 属性的 Java 属性和集合类 Java 会采取什么样的默认级联风格。auto-import 属性默认让在查询语言中可以使用非全限定名的类名。

```
<hibernate-mapping
    schema="schemaName"                                (1)
    default-cascade="none|save-update"                 (2)
    auto-import="true|false"                           (3)
    package="package.name"                             (4)
/>
```

(1) schema(可选)：数据库 schema 名称。

(2) default-cascade(可选-默认为 none)：默认的级联风格。

(3) auto-import(可选-默认为 true)：指定是否可以在查询语言中使用非全限定的类名(仅限于本映射文件中的类)。

(4) package(可选)：指定一个包前缀，如果在映射文档中没有指定全限定名，就使用这个包名。

若有两个持久化类，它们的非全限定名一样(就是在不同的包里面)，则应该设置 auto－import＝"false"。若一个“import 过”的名字同时对应两个类，Hibernate 就会抛出一个异常。

3) class

可以使用 class 元素定义一个持久化类。

```
<class
```

```
    name="ClassName"                                          (1)
    table="tableName"                                         (2)
    discriminator-value="discriminator_value"                 (3)
    mutable="true|false"                                      (4)
    schema="owner"                                            (5)
    proxy="ProxyInterface"                                    (6)
    dynamic-update="true|false"                               (7)
    dynamic-insert="true|false"                               (8)
    select-before-update="true|false"                         (9)
    polymorphism="implicit|explicit"                          (10)
    where="arbitrary sql where condition"                     (11)
    persister="PersisterClass"                                (12)
    batch-size="N"                                            (13)
    optimistic-lock="none|version|dirty|all"                  (14)
    lazy="true|false"                                         (15)
/>
```

(1) name：持久化类(或者接口)的 Java 全限定名。

(2) table：对应的数据库表名。

(3) discriminator-value(辨别值)(可选-默认和类名一样)：一个用于区分不同的子类的值,在多态行为时使用。

(4) mutable(可变)(可选，默认值为 true)：表明该类的实例可变(不可变)。

(5) schema(可选)：覆盖在根<hibernate-mapping>元素中指定的 schema 名字。

(6) proxy(可选)：指定一个接口,在延迟装载时作为代理使用。可以在这里使用该类自己的名字。

(7) dynamic-update(动态更新)(可选,默认为 false)：指定用于 UPDATE 的 SQL 将会在运行时动态生成,并且只更新改变过的字段。

(8) dynamic-insert(动态插入)(可选,默认为 false)：指定用于 INSERT 的 SQL 将会在运行时动态生成,并且只包含非空值字段。

(9) select-before-update(可选,默认值为 false)：指定 Hibernate 除非确定对象的确被修改了,不会执行 SQL UPDATE 操作。在特定场合(实际上,只会发生在一个临时对象关联到一个新的 session 中,执行 update()的时候),这说明 Hibernate 会在 UPDATE 之前执行一次额外的 SQL SELECT 操作,决定是否应该进行 UPDATE。

(10) polymorphism(多形,多态)(可选,默认值为 implicit(隐式))：界定是隐式还是显式的使用查询多态。

(11) where(可选)：指定一个附加的 SQL WHERE 条件,在抓取这个类的对象时会一直增加这个条件。

(12) persister(可选)：指定一个定制的 ClassPersister。

(13) batch-size(可选,默认是 1)：指定一个用于根据标识符抓取实例时使用的"batch size"(批次抓取数量)。

(14) optimistic-lock(乐观锁定)(可选,默认是 version)：决定乐观锁定的策略。

(15) lazy(延迟)(可选)：假若设置 lazy="true",就是设置这个类自己的名字作为 proxy 接口的一种等价快捷形式。

若指明的持久化类实际上是一个接口，也可以被完美地接受。其后可以用<subclass>指定该接口的实际实现类名。可以持久化任何的 static(静态)内部类。记得使用标准的类名格式。

不可变类，mutable="false"不可以被应用程序更新或者删除。这可以让 Hibernate 做一些性能优化。

可选的 proxy 属性可以允许延迟加载类的持久化实例。Hibernate 开始会返回实现了这个命名接口的 CGLIB 代理。当代理的某个方法被实际调用的时候，真实的持久化对象才会被装载。

Implicit(隐式)的多态是指，如果查询中给出的是任何超类、该类实现的接口或者该类的名字，都会返回这个类的实例；如果查询中给出的是子类的名字，则会返回子类的实例。Explicit(显式)的多态是指，只有在查询中给出的明确是该类的名字时，才会返回这个类的实例；同时，只有当在这个<class>的定义中作为<subclass>或者<joined-subclass>出现的子类，才可能返回。大多数情况下，默认的 polymorphism="implicit"都是合适的。显式的多态在有两个不同的类映射到同一个表的时候很有用。

persister 属性可以让你定制这个类使用的持久化策略。可以指定自己实现的 net.sf.hibernate.persister.EntityPersister 的子类，甚至可以完全从头开始编写一个 net.sf.hibernate.persister.ClassPersister 接口的实现，可能是用存储过程调用、序列化到文件或者 LDAP 数据库实现的。

请注意 dynamic-update 和 dynamic-insert 的设置并不会继承到子类，所以在<subclass>或者<joined-subclass>元素中可能需要再次设置。这些设置是否能够提高效率要视情形而定。

使用 select-before-update 通常会降低性能。防止数据库在不必要的情况下触发 update 触发器，这就很有用了。

如果打开了 dynamic-update，可以选择以下 4 种乐观锁定的策略。

version(版本)：检查 version/timestamp 字段。

all(全部)：检查全部字段。

dirty(脏检查)：只检查修改过的字段。

none(不检查)：不使用乐观锁定。

建议在 Hibernate 中使用 version/timestamp 字段进行乐观锁定。对性能来说，这是最好的选择，并且这也是唯一能够处理在 session 外进行操作的策略(也就是说，当使用 Session.update()的时候，记住 version 或 timestamp 属性永远不能使用 null，不管何种 unsaved-value 策略，否则实例会被认为是尚未被持久化的)。

4) id

被映射的类必须声明对应的数据库表主键字段。大多数类都有一个 JavaBeans 风格的属性，为每个实例包含唯一的标识。<id>元素定义了该属性到数据库表主键字段的映射。

```
<id
    name="propertyName"                          (1)
    type="typename"                              (2)
    column="column_name"                         (3)
    unsaved-value="any|none|null|id_value"       (4)
```

```
    access="field|property|ClassName">                    (5)
    <generator class="generatorClass"/>
</id>
```

（1）name（可选）：标识属性的名字。

（2）type（可选）：标识 Hibernate 类型的名字。

（3）column（可选-默认为属性名）：主键字段的名字。

（4）unsaved-value（可选-默认为 null）：一个特定的标识属性值，用来标志该实例是刚刚创建的，尚未保存。这可以把这种实例和从以前的 session 中装载过（可能又做过修改——译者注）但未再次持久化的实例区分开。

（5）access（可选-默认为 property）：Hibernate 用来访问属性值的策略。

如果 name 属性不存在，则认为这个类没有标识属性。

unsaved-value 属性很重要！如果你的类的标识属性不是默认为 null，则应该指定正确的默认值。

还有一个另外的<composite-id>声明可以访问旧式的多主键数据，不过不鼓励使用这种方式。

```
id generator
```

必须声明的<generator>子元素是一个 Java 类的名字，用来为该持久化类的实例生成唯一的标识。如果这个生成器实例需要某些配置值或者初始化参数，则用<param>元素传递。

```
<id name="id" type="long" column="uid" unsaved-value="0">
        <generator class="net.sf.hibernate.id.TableHiLoGenerator">
                <param name="table">uid_table</param>
                <param name="column">next_hi_value_column</param>
        </generator>
</id>
```

所有的生成器都实现 net.sf.hibernate.id.IdentifierGenerator 接口。这是一个非常简单的接口；某些应用程序可以选择提供它们自己特定的实现。当然，Hibernate 提供了很多内置的实现。下面是一些内置生成器的快捷名字。

• increment（递增）

用于为 long、short 或者 int 类型生成唯一标识。只有在没有其他进程往同一张表中插入数据时才能使用。在集群下不要使用。

• identity

对 DB2、MySQL、MS SQL Server、Sybase 和 HypersonicSQL 的内置标识字段提供支持，返回的标识符是 long、short 或者 int 类型。

• sequence（序列）

在 DB2、PostgreSQL、Oracle、SAP DB、McKoi 中使用序列（sequence），而在 Interbase 中使用生成器（generator），返回的标识符是 long、short 或者 int 类型。

• hilo（高低位）

使用一个高/低位算法（Hi/Lo Algorithm）高效地生成 long、short 或者 int 类型的标识符。给定一个表和字段（默认分别是 hibernate_unique_key 和 next_hi）作为高位值的来源。高/低位算法生成的标识符只在一个特定的数据库中是唯一的。在使用 JTA 获得的连接或者用户自行提供的连接中不要使用这种生成器。

- seqhilo(使用序列的高低位)

使用一个高/低位算法高效地生成 long、short 或者 int 类型的标识符,给定一个数据库序列(sequence)的名字。

- uuid.hex

用一个 128 位的 UUID 算法生成字符串类型的标识符。在一个网络中是唯一的(使用了 IP 地址)。UUID 被编码为一个 32 位十六进制数字的字符串。

- uuid.string

使用同样的 UUID 算法。UUID 被编码为一个 16 个字符长的任意 ASCII 字符组成的字符串,不能使用在 PostgreSQL 数据库中。

- native(本地)

根据底层数据库的能力选择 identity、sequence 或者 hilo 中的一个。

- assigned(程序设置)

让应用程序在 save()之前为对象分配一个标识符。

- foreign(外部引用)

使用另外一个相关联的对象的标识符,和<one-to-one>联合一起使用。

- 高/低位算法

hilo 和 seqhilo 生成器给出了两种高/低位算法的实现,这是一种很令人满意的标识符生成算法。第一种实现需要一个"特殊"的数据库表保存下一个可用的 hi 值。第二种实现使用一个 Oracle 风格的序列。

```
<id name="id" type="long" column="cat_id">
        <generator class="hilo">
                <param name="table">hi_value</param>
                <param name="column">next_value</param>
                <param name="max_lo">100</param>
        </generator>
</id>
<id name="id" type="long" column="cat_id">
        <generator class="seqhilo">
                <param name="sequence">hi_value</param>
                <param name="max_lo">100</param>
        </generator>
</id>
```

很不幸,在为 Hibernate 自行提供 Connection,或者 Hibernate 使用 JTA 获取应用服务器的数据源连接的时候无法使用 hilo。Hibernate 必须能够在一个新的事务中得到一个 hi 值。在 EJB 环境中实现高/低位算法的标准方法是使用一个无状态的 session bean。

- UUID 算法(UUID Algorithm)

UUID 包含:IP 地址、JVM 的启动时间(精确到 1/4 秒)、系统时间和一个计数器值(在 JVM 中唯一)。在 Java 代码中不可能获得 MAC 地址或者内存地址,所以这已经是在不使用 JNI 的前提下能做的最好实现了。

- 标识字段和序列(identity columns and sequences)

对于内部支持标识字段的数据库(DB2、MySQL、Sybase、MS SQL),可以使用 identity 关键字生成。对于内部支持序列的数据库(DB2、Oracle、PostgreSQL、Interbase、McKoi、SAP DB),可以使用 sequence 风格的关键字生成。这两种方式对于插入一个新的对象都需要两次 SQL 查询。

```
<id name="id" type="long" column="uid">
        <generator class="sequence">
                <param name="sequence">uid_sequence</param>
        </generator>
</id>
<id name="id" type="long" column="uid" unsaved-value="0">
        <generator class="identity"/>
</id>
```

对于跨平台开发,native 策略会从 identity、sequence 和 hilo 中进行选择,具体取决于底层数据库的支持能力。

• 程序分配的标识符(assigned identifiers)

如果需要应用程序分配一个标识符(而非 Hibernate 生成它们),可以使用 assigned 生成器。这种特殊的生成器会使用已经分配给对象的标识符属性的标识符值。用这种特性分配商业行为的关键字要特别小心。

因为继承关系,所以使用这种生成器策略的实体不能通过 Session 的 saveOrUpdate()方法保存。作为替代,应该明确告知 Hibernate 是应该被保存,还是更新,分别调用 Session 的 save()或 update()方法。

5) composite-id 联合 ID

```
<composite-id
        name="propertyName"
        class="ClassName"
        unsaved-value="any|none"
        access="field|property|ClassName">
        <key-property name="propertyName" type="typename" column="column_name"/>
        <key-many-to-one name="propertyName class="ClassName" column="column_
name"/>
        …
</composite-id>
```

如果表使用联合主键,可以把类的多个属性组合成为标识符属性。<composite-id>元素接受<key-property>属性映射和<key-many-to-one>属性映射作为子元素。

```
<composite-id>
        <key-property name="medicareNumber"/>
        <key-property name="dependent"/>
</composite-id>
```

持久化类必须重载 equals()和 hashCode()方法,实现组合的标识符也必须实现 Serializable 接口。

不幸的是,这种组合关键字的方法意味着一个持久化类是它自己的标识。除了对象自己之外，没有什么方便的引用可用。必须自己初始化持久化类的实例，在使用组合关键字 load()持久化状态之前，必须填充它的联合属性。

name(可选)：一个组件类型，持有联合标识。

class(可选-默认为通过反射(reflection)得到的属性类型)：作为联合标识的组件类名。

unsaved-value(可选-默认为 none)：假如被设置为非 none 的值，就表示新创建、尚未被持久化的实例将持有的值。

6) 识别器(discriminator)

在"一棵对象继承树对应一个表"的策略中，<discriminator>元素是必需的，它声明了表的识别器字段。识别器字段包含标志值，用于告知持久化层应该为某个特定的行创建哪一个子类的实例。只能使用如下受到限制的一些类型：string、character、integer、byte、short、boolean、yes_no、true_false。

```
<discriminator
        column="discriminator_column"                (1)
        type="discriminator_type"                    (2)
        force="true|false"                           (3)
/>
```

(1) column(可选-默认为 class)：识别器字段的名字。

(2) type(可选-默认为 string)：一个 Hibernate 字段类型的名字。

(3) force(强制)(可选-默认为 false)："强制"Hibernate 指定允许的识别器值。

标识器字段的实际值是根据<class>和<subclass>元素的 discriminator-value 得来的。

force 属性仅是在表包含一些未指定应该映射到哪个持久化类的时候才有用。这种情况不经常遇到。

7) 版本(version)(可选)

<version>元素是可选的，表明表中包含附带版本信息的数据。这在准备使用长事务(long transactions)的时候特别有用。

```
<version
        column="version_column"                      (1)
        name="propertyName"                          (2)
        type="typename"                              (3)
        access="field|property|ClassName"            (4)
        unsaved-value="null|negative|undefined"      (5)
/>
```

(1) column(可选-默认为属性名)：指定持有版本号的字段名。

(2) name：持久化类的属性名。

(3) type(可选-默认是 integer)：版本号的类型。

(4) access(可选-默认是 property)：Hibernate 用于访问属性值的策略。

(5) unsaved-value(可选-默认是 undefined)：用于标明某个实例时刚刚被实例化的(尚未保存)版本属性值，依靠这个值就可以把这种情况和已经在先前的 session 中保存或装载的实例区分开。(undefined 指明使用标识属性值进行这种判断)

版本号必须是以下类型：long、integer、short、timestamp 或者 calendar。

8）时间戳(timestamp)(可选)

可选的<timestamp>元素指明了表中包含时间戳数据，这用来作为版本的替代。时间戳本质上是一种对乐观锁定的不是特别安全的实现。当然，有时候应用程序可能在其他方面使用时间戳。

```
<timestamp
        column="timestamp_column"                    (1)
        name="propertyName"                          (2)
        access="field|property|ClassName"            (3)
        unsaved-value="null|undefined"               (4)
/>
```

(1) column(可选-默认为属性名)：持有时间戳的字段名。

(2) name：在持久化类中的 JavaBeans 风格的属性名，其 Java 类型是 Date 或者 Timestamp 的。

(3) access(可选-默认是 property)：Hibernate 用于访问属性值的策略。

(4) unsaved-value(可选-默认是 null)：用于标明某个实例时刚刚被实例化的(尚未保存)版本属性值，依靠这个值就可以把这种情况和已经在先前的 session 中保存或装载的实例区分开。

注意，<timestamp>和<version type="timestamp">是等价的。

9）property

<property>元素为类声明了一个持久化的、JavaBean 风格的属性。

```
<property
        name="propertyName"                          (1)
        column="column_name"                         (2)
        type="typename"                              (3)
        update="true|false"                          (4)
        insert="true|false"                          (4)
        formula="arbitrary SQL expression"           (5)
        access="field|property|ClassName"            (6)
/>
```

(1) name：属性的名字，以小写字母开头。

(2) column(可选-默认为属性名字)：对应的数据库字段名。也可以通过嵌套的<column>元素指定(**项目中使用的是这种方式**)。

(3) type(可选)：一个 Hibernate 类型的名字。

(4) update，insert(可选-默认为 true)：表明在用于 UPDATE 和/或 INSERT 的 SQL 语句中是否包含这个字段。这二者如果都设置为 false，则表明这是一个"衍生(derived)"的属性，它的值来源于映射到同一个(或多个)字段的某些其他属性，或者通过一个 trigger(触发器)，或者其他程序。

(5) formula(可选)：一个 SQL 表达式，定义了这个计算(computed)属性的值。计算属性没有和它对应的数据库字段。

(6) access(可选-默认值为 property)：Hibernate 用来访问属性值的策略。

typename 可以是如下 5 种之一。

(1) Hibernate 基础类型之一(如 integer、string、character、date、timestamp、float、binary、serializable、object、blob)。

(2) 一个 Java 类的名字,这个类属于一种默认基础类型(如 int、float、char、java.lang.String、java.util.Date、java.lang.Integer、java.sql.Clob)。

(3) 一个 PersistentEnum 的子类的名字。

(4) 一个可以序列化的 Java 类的名字。

(5) 一个自定义类型的类的名字。

如果没有指定类型,Hibernate 会使用反射得到这个名字的属性,以此猜测正确的 Hibernate 类型。Hibernate 会对属性读取器(getter()方法)的返回类进行解释,按照规则 2,3,4 的顺序。然而,这并不够。在某些情况下仍然需要 type 属性。(例如,为了区别 Hibernate.DATE 和 Hibernate.TIMESTAMP,或者为了指定一个自定义类型)

access 属性用来让你控制 Hibernate 如何在运行时访问属性。默认情况下,Hibernate 会使用属性的 get/set()方法对。如果指明 access="field",Hibernate 会忽略 get/set()方法对,直接使用反射访问成员变量。也可以指定自己的策略,这就需要自己实现 net.sf.hibernate.property.PropertyAccessor 接口,再在 access 中设置自定义策略类的名字。

7.2.2 数据存取对象

到目前为止,已经完成了 PO(Persistence Object)持久化层的开发工作。那么,如何使用 PO 呢?这里引入数据存取对象(Data Access Object,DAO)的概念,它是 PO 的客户端,负责所有与数据操作有关的逻辑,如数据的查询、增加、删除及更新。为了演示一个完整的流程,这里开发测试 DAO 类调用 PO。(在真正的项目中,DAO 会有一些区别,它是由 Spring 提供的集成模板 HibernateTemplate 实现的,这在介绍 Spring 的时候将会具体介绍)

```
package com.ascent.anli;
import java.util.ArrayList;
import java.util.List;
import org.hibernate.HibernateException;
import org.hibernate.Session;
import org.hibernate.Transaction;
import com.ascent.po.Usr;
/**
 * hibernate 案例模拟类  用户 dao 操作类
 * @author LEE
 *
 * /
public class UsrDAOHib{
    /**
     * 模拟登录方法
     * @param username
     * @param password
     * @return
     * /
    public Usr checkUsr(String username, String password) {
```

```
        Usr u = null;
        Session session = HibernateSessionFactory.getSession();
        List<Usr>list = session.createQuery("from Usr u where u.username=? and u.
password=?").setString(0, username).setString(1, password).list();
        if(list.size()>0)
            u =list.get(0);
        session.close();
        return u;
    }
    /**
     * 模拟保存用户方法
     * @param usr
     * @return
     */
    public Usr saveUsr(Usr usr) {
        Session session = HibernateSessionFactory.getSession();
        Transaction tr = session.beginTransaction();
        try {
            session.save(usr);
            tr.commit();
            return usr;
        } catch (HibernateException e) {
            e.printStackTrace();
            tr.rollback();
            return null;
        }finally{
            session.close();
        }
    }
    /**
     * 模拟删除用户方法
     * @param uid
     * @return
     */
    public boolean deleteUsr(String uid) {
        //TODO Auto-generated method stub
        return false;
    }
    /**
     * 模拟查询所有用户方法
     * @return
     */
    public List findAll() {
        //TODO Auto-generated method stub
        return null;
    }
    /**
     * 模拟根据用户 id 查询用户方法
```

```
     * @param uid
     * @return
     */
    public Usr findById(String uid) {
        //TODO Auto-generated method stub
        return null;
    }
    /**
     * 模拟根据用户名查询用户方法
     * @param username
     * @return
     */
    public Usr findByUserName(String username) {
        //TODO Auto-generated method stub
        return null;
    }
    /**
     * 模拟分页查询用户方法
     * @param sql
     * @param firstRow
     * @param maxRow
     * @return
     */
    public ArrayList getData(String sql, int firstRow, int maxRow) {
        //TODO Auto-generated method stub
        return null;
    }
    /**
     * 模拟查询用户数量方法
     * @return
     */
    public int getTotalRows() {
        //TODO Auto-generated method stub
        return 0;
    }
    /**
     * 模拟修改用户方法
     * @param usr
     * @return
     */
    public boolean updateUsr(Usr usr) {
        //TODO Auto-generated method stub
        return false;
    }
}
```

这样,我们就建立了对 usr 表数据的增加、删除、修改和查询功能的操作类,其中具体完成了查询登录和添加用户的方法,其他方法的代码待补充。

7.3 Hibernate 的开发步骤

第 3 章介绍了 Eclipse/MyEclipse 与 MySQL 数据库的集成环境配置，这里使用它们进行 Hibernate 的开发。

(1) 创建 Java Project。在 MyEclipse 中选择 File→New→Java Project，如图 7-3 所示。

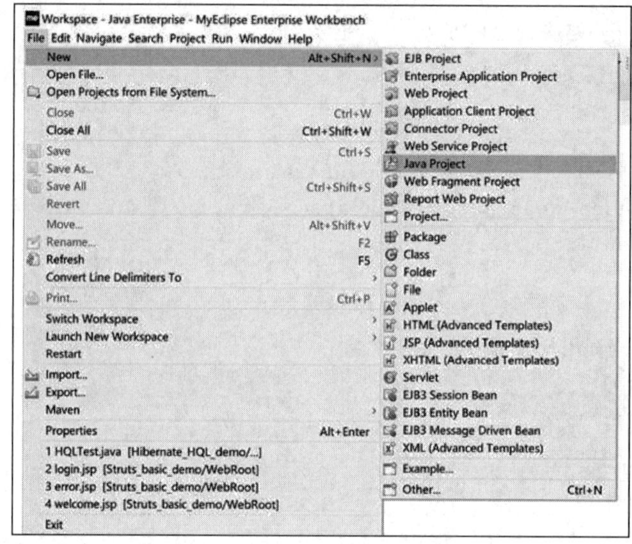

图 7-3　创建工程

命名为 Hibernate_baisc_demo，单击 Next 按钮，之后再单击 Finish 按钮，如图 7-4 所示。

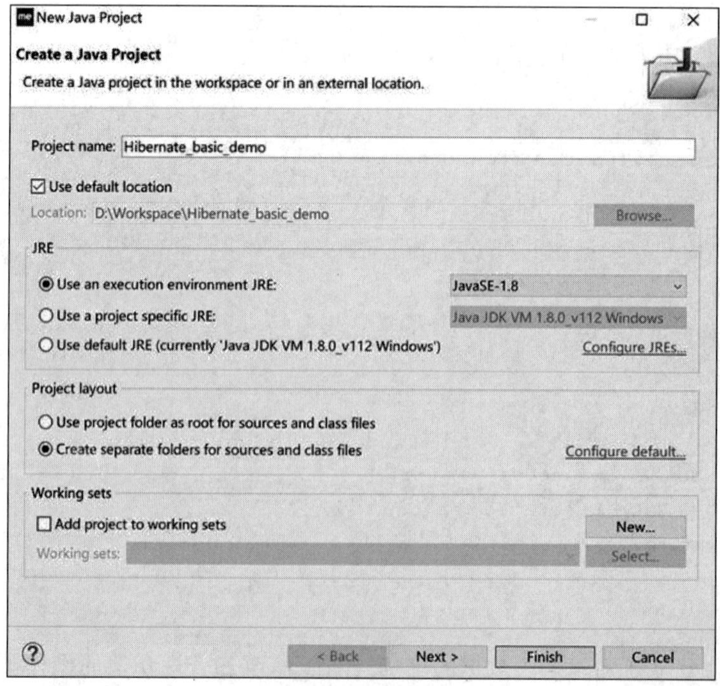

图 7-4　命名工程

(2) 添加 Hibernate Facet。右击项目，从弹出的快捷菜单中选择 Configure Facets…→Install Hibernate Facet，如图 7-5 所示。

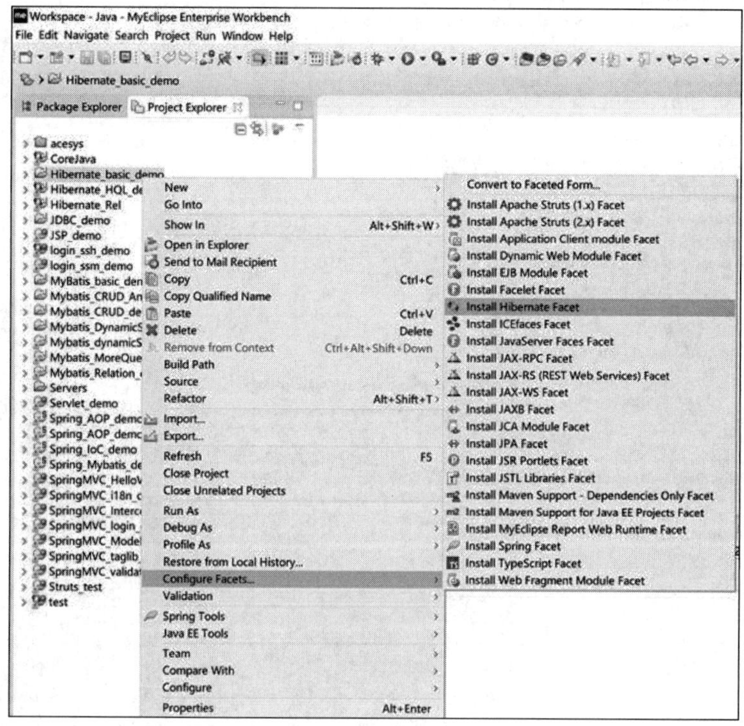

图 7-5 添加 Hibernate Facet

选择 Hibernate specification version 4.1，如图 7-6 所示。

Install Hibernate Facet

Project Configuration

Select the Hibernate version and runtime

New facet configuration

Hibernate specification version: 5.1

2.1
3.0
3.1
3.2
3.3
4.1
5.1

Target runtime

MyEclipse Generic Java Runtime

< Back　Next >　Finish　Cancel

图 7-6 选择 Hibernate 版本

单击 Next 按钮，在 Java package 处单击 New 按钮，之后在 Name 处填写 com.ascent，如图 7-7 所示。

单击 Next 按钮，之后在 DB Driver 下拉菜单中选中 llx，这是之前配置好的一个数据库链接(具体参考第 1 章关于开发工具的那一节)，如图 7-8 所示。

配置好的数据库信息会自动填充到相关变量中，如图 7-9 所示。

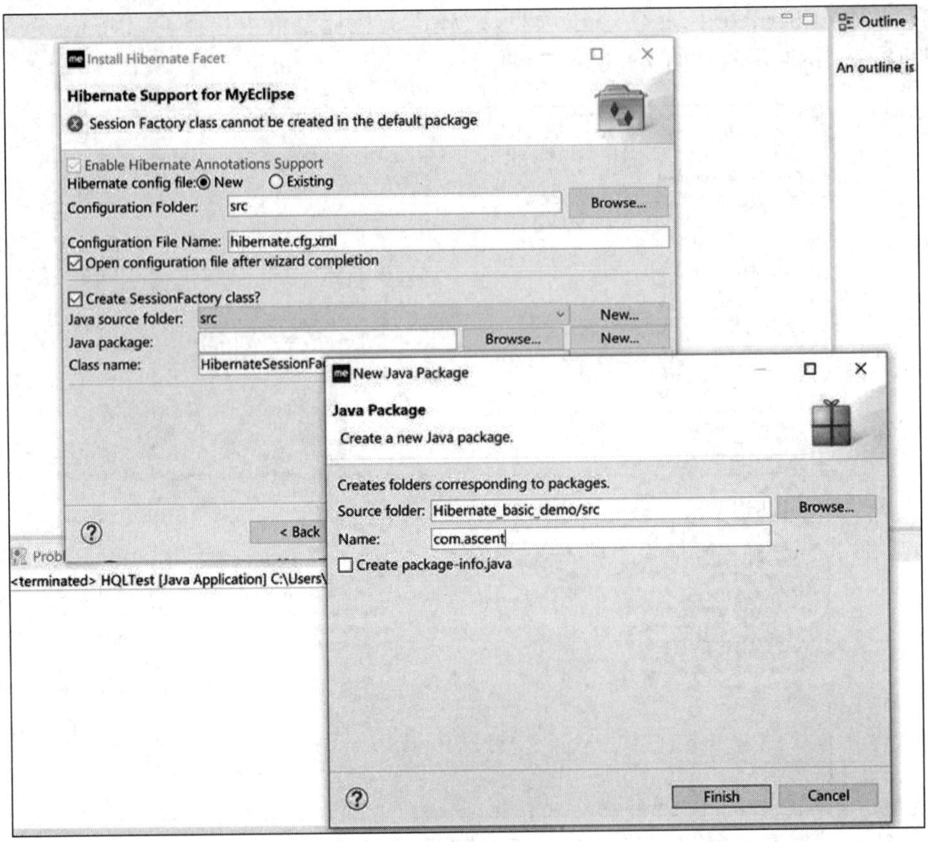

图 7-7　创建 Package

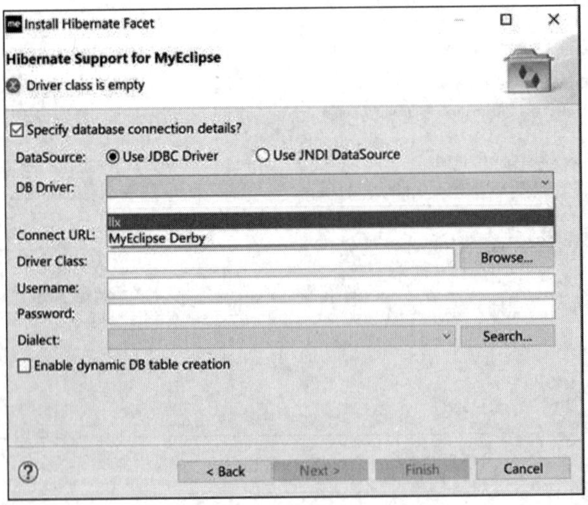

图 7-8　选择数据库链接

单击 Next 按钮，之后再单击 Finish 按钮，这时 MyEclipse 帮我们添加了 Hibernate 相关的 Jar 包，生成了 HibernateSessionFactory 工具类，以及 hibernate.cfg.xml 配置文件，内容如下。

```
<?xml version='1.0' encoding='UTF-8'?>
<!DOCTYPE hibernate-configuration PUBLIC
```

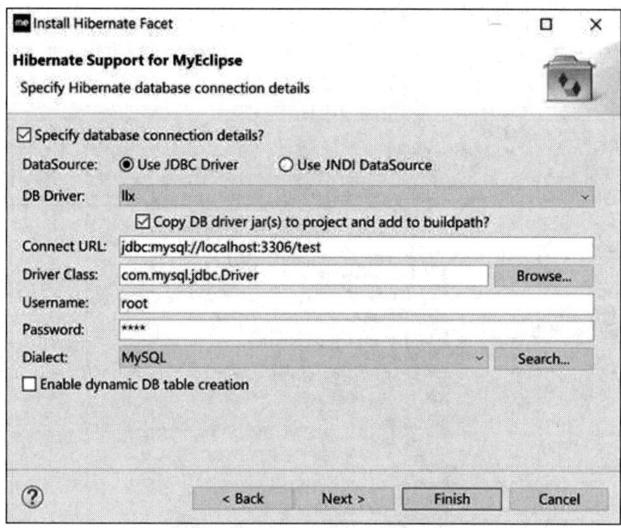

图 7-9 显示数据库链接信息

```
        "-//Hibernate/Hibernate Configuration DTD 3.0//EN"
        "http://www.hibernate.org/dtd/hibernate-configuration-3.0.dtd">
<hibernate-configuration>
    <session-factory>
        <property name="myeclipse.connection.profile">llx</property>
        <property name="dialect">org.hibernate.dialect.MySQLDialect</property>
        <property name="connection.password">root</property>
        <property name="connection.username">root</property>
        <property name="connection.url">jdbc:mysql://localhost:3306/test</property>
        <property name="connection.driver_class">com.mysql.jdbc.Driver</property>
    </session-factory>
</hibernate-configuration>
```

(3) 生成持久化对象(Persistence Object)和 xml 映射文件

通过 show views 找到 DB Browser,之后找到 usr 表,如图 7-10 所示。

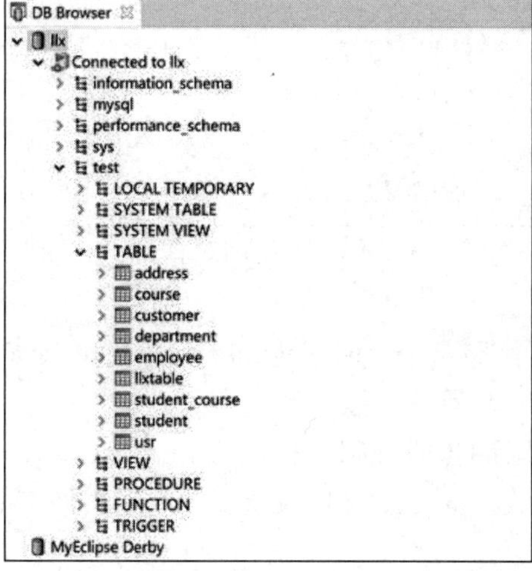

图 7-10 通过 show views 找到 DB Browser

选中表 usr 右击，从弹出的快捷菜单中选择 Hibernate Reverse Engineering，如图 7-11 所示。

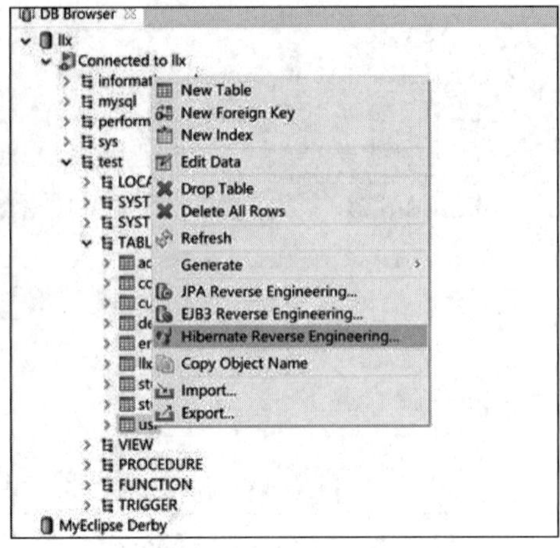

图 7-11　选择 Hibernate Reverse Engineering

单击 Java src folder 右边的 Browse 按钮，选择"/Hibernate_basic_demo/src"，Java package 处选择 com.ascent，如图 7-12 所示。

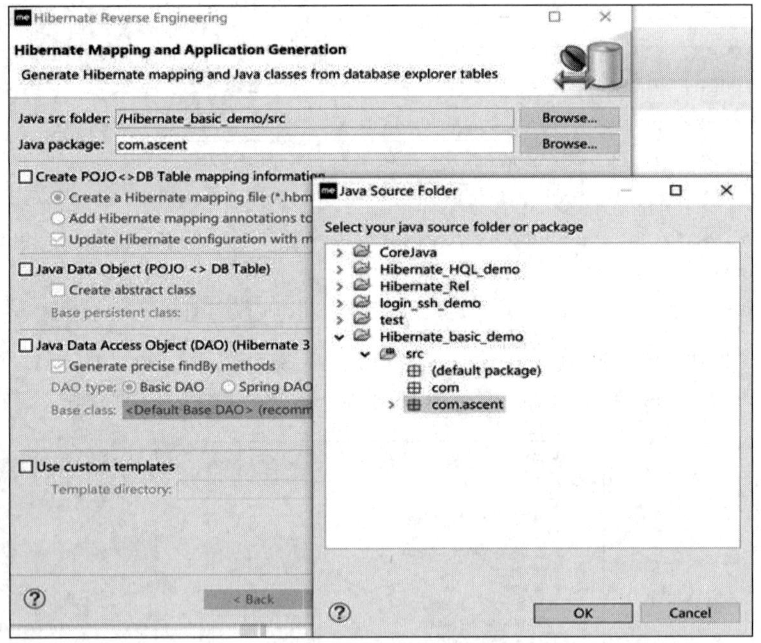

图 7-12　选择 Package

勾选 Create POJO <> DB Table mapping information 和 Java Data Object(POJO <> DB Table)，如图 7-13 所示。

两次单击 Next 按钮，最后单击 Finish 按钮。

MyEclipse 会为我们生成 Usr.java 类以及重要的映射文件 Usr.hbm.xml，如下所示。

```
Usr.java
```

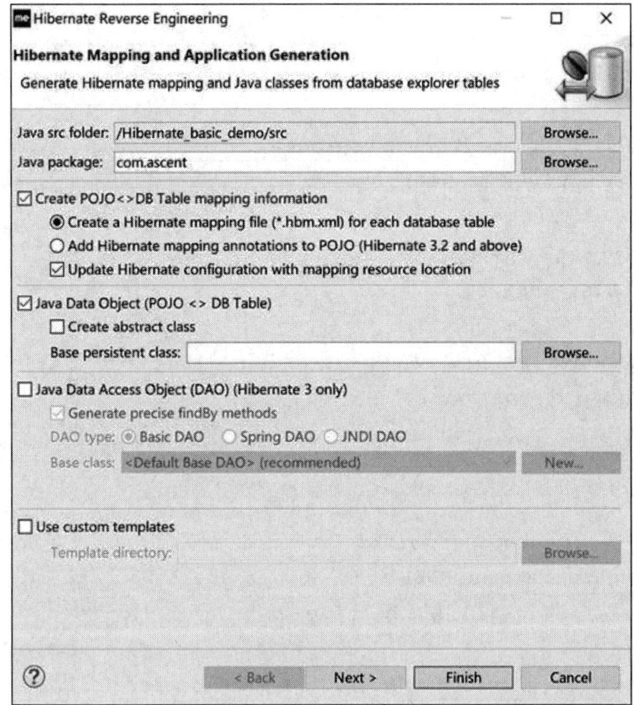

图 7-13　勾选 DB Table mapping information 和 Java Data Object

```
package com.ascent;
/**
 * Usr entity. @author MyEclipse Persistence Tools
 * /
public class Usr implements java.io.Serializable {
    //Fields
    private Integer id;
    private String username;
    private String password;
    //Constructors
    /** default constructor * /
    public Usr() {
    }
    /** full constructor * /
    public Usr(String username, String password) {
        this.username = username;
        this.password = password;
    }
    //Property accessors
    public Integer getId() {
        return this.id;
    }
    public void setId(Integer id) {
        this.id = id;
```

```
    }
    public String getUsername() {
        return this.username;
    }
    public void setUsername(String username) {
        this.username = username;
    }
    public String getPassword() {
        return this.password;
    }
    public void setPassword(String password) {
        this.password = password;
    }
}
```

Usr.hbm.xml

```
<?xml version="1.0" encoding="utf-8"?>
<!DOCTYPE hibernate-mapping PUBLIC "-//Hibernate/Hibernate Mapping DTD 3.0//EN"
"http://www.hibernate.org/dtd/hibernate-mapping-3.0.dtd">
<!--
    Mapping file autogenerated by MyEclipse Persistence Tools
-->
<hibernate-mapping>
    <class name="com.ascent.Usr" table="usr" catalog="test">
        <id name="id" type="java.lang.Integer">
            <column name="id" />
            <generator class="identity" />
        </id>
        <property name="username" type="java.lang.String">
            <column name="username" />
        </property>
        <property name="password" type="java.lang.String">
            <column name="password" />
        </property>
    </class>
</hibernate-mapping>
```

(4) 开发测试类并运行

右击 com.ascent 包,从弹出的快捷菜单中选择 New→Class,如图 7-14 所示。

在 Name 处填写 HibernateTest,单击 Finish 按钮,然后编写 HibernateTest.java 代码如下。

```
package com.ascent;
import java.util.* ;
public class HibernateTest {
    public void findAll() {
        try {
            String queryString = "from Usr";
```

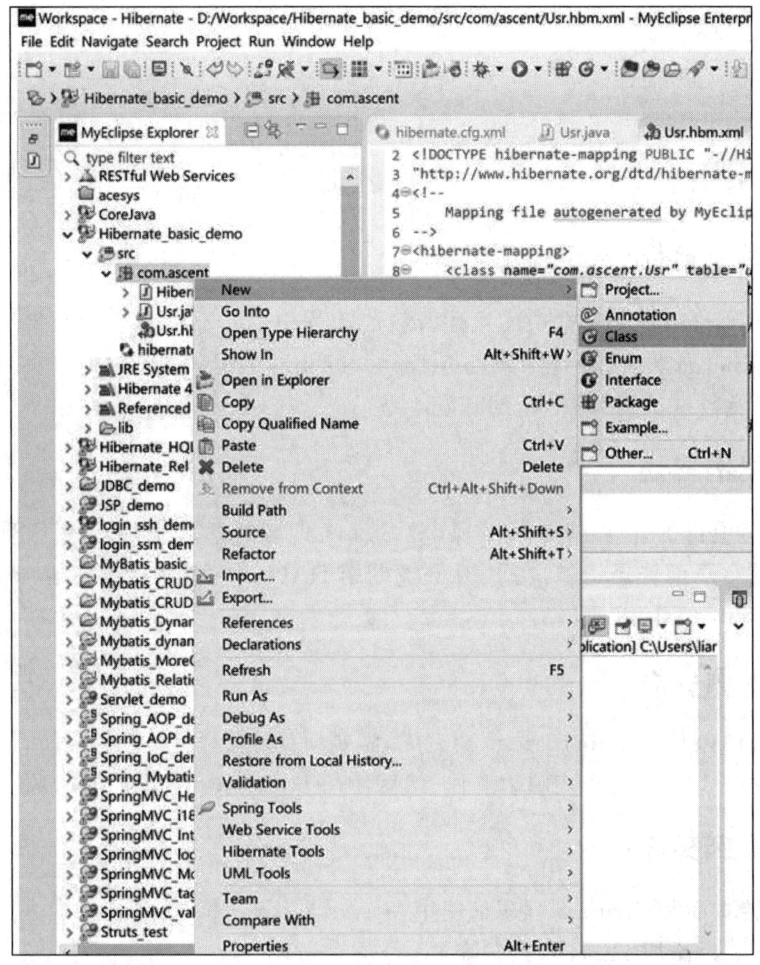

图 7-14 创建 Class

```
            List<Usr>users = HibernateSessionFactory.getSession().createQuery
(queryString).list();
            for(Usr u : users){
                System.out.println(u.getUsername());
            }
        } catch (Exception e) {
            e.printStackTrace();
        }
    }
    public static void main(String[] args) {
        HibernateTest ht = new HibernateTest();
        ht.findAll();
    }
}
```

右击 HibernateTest，从弹出的快捷菜单中选择 Run As→Java Application，运行结果如下。

```
  Lixin
  admin
Linda
```

7.4 项目案例

7.4.1 学习目标

本章主要讲解 Hibernate 框架的概述及核心流程、Hibernate 单表的对象/关系数据库映射，详细讲解 Hibernate 核心配置文件 hibernate.cfg.xml 的配置、持久化类与对应的映射文件的配置开发，以及数据访问类 DAO 的开发。

7.4.2 案例描述

本章案例为项目的登录功能的实现，对 Struts 2 基础章节实现登录案例的改进，使用 Struts 2 接收前台页面登录请求，在 Action 类调用 DAO 实现登录查询功能，此处将 JDBC 模拟实现替换为 Hibernate 实现。

7.4.3 案例要点

将登录的 DAO 使用 Hibernate 框架完成，需要项目增加 Hibernate 支持，添加 Hibernate 配置文件以及用户表 usr 的单表映射工作，然后使用 Hibernate 实现数据库访问功能。

7.4.4 案例实施

登录及跳转页面和 Struts 2 程序都使用“Struts 2 基础”章节的代码。

1. 对 Web 项目添加 Hibernate 支持。

2. 映射 usr 表，产生持久化类 Usr.java 及 Usr.hbm.xml 映射文件。

上面两步请参考前面章节中的“Hibernate 的开发步骤”。

3. 开发 UsrDAO 的 Hibernate 实现方式类 UsrDAOHib.java，代码如下。

```
package com.ascent.anli;
import java.util.ArrayList;
import java.util.List;
import org.hibernate.HibernateException;
import org.hibernate.Session;
import org.hibernate.Transaction;
import com.ascent.po.Usr;
/**
 * hibernate 案例模拟类  用户 dao 操作类
 * @author LEE
 *
 * /
public class UsrDAOHib{
    /**
     * 模拟登录方法
```

```
     * @param username
     * @param password
     * @return
     */
    public Usr checkUsr(String username, String password) {
        Usr u = null;
        Session session = HibernateSessionFactory.getSession();
        List<Usr> list = session.createQuery("from Usr u where u.username=? and u.
password=? ").setString(0, username).setString(1, password).list();
        if(list.size()>0)
            u =list.get(0);
        session.close();
        return u;
    }
    /**
     * 模拟保存用户方法
     * @param usr
     * @return
     */
    public Usr saveUsr(Usr usr) {
        Session session = HibernateSessionFactory.getSession();
        Transaction tr = session.beginTransaction();
        try {
            session.save(usr);
            tr.commit();
            return usr;
        } catch (HibernateException e) {
            e.printStackTrace();
            tr.rollback();
            return null;
        }finally{
            session.close();
        }
    }
    /**
     * 模拟删除用户方法
     * @param uid
     * @return
     */
    public boolean deleteUsr(String uid) {
        //TODO Auto-generated method stub
        return false;
    }
    /**
     * 模拟查询所有用户方法
     * @return
```

```
 */
public List findAll() {
    //TODO Auto-generated method stub
    return null;
}
/**
 * 模拟根据用户 id 查询用户方法
 * @param uid
 * @return
 */
public Usr findById(String uid) {
    //TODO Auto-generated method stub
    return null;
}
/**
 * 模拟根据用户名查询用户方法
 * @param username
 * @return
 */
public Usr findByUserName(String username) {
    //TODO Auto-generated method stub
    return null;
}
/**
 * 模拟分页查询用户方法
 * @param sql
 * @param firstRow
 * @param maxRow
 * @return
 */
public ArrayList getData(String sql, int firstRow, int maxRow) {
    //TODO Auto-generated method stub
    return null;
}
/**
 * 模拟查询用户数量方法
 * @return
 */
public int getTotalRows() {
    //TODO Auto-generated method stub
    return 0;
}
/**
 * 模拟修改用户方法
 * @param usr
 * @return
```

```
     */
    public boolean updateUsr(Usr usr) {
        //TODO Auto-generated method stub
        return false;
    }
}
```

4. 修改 UsrLoginAction.java，将调用 JDBC 实现的 UsrDAO 改为调用 UsrDAOHib.java，代码如下。

```
package com.ascent.action;
import java.util.ArrayList;
import java.util.List;
import com.ascent.anli.UsrDAO;
import com.ascent.anli.UsrDAOHib;
import com.ascent.po.Usr;
import com.ascent.util.PageBean;
import com.opensymphony.xwork2.ActionContext;
@SuppressWarnings("serial")
public class UsrLoginAction extends ActionSupport{
    private String username;
    private String password;
    private String tip;
    public String getPassword() {
        return password;
    }
    public void setPassword(String password) {
        this.password = password;
    }
    public String getTip() {
        return tip;
    }
    public void setTip(String tip) {
        this.tip = tip;
    }
    public String getUsername() {
        return username;
    }
    public void setUsername(String username) {
        this.username = username;
    }
    @SuppressWarnings("unchecked")
    public String execute() throws Exception{
        /**
         * 下面是案例模拟代码
         */
        //UsrDAO 使用 JDBC 实现
```

```
            //UsrDAO dao = new UsrDAO();
            //使用 hibernate 版本的 UsrDAOHib 代替 UsrDAO
            UsrDAOHib dao = new UsrDAOHib();
            Usr u = dao.checkUsr(username, password);
            if(u==null){//登录失败
                return "anli_error";
            }else{//登录成功
                //用户登录成功  这里开始判断权限  将用户保存到 session
                ActionContext.getContext().getSession().put("usr", u);
                String superuser = u.getSuperuser();
                if(superuser.equals("1")){//普通注册用户
                    return "anli_success_1";
                    //return "success_1";
                }else if(superuser.equals("2")){//分配了能看到某些药品价格的用户
                    return "anli_success_2";
                    //return "success_2";
                }else {//admin
                    return "anli_success_3";
                    //return "success_3";
                }
            }
        }
    }
```

7.4.5 特别提示

实际项目中使用 Struts、Spring、Hibernate 3 个框架实现，此处数据库访问 UsrDAOHib 使用 Hibernate 单独模拟实现，重点学习 Hibernate 开发配置、单表对象关系映射，以及增、删、改、查操作。

7.4.6 拓展与提高

1. 模拟完成注册用户功能
2. 模拟完成管理员用户查询管理功能
3. 模拟完成商品 product 表的映射配置及增、删、改、查操作

7.5 本章总结

- Hibernate 框架的概述
- Hibernate 框架加载的核心流程
- Hibernate 单表的对象关系数据库映射
- Hibernate 持久化类的开发
- Hibernate 持久化类映射文件的配置
- Hibernate 数据访问类 DAO 的开发
- 登录案例的 Hibernate 框架的实现

7.6 习题

1. 简述 Hibernate 框架的体系结构。
2. 简述 Hibernate 框架的加载流程。
3. 什么是 ORM?
4. Hibernate 配置文件 hibernate.cfg.xml 的核心属性有哪些? 如何配置?
5. Hibernate 的持久化类开发要求是什么?
6. 针对用户 usr 表,写出该表 orm 映射的持久化类 Usr.java 和映射文件 Usr.hbm.xml。
7. 写出常用的几种 Hibernate 提供的主键生成方式。
8. Hibernate 框架如何实现数据库的增、删、改、查操作?

第8章 Hibernate实体关系映射

学习目的与学习要求

学习目的：了解 Hibernate 对关系表的映射，掌握多对一/一对多、一对一、多对多关系的映射。

学习要求：重点掌握多对一/一对多和多对多的映射关系，包括表的设计及 Hibernate 对关系表的映射过程和配置。

本章主要内容

本章重点介绍 Hibernate 框架的关系映射，其中包括多对一/一对多、一对一和多对多 3 种关系映射，每种关系都配有案例，掌握每个关系表对应的持久化类和映射文件的设计和开发。

前面介绍的是单表映射的实例，现实中可能遇到更多的情况是联表操作。表和表之间通过主键/外键建立联系。如何处理联表关系？首先，在 hbm.xml 配置文件中增加对关系的描述(包括多对一/一对多、一对一，以及多对多 3 种关系)；其次，在 PO 持久化 JavaBean 中增加针对关系的 getter/setter()方法。

8.1 多对一/一对多关系

以 Department(部门)/User(用户)为例，首先介绍多对一/一对多关系的处理。

1. 数据库建表语句

```
CREATE TABLE `department` (
  `id` int(10) unsigned NOT NULL auto_increment,
  `name` varchar(100) default NULL,
  `description` varchar(200) default NULL,
  `status` varchar(45) default NULL,
  `goal` varchar(45) default NULL,
```

```
  PRIMARY KEY  (`id`)
) ENGINE=InnoDB DEFAULT CHARSET=gb2312;
CREATE TABLE `usr` (
  `id` int(10) unsigned NOT NULL auto_increment,
  `name` varchar(45) default NULL,
  `password` varchar(45) default NULL,
  `address` varchar(45) default NULL,
  `phone` int(10) unsigned default NULL,
  `title` varchar(45) default NULL,
  `power` varchar(45) default NULL,
  `auth` varchar(45) default NULL,
  `deptid` int(10) unsigned default NULL,
  `homephone` int(10) unsigned default NULL,
  `superauth` varchar(45) default NULL,
  `groupid` int(10) unsigned default NULL,
  `birthdate` varchar(45) default NULL,
  `gender` varchar(45) default NULL,
  `email` varchar(45) default NULL,
  `nickname` varchar(45) default NULL,
  PRIMARY KEY  (`id`)
) ENGINE=InnoDB DEFAULT CHARSET=gb2312;
alter table `usr` add foreign key `FK_usr`(`deptid`) references `department` (`id`)
```

2. hbm.xml 文件

Department.hbm.xml 文件

```
<hibernate-mapping package="com.ascent.po">
    <class name="Department" table="department">
        <id name="id" column="id" type="integer">
            <generator class="native" />
        </id>
    <property name="name" type="string">
            <column name="name" length="100" />
        </property>
        <property name="description" type="string">
            <column name="description" length="200" />
        </property>
        <property name="status" type="string">
            <column name="status" length="45" />
        </property>
        <property name="goal" type="string">
            <column name="goal" length="45" />
        </property>
<set name="users" table="usr" lazy="false" inverse="false"
        cascade="all" sort="unsorted">
            <key column="deptid" />
            <one-to-many class="com.ascent.po.Usr" />
```

```
        </set>
</class>
</hibernate-mapping>
```

Usr.hbm.xml 文件

```
<hibernate-mapping package="com.ascent.po">
    <class name="Usr" table="usr">
        <id name="id" column="id" type="integer">
            <generator class="native" />
        </id>
        <property name="name" type="string">
            <column name="name" length="45" />
        </property>
        <property name="password" type="string">
            <column name="password" length="45" />
        </property>
        <property name="address" type="string">
            <column name="address" length="45" />
        </property>
        <property name="phone" type="integer">
            <column name="phone" />
        </property>
        <property name="title" type="string">
            <column name="title" length="45" />
        </property>
        <property name="power" type="string">
            <column name="power" length="45" />
        </property>
        <property name="auth" type="string">
            <column name="auth" length="45" />
        </property>
        <property name="deptid" type="integer">
            <column name="deptid" />
        </property>
        <property name="homephone" type="integer">
            <column name="homephone" />
        </property>
        <property name="superauth" type="string">
            <column name="superauth" length="45" />
        </property>
        <property name="groupid" type="integer">
            <column name="groupid" />
        </property>
        <property name="birthdate" type="string">
            <column name="birthdate" length="45" />
        </property>
        <property name="gender" type="string">
```

```
            <column name="gender" length="45" />
        </property>
        <property name="email" type="string">
            <column name="email" length="45" />
        </property>
        <property name="nickname" type="string">
            <column name="nickname" length="45" />
        </property>
<many-to-one name="department"class="com.ascent.po.Department" cascade="all"
outer-join="false"
        update="false" insert="false" column="id" not-null="true" />
    </class>
</hibernate-mapping>
```

配置文件解释如下。

1）映射集合(Mapping Collection)

在 Hibernate 配置文件中使用<set>、<list>、<map>、<bag>、<array>和<primitive-array>等元素定义集合，而<map>是最典型的一个。

```
<map
    name="propertyName"                                                ①
    table="table_name"                                                 ②
    schema="schema_name"                                               ③
    lazy="true|false"                                                  ④
    inverse="true|false"                                               ⑤
    cascade="all|none|save-update|delete|all-delete-orphan"            ⑥
    sort="unsorted|natural|comparatorClass"                            ⑦
    order-by="column_name asc|desc"                                    ⑧
    where="arbitrary sql where condition"                              ⑨
    outer-join="true|false|auto"                                       ⑩
    batch-size="N"                                                     ⑪
    access="field|property|ClassName"                                  ⑫
>
    <key ... />
    <index ... />
    <element ... />
</map>
```

① name：集合属性的名称。

② table(可选，默认为属性的名称)：这个集合表的名称不能在一对多的关联关系中使用。

③ schema(可选)：表的 schema 的名称，它将覆盖在根元素中定义的 schema。

④ lazy(可选，默认为 false)：允许延迟加载(lazy initialization)。

⑤ inverse(可选，默认为 false)：标记这个集合作为双向关联关系中的一端。

⑥ cascade(可选，默认为 none)：让操作级联到子实体。

⑦ sort(可选)：指定集合的排序顺序，其可以为自然的(natural)，或者给定一个用来比较

的类。

⑧ order-by(可选,仅用于 JDK 1.4): 指定表的字段(一个或几个),再加上 asc 或者 desc(可选),定义 Map、Set 和 Bag 的迭代顺序。

⑨ where(可选): 指定任意的 SQL WHERE 条件,该条件将在重新载入或者删除这个集合时使用(当集合中的数据仅是所有可用数据的一个子集时,这个条件非常有用)。

⑩ outer-join(可选): 指定这个集合,只要可能,应该通过外连接(outer join)取得。在每一个 SQL 语句中只能有一个集合可以通过外连接抓取。

⑪ batch-size(可选,默认为 1): 指定通过延迟加载取得集合实例的批处理块大小(batch size)。

⑫ access(可选,默认为属性 property): Hibernate 取得属性值时使用的策略。

2) 多对一(many-to-one)

通过 many-to-one 元素可以定义一种常见的与另一个持久化类的关联。这种关系模型是多对一关联(实际上是一个对象引用)。

```
<many-to-one
        name="propertyName"                                  ①
        column="column_name"                                 ②
        class="ClassName"                                    ③
        cascade="all|none|save-update|delete"                ④
        outer-join="true|false|auto"                         ⑤
        update="true|false"                                  ⑥
        insert="true|false"                                  ⑥
        property-ref="propertyNameFromAssociatedClass"       ⑦
        access="field|property|ClassName"                    ⑧
/>
```

① name: 属性名。

② column(可选): 字段名。

③ class(可选,默认通过反射得到属性类型): 关联的类的名字。

④ cascade(级联)(可选): 指明哪些操作会从父对象级联到关联的对象。

⑤ outer-join(外连接)(可选,默认为自动): 当设置 hibernate.use_outer_join 时,对这个关联允许外连接抓取。

⑥ update、insert(可选,默认为 true): 指定对应的字段是否在用于 UPDATE 和/或 INSERT 的 SQL 语句中包含。如果两者都是 false,则这是一个纯粹的"衍生"(derived)关联,它的值是通过映射到同一个(或多个)字段的某些其他属性得到的,或者通过 trigger(触发器),或者通过其他程序。

⑦ property-ref(可选): 指定关联类的一个属性,这个属性将会和本外键相对应。如果没有指定,则会使用对方关联类的主键。

⑧ access(可选,默认是 property): Hibernate 用来访问属性的策略。

cascade 属性允许下列值: all、save-update、delete、none。设置除 none 外的其他值会传播特定的操作到关联的(子)对象中。

outer-join 参数有下列 3 个不同的值。

① auto(默认): 如果被关联的对象没有代理(proxy),则使用外连接抓取关联(对象)。

② true：一直使用外连接抓取关联。

③ false：永远不使用外连接抓取关联。

3）一对多<one-to-many>

<one-to-many>标记指明了一个一对多的关联。

```
<one-to-many class="ClassName"/>
```

class(必需)：被关联类的名称。

3. PO 类

```
Department.java 类:
package com.ascent.po;
import java.util.HashSet;
import java.util.Set;
/**
* Department entity. @author MyEclipse Persistence Tools
* /
public class Department implements java.io.Serializable {
    //Fields
    private Integer id;
    private String name;
    private String description;
    private String status;
    private String goal;
    private Set usrs = new HashSet(0);
    //Constructors
    /** default constructor * /
    public Department() {
    }
    /** full constructor * /
    public Department(String name, String description, String status,
            String goal, Set usrs) {
        this.name = name;
        this.description = description;
        this.status = status;
        this.goal = goal;
        this.usrs = usrs;
    }
    //Property accessors
    public Integer getId() {
        return this.id;
    }
    public void setId(Integer id) {
        this.id = id;
    }
    public String getName() {
        return this.name;
```

```
    }
    public void setName(String name) {
        this.name = name;
    }
    public String getDescription() {
        return this.description;
    }
    public void setDescription(String description) {
        this.description = description;
    }
    public String getStatus() {
        return this.status;
    }
    public void setStatus(String status) {
        this.status = status;
    }
    public String getGoal() {
        return this.goal;
    }
    public void setGoal(String goal) {
        this.goal = goal;
    }
    public Set getUsrs() {
        return this.usrs;
    }
    public void setUsrs(Set usrs) {
        this.usrs = usrs;
    }
}
```

Usr.java 类:

```
package com.ascent.po;
/**
 * Usr entity. @author MyEclipse Persistence Tools
 * /
public class Usr implements java.io.Serializable {
    //Fields
    private Integer id;
    private Department department;
    private String name;
    private String password;
    private String address;
    private Integer phone;
    private String title;
    private String power;
    private String auth;
    private Integer homephone;
```

```
private String superauth;
private Integer groupid;
private String birthdate;
private String gender;
private String email;
private String nickname;
//Constructors
/** default constructor * /
public Usr() {
}
/** full constructor * /
public Usr(Department department, String name, String password,
        String address, Integer phone, String title, String power,
        String auth, Integer homephone, String superauth, Integer groupid,
        String birthdate, String gender, String email, String nickname) {
    this.department = department;
    this.name = name;
    this.password = password;
    this.address = address;
    this.phone = phone;
    this.title = title;
    this.power = power;
    this.auth = auth;
    this.homephone = homephone;
    this.superauth = superauth;
    this.groupid = groupid;
    this.birthdate = birthdate;
    this.gender = gender;
    this.email = email;
    this.nickname = nickname;
}
//Property accessors
public Integer getId() {
    return this.id;
}
public void setId(Integer id) {
    this.id = id;
}
public Department getDepartment() {
    return this.department;
}
public void setDepartment(Department department) {
    this.department = department;
}
public String getName() {
    return this.name;
```

```
    }
    public void setName(String name) {
        this.name = name;
    }
    public String getPassword() {
        return this.password;
    }
    public void setPassword(String password) {
        this.password = password;
    }
    public String getAddress() {
        return this.address;
    }
    public void setAddress(String address) {
        this.address = address;
    }
    public Integer getPhone() {
        return this.phone;
    }
    public void setPhone(Integer phone) {
        this.phone = phone;
    }
    public String getTitle() {
        return this.title;
    }
    public void setTitle(String title) {
        this.title = title;
    }
    public String getPower() {
        return this.power;
    }
    public void setPower(String power) {
        this.power = power;
    }
    public String getAuth() {
        return this.auth;
    }
    public void setAuth(String auth) {
        this.auth = auth;
    }
    public Integer getHomephone() {
        return this.homephone;
    }
    public void setHomephone(Integer homephone) {
        this.homephone = homephone;
    }
```

```
    public String getSuperauth() {
        return this.superauth;
    }
    public void setSuperauth(String superauth) {
        this.superauth = superauth;
    }
    public Integer getGroupid() {
        return this.groupid;
    }
    public void setGroupid(Integer groupid) {
        this.groupid = groupid;
    }
    public String getBirthdate() {
        return this.birthdate;
    }
    public void setBirthdate(String birthdate) {
        this.birthdate = birthdate;
    }
    public String getGender() {
        return this.gender;
    }
    public void setGender(String gender) {
        this.gender = gender;
    }
    public String getEmail() {
        return this.email;
    }
    public void setEmail(String email) {
        this.email = email;
    }
    public String getNickname() {
        return this.nickname;
    }
    public void setNickname(String nickname) {
        this.nickname = nickname;
    }
}
```

4. DAO 类

在 DAO 类中,可以通过 getter()/setter()方法使用关系,完成联表操作。

```
package com.ascent.dao;
import java.util.ArrayList;
import java.util.HashSet;
import java.util.List;
import org.hibernate.Session;
import org.hibernate.Transaction;
```

```
import com.ascent.po.Department;
import com.ascent.po.Usr;
import com.ascent.util.HibernateSessionFactory;
public class UserAndDeptDAOImpl {
    public void saveObject(Department deptObj, List userObj) throws Exception {
        Session session = HibernateSessionFactory.getSession();
        Transaction tx = null;
        try {
            tx = session.beginTransaction();
            for (int i = 0; i < userObj.size(); i++) {
                Usr user = (Usr) userObj.get(i);
                user.setDepartment(deptObj);
                deptObj.getUsrs().add(user);
            }
            session.save(deptObj);
            tx.commit();
        } catch (Exception e) {
            if (tx != null) {
                //Something went wrong; discard all partial changes
                tx.rollback();
            }
            e.printStackTrace();
        } finally {
            //No matter what, close the session
            session.close();
        }
}
    public static void main(String args[]) throws Exception {
        Department pt = new Department();
        List list = new ArrayList();
        pt.setName("测试部");
        pt.setDescription("市场调查人员");
        pt.setStatus("1");
        pt.setUsrs(new HashSet());
        Usr user1 = new Usr();
        user1.setName("admin");
        user1.setPassword("123");
        user1.setAddress("北京");
        user1.setNickname("管理员");
        list.add(user1);
        Usr user2 = new Usr();
        user2.setName("user_1");
        user2.setPassword("123");
        user2.setAddress("秦皇岛");
        user2.setNickname("李明");
        list.add(user2);
```

```
        new UserAndDeptDAOImpl().saveObject(pt, list);
    }
}
```

8.2 一对一关系

接下来以 Address(地址)和 Customer(客户)为例,介绍一对一关系的处理。

1. 数据库建表语句

```
create table `customer` (
`id` int   NOT NULL AUTO_INCREMENT ,
`name` varchar (25)   NOT NULL   ,
PRIMARY KEY ( `id` )
);
create table `address` (
`id` int   NOT NULL ,
`street` varchar (128)   NULL ,
`city` varchar (128)   NULL ,
`province` varchar (128)   NULL ,
`zipcode` varchar (6)   NULL   ,
PRIMARY KEY ( `id` )
);
alter table `address` add foreign key `FK_address`(`id`) references `customer` (`id`);
```

2. hbm.xml 文件

```
Customer.hbm.xml 文件
<?xml version="1.0" encoding="utf-8"?>
<!DOCTYPE hibernate-mapping PUBLIC "-//Hibernate/Hibernate Mapping DTD 3.0//EN"
"http://hibernate.sourceforge.net/hibernate-mapping-3.0.dtd">
<!--
    Mapping file autogenerated by MyEclipse Persistence Tools
-->
<hibernate-mapping>
    <class name="com.ascent.po.Customer" table="customer" catalog="hibernate_anli">
        <id name="id" type="integer">
            <column name="id" />
            <generator class="native" />
        </id>
        <property name="name" type="string">
            <column name="name" length="25" not-null="true" />
        </property>
        <one-to-one name="address" class="com.ascent.po.Address"  cascade="all">
        </one-to-one>
    </class>
</hibernate-mapping>
```

Address.hbm.xml 文件

```
<?xml version="1.0" encoding="utf-8"?>
<!DOCTYPE hibernate-mapping PUBLIC "-//Hibernate/Hibernate Mapping DTD 3.0//EN"
"http://hibernate.sourceforge.net/hibernate-mapping-3.0.dtd">
<!--
    Mapping file autogenerated by MyEclipse Persistence Tools
-->
<hibernate-mapping>
    <class name="com.ascent.po.Address" table="address" catalog="hibernate_anli">
        <id name="id" type="integer">
            <column name="id" />
            <generator class="foreign" >
                <param name="property">customer</param>
            </generator>
        </id>
        <one-to-one name="customer" class="com.ascent.po.Customer"   constrained
="true">
        </one-to-one>
        <property name="street" type="string">
            <column name="street" length="128" />
        </property>
        <property name="city" type="string">
            <column name="city" length="128" />
        </property>
        <property name="province" type="string">
            <column name="province" length="128" />
        </property>
        <property name="zipcode" type="string">
            <column name="zipcode" length="6" />
        </property>
    </class>
</hibernate-mapping>
```

持久化对象之间一对一的关联关系是通过 one-to-one 元素定义的。

```
<one-to-one
        name="propertyName"                                   ①
        class="ClassName"                                     ②
        cascade="all|none|save-update|delete"                 ③
        constrained="true|false"                              ④
        outer-join="true|false|auto"                          ⑤
        property-ref="propertyNameFromAssociatedClass"        ⑥
        access="field|property|ClassName"                     ⑦
/>
```

(1) name：属性的名字。

(2) class(可选，默认是通过反射得到的属性类型)：被关联的类的名字。

(3) cascade(级联)(可选)：表明操作是否从父对象级联到被关联的对象。

(4) constrained(约束)(可选)：表明该类对应的表对应的数据库表，和被关联的对象对应的数据库表之间通过一个外键引用对主键进行约束。这个选项影响 save()和 delete()在级联执行时的先后顺序(也在 schema export tool 中被使用)。

(5) outer-join(外连接)(可选，默认为自动)：当设置 hibernate.use_outer_join 的时候，对这个关联允许外连接抓取。

(6) property-ref(可选)：指定关联类的一个属性，这个属性将会和本外键相对应。如果没有指定，会使用对方关联类的主键。

(7) access(可选，默认是 property)：Hibernate 用来访问属性的策略。

3. PO 类

```
Customer.java:
package com.ascent.po;
/**
 * Customer entity. @author MyEclipse Persistence Tools
 */
public class Customer implements java.io.Serializable {
    //Fields
    private Integer id;
    private String name;
    private Address address;
    //Constructors
    /** default constructor */
    public Customer() {
    }
    /** minimal constructor */
    public Customer(String name) {
        this.name = name;
    }
    /** full constructor */
    public Customer(String name, Address address) {
        this.name = name;
        this.address = address;
    }
    //Property accessors
    public Integer getId() {
        return this.id;
    }
    public void setId(Integer id) {
        this.id = id;
    }
    public String getName() {
        return this.name;
    }
    public void setName(String name) {
```

```
        this.name = name;
    }
    public Address getAddress() {
        return this.address;
    }
    public void setAddress(Address address) {
        this.address = address;
    }
}
```

Address.java:

```
package com.ascent.po;
/**
 * Address entity. @author MyEclipse Persistence Tools
 */
public class Address implements java.io.Serializable {
    //Fields
    private Integer id;
    private Customer customer;
    private String street;
    private String city;
    private String province;
    private String zipcode;
    //Constructors
    /** default constructor */
    public Address() {
    }
    /** minimal constructor */
    public Address(Customer customer) {
        this.customer = customer;
    }
    /** full constructor */
    public Address(Customer customer, String street, String city,
            String province, String zipcode) {
        this.customer = customer;
        this.street = street;
        this.city = city;
        this.province = province;
        this.zipcode = zipcode;
    }
    //Property accessors
    public Integer getId() {
        return this.id;
    }
    public void setId(Integer id) {
        this.id = id;
    }
```

```
    public Customer getCustomer() {
        return this.customer;
    }
    public void setCustomer(Customer customer) {
        this.customer = customer;
    }
    public String getStreet() {
        return this.street;
    }
    public void setStreet(String street) {
        this.street = street;
    }
    public String getCity() {
        return this.city;
    }
    public void setCity(String city) {
        this.city = city;
    }
    public String getProvince() {
        return this.province;
    }
    public void setProvince(String province) {
        this.province = province;
    }
    public String getZipcode() {
        return this.zipcode;
    }
    public void setZipcode(String zipcode) {
        this.zipcode = zipcode;
    }
}
```

4. DAO 类

在 DAO 类中,可以通过 getter()/setter()方法使用关系,完成联表操作。

```
package com.ascent.dao;
import org.hibernate.Session;
import org.hibernate.Transaction;
import com.ascent.po.Address;
import com.ascent.po.Customer;
import com.ascent.util.HibernateSessionFactory;
/**
 * hibernate 框架一对一模拟案例类
 * @author LEE
 *
 * /
public class CustomerAndAddressDAO {
```

```
/**
 * 案例模拟保存客户操作  级联插入相关联的 Address
 * @param customer
 */
public void saveCustomer(Customer customer){
    Session session = HibernateSessionFactory.getSession();
    Transaction tx = null;
    try {
      tx = session.beginTransaction();
      session.save(customer);
      tx.commit();
    }catch (Exception e) {
      if (tx != null) {
        tx.rollback();
      }
    } finally {
      session.close();
    }
}
/**
 * 案例模拟根据 id 查询 Customer()方法
 * @param id
 * @return
 */
public Customer findCustomerById(int id){
    Customer customer = null;
    Session session = HibernateSessionFactory.getSession();
    customer = (Customer)session.get(Customer.class, id);
    session.close();
    return customer;
}
/**
 * 模拟测试
 * @param args
 */
public static void main(String[] args) {
    CustomerAndAddressDAO dao = new CustomerAndAddressDAO();
    //创建一个 Customer 对象
    Customer customer=new Customer();
    //创建一个 Address 对象
    Address address=new Address();
    address.setProvince("province1");
    address.setCity("city1");
    address.setStreet("street1");
    address.setZipcode("100085");
    //设置 Address 对象和 Customer 对象的关系
```

```
            address.setCustomer(customer);
            customer.setName("Peter");
            //设置 Customer 对象和 Address 对象的关系
            customer.setAddress(address);
            //测试保存 Customer 对象
            dao.saveCustomer(customer);
            //测试根据 id 查询 Customer()方法
            Customer c = dao.findCustomerById(customer.getId());
            //打印 Customer 信息及一一对应的 Address 对象信息
            System.out.println("Customer ID:"+c.getId());
            System.out.println("Customer Name:"+c.getName());
            System.out.println("Customer Address'id:"+c.getAddress().getId());
            System.out.println("Customer Address'street:"+c.getAddress().getStreet());
            System.out.println("Customer Address'province:"+c.getAddress().getProvince());
            System.out.println("Customer Address'city:"+c.getAddress().getCity());
        }
    }
```

8.3 多对多关系

最后以 Student(学生)/Course(课程)为例介绍多对多关系。

一般来说,在数据库设计阶段,对于有多对多关系的两个表,我们会增加一个代表关系的中间表。在这个例子中,在 student 和 course 之间建立了中间表 stu_course。

1. 数据库建表语句

```
create table `student` (
`id` int    NOT NULL AUTO_INCREMENT ,
`name` varchar (20)   NOT NULL  ,
PRIMARY KEY ( `id` )
);
create table `course` (
`id` int    NOT NULL AUTO_INCREMENT ,
`name` varchar (20)   NOT NULL  ,
PRIMARY KEY ( `id` )
);
create table `stu_course` (
`stu_id` int   NULL ,
`course_id` int   NULL
);
alter table `stu_course` add foreign key `FK_stu_course`(`course_id`) references `
course` (`id`);
alter table `stu_course` add foreign key `FK_course_stu`(`stu_id`) references `
student` (`id`);
```

2. hbm 文件

Student.hbm.xml:

```
<?xml version="1.0" encoding="utf-8"?>
<!DOCTYPE hibernate-mapping PUBLIC "-//Hibernate/Hibernate Mapping DTD 3.0//EN"
"http://hibernate.sourceforge.net/hibernate-mapping-3.0.dtd">
<!--
    Mapping file autogenerated by MyEclipse Persistence Tools
-->
<hibernate-mapping>
    <class name="com.ascent.po.Student" table="student" catalog="hibernate_anli">
        <id name="id" type="integer">
            <column name="id" />
            <generator class="native" />
        </id>
        <property name="name" type="string">
            <column name="name" length="20" not-null="true" />
        </property>
        <set name="courses" table="stu_course" catalog="hibernate_anli" cascade="
save-update" lazy="false">
            <key>
                <column name="stu_id" />
            </key>
            <many-to-many entity-name="com.ascent.po.Course">
                <column name="course_id" />
            </many-to-many>
        </set>
    </class>
</hibernate-mapping>
```

Course.hbm.xml：

```
<?xml version="1.0" encoding="utf-8"?>
<!DOCTYPE hibernate-mapping PUBLIC "-//Hibernate/Hibernate Mapping DTD 3.0//EN"
"http://hibernate.sourceforge.net/hibernate-mapping-3.0.dtd">
<!--
    Mapping file autogenerated by MyEclipse Persistence Tools
-->
<hibernate-mapping>
    <class name="com.ascent.po.Course" table="course" catalog="hibernate_anli">
        <id name="id" type="integer">
            <column name="id" />
            <generator class="native" />
        </id>
        <property name="name" type="string">
            <column name="name" length="20" not-null="true" />
        </property>
        <set name="students" inverse="true" table="stu_course" catalog="hibernate
_anli" cascade="save-update" lazy="false">
            <key>
```

```
            <column name="course_id" />
        </key>
        <many-to-many entity-name="com.ascent.po.Student">
            <column name="stu_id" />
        </many-to-many>
    </set>
</class>
</hibernate-mapping>
```

除了前面讲到的<set>定义外，持久化对象之间多对多的关联关系是通过 many-to-many 元素定义的。

```
<many-to-many
        column="column_name"                                  (1)
        class="ClassName"                                     (2)
        outer-join="true|false|auto"                          (3)
/>
```

(1) column(必需)：这个元素的外键关键字段名。

(2) class(必需)：关联类的名称。

(3) outer-join(可选，默认为 auto)：在 Hibernate 系统参数中 hibernate.use_outer_join 被打开的情况下，该参数用来允许使用 outer join 载入此集合的数据。

3. PO class

Student.java：

```
package com.ascent.po;
import java.util.HashSet;
import java.util.Set;
/**
 * Student entity. @author MyEclipse Persistence Tools
 */
public class Student implements java.io.Serializable {
    //Fields
    private Integer id;
    private String name;
    private Set courses = new HashSet(0);
    //Constructors
    /** default constructor */
    public Student() {
    }
    /** minimal constructor */
    public Student(String name) {
        this.name = name;
    }
    /** full constructor */
    public Student(String name, Set courses) {
        this.name = name;
```

```
        this.courses = courses;
    }
    //Property accessors
    public Integer getId() {
        return this.id;
    }
    public void setId(Integer id) {
        this.id = id;
    }
    public String getName() {
        return this.name;
    }
    public void setName(String name) {
        this.name = name;
    }
    public Set getCourses() {
        return this.courses;
    }
    public void setCourses(Set courses) {
        this.courses = courses;
    }
}
```

Course.java：

```
package com.ascent.po;
import java.util.HashSet;
import java.util.Set;
/**
 * Course entity. @author MyEclipse Persistence Tools
 */
public class Course implements java.io.Serializable {
    //Fields
    private Integer id;
    private String name;
    private Set students = new HashSet(0);
    //Constructors
    /** default constructor */
    public Course() {
    }
    /** minimal constructor */
    public Course(String name) {
        this.name = name;
    }
    /** full constructor */
    public Course(String name, Set students) {
        this.name = name;
```

```
        this.students = students;
    }
    //Property accessors
    public Integer getId() {
        return this.id;
    }
    public void setId(Integer id) {
        this.id = id;
    }
    public String getName() {
        return this.name;
    }
    public void setName(String name) {
        this.name = name;
    }
    public Set getStudents() {
        return this.students;
    }
    public void setStudents(Set students) {
        this.students = students;
    }
}
```

4. DAO 类

```
package com.ascent.dao;
import java.util.Iterator;
import java.util.List;
import java.util.Set;
import org.hibernate.HibernateException;
import org.hibernate.Session;
import org.hibernate.Transaction;
import com.ascent.po.Course;
import com.ascent.po.Student;
import com.ascent.util.HibernateSessionFactory;
/**
* Hibernate 多对多案例模拟类
* @author LEE
*
* /
public class StudentAndCourseDAO {
    /**
    * 模拟保存学生方法,与之关联的课程会级联操作
    * @param stu
    * /
    public void addStudent(Student stu){
        Session session = HibernateSessionFactory.getSession();
```

```
        Transaction tr = null;
        try {
            tr = session.beginTransaction();
            session.save(stu);
            tr.commit();
        } catch (HibernateException e) {
            if(tr!=null){
                tr.rollback();
            }
        }finally{
            session.close();
        }
    }
    /**
     * 案例模拟,查询所有学生,与之关联的课程也可获得
     * @return
     */
    public List<Student>findAllStudent(){
        Session session = HibernateSessionFactory.getSession();
        List <Student>list = session.createQuery("from Student").list();
        session.close();
        return list;
    }
    /**
     * 测试
     */
    public static void main(String[] args) {
        StudentAndCourseDAO dao = new StudentAndCourseDAO();
        //创建一个学生
        Student stu1 = new Student("zhangsan");
        //创建 3 门课程
        Course c1 = new Course("Java");
        Course c2 = new Course(".NET");
        Course c3 = new Course("C++");
        //建立学生 stu1 和课程的关系
        stu1.getCourses().add(c1);
        stu1.getCourses().add(c2);
        stu1.getCourses().add(c3);
        //保存学生 stu1
        dao.addStudent(stu1);
        //创建第二个学生
        Student stu2 = new Student("lisi");
        //建立学生 stu2 和课程的关系
        stu2.getCourses().add(c2);
        stu2.getCourses().add(c3);
        //保存学生 stu2
```

```
            dao.addStudent(stu2);
            List<Student>list = dao.findAllStudent();
            for(Student s:list){
                System.out.println("学生 ID:"+s.getId()+"\t 学生名字:"+s.getName());
                System.out.println("学生选择的课程:");
                Set<Course>set = s.getCourses();
                Iterator <Course>it = set.iterator();
                while(it.hasNext()){
                    Course c = it.next();
                    System.out.println("课程 ID:"+c.getId()+"\t 课程名称:"+c.getName());
                }
            }
        }
    }
```

8.4 项目案例

8.4.1 学习目标

本章重点介绍 Hibernate 框架的关系映射，其中包括多对一/一对多、一对一和多对多 3 种关系映射，每种关系都配有案例，掌握每个关系表对应的持久化类和映射文件的设计和开发。

8.4.2 案例描述

本章案例为在项目中保存订单功能，用户在前台页面购买药品后查看订单，修改数量等操作，操作完成后最终需要提交订单，该功能就要实现将用户购买的所有商品作为一个订单保存到数据库，并将订单号返回到用户界面。

8.4.3 案例要点

本功能需要操作订单 orders 和订单项 orderitem 表，两表的关系为一对多、多对一，保存一次订单，需要在订单表中插入一条记录，而一个订单对应多个订单项，同时需要在订单项表中插入多条记录。本功能需要设计两张表的关系及正确开发持久化类及映射文件，采用 Hibernate 的一对多关系完成订单的保存。

8.4.4 案例实施

(1) 订单表 orders 对应的持久化类 Orders.java 及映射文件 Orders.hbm.xml 的代码如下。

```
package com.ascent.po;
import java.util.Date;
import java.util.HashSet;
import java.util.Set;
/**
```

```
 * Orders entity. @author MyEclipse Persistence Tools
 */
public class Orders implements java.io.Serializable {
    //Fields
    private Integer id;
    private String ordernumber;
    private Integer usrid;
    private Date createtime;
    private String delsoft;
    private Set orderitems = new HashSet(0);
    //Constructors
    /** default constructor */
    public Orders() {
    }
    /** full constructor */
    public Orders(String ordernumber, Integer usrid, Date createtime, String delsoft,
Set orderitems) {
        this.ordernumber = ordernumber;
        this.usrid = usrid;
        this.createtime = createtime;
        this.delsoft = delsoft;
        this.orderitems = orderitems;
    }
    //Property accessors
    public Integer getId() {
        return this.id;
    }
    public void setId(Integer id) {
        this.id = id;
    }
    public String getOrdernumber() {
        return this.ordernumber;
    }
    public void setOrdernumber(String ordernumber) {
        this.ordernumber = ordernumber;
    }
    public Integer getUsrid() {
        return this.usrid;
    }
    public void setUsrid(Integer usrid) {
        this.usrid = usrid;
    }
    public Date getCreatetime() {
        return this.createtime;
    }
    public void setCreatetime(Date createtime) {
```

```
        this.createtime = createtime;
    }
    public String getDelsoft() {
        return this.delsoft;
    }
    public void setDelsoft(String delsoft) {
        this.delsoft = delsoft;
    }
    public Set getOrderitems() {
        return this.orderitems;
    }
    public void setOrderitems(Set orderitems) {
        this.orderitems = orderitems;
    }
}
<?xml version="1.0" encoding="utf-8"?>
<!DOCTYPE hibernate-mapping PUBLIC "-//Hibernate/Hibernate Mapping DTD 3.0//EN"
"http://hibernate.sourceforge.net/hibernate-mapping-3.0.dtd">
<!--
    Mapping file autogenerated by MyEclipse Persistence Tools
-->
<hibernate-mapping>
    <class name="com.ascent.po.Orders" table="orders" catalog="acesys">
        <id name="id" type="integer">
            <column name="id" />
            <generator class="native" />
        </id>
        <property name="ordernumber" type="string">
            <column name="ordernumber" length="50"></column>
        </property>
        <property name="usrid" type="integer">
            <column name="usrid"></column>
        </property>
        <property name="createtime" type="timestamp">
            <column name="createtime" length="19"></column>
        </property>
        <property name="delsoft" type="string">
            <column name="delsoft" length="2"></column>
        </property>
        <set name="orderitems" inverse="true" cascade="all">
            <key>
                <column name="ordersid"></column>
            </key>
            <one-to-many class="com.ascent.po.Orderitem" />
        </set>
    </class>
```

```
</hibernate-mapping>
```

(2) 订单项表 orderitem 对应的持久化类 Orderitem.java 及映射文件 Orderitem.hbm.xml 的代码如下。

```
package com.ascent.po;
/**
 * Orderitem entity. @author MyEclipse Persistence Tools
 */
public class Orderitem implements java.io.Serializable {
    //Fields
    private Integer id;
    private Orders orders;
    private Integer productid;
    private String quantity;
    //Constructors
    /** default constructor */
    public Orderitem() {
    }
    /** full constructor */
    public Orderitem(Orders orders, Integer productid, String quantity) {
        this.orders = orders;
        this.productid = productid;
        this.quantity = quantity;
    }
    //Property accessors
    public Integer getId() {
        return this.id;
    }
    public void setId(Integer id) {
        this.id = id;
    }
    public Orders getOrders() {
        return this.orders;
    }
    public void setOrders(Orders orders) {
        this.orders = orders;
    }
    public Integer getProductid() {
        return this.productid;
    }
    public void setProductid(Integer productid) {
        this.productid = productid;
    }
    public String getQuantity() {
        return this.quantity;
    }
```

```
    public void setQuantity(String quantity) {
        this.quantity = quantity;
    }
}
<?xml version="1.0" encoding="utf-8"?>
<!DOCTYPE hibernate-mapping PUBLIC "-//Hibernate/Hibernate Mapping DTD 3.0//EN"
"http://hibernate.sourceforge.net/hibernate-mapping-3.0.dtd">
<!--
    Mapping file autogenerated by MyEclipse Persistence Tools
-->
<hibernate-mapping>
    <class name="com.ascent.po.Orderitem" table="orderitem" catalog="acesys">
        <id name="id" type="integer">
            <column name="id" />
            <generator class="native" />
        </id>
        <many-to-one name="orders" class="com.ascent.po.Orders" fetch="select"
cascade="save-update">
            <column name="ordersid"></column>
        </many-to-one>
        <property name="productid" type="integer">
            <column name="productid"></column>
        </property>
        <property name="quantity" type="string">
            <column name="quantity" length="50"></column>
        </property>
    </class>
</hibernate-mapping>
```

(3) 订单数据访问类 OrdersDAOHib.java 的代码如下。

```
package com.ascent.anli;
import java.util.ArrayList;
import java.util.List;
import org.hibernate.HibernateException;
import org.hibernate.Session;
import org.hibernate.Transaction;
import com.ascent.po.Orders;
import com.ascent.po.Usr;
/**
 * hibernate 案例模拟类  订单 dao 操作类
 * @author LEE
 *
 */
public class OrdersDAOHib{
    /**
     * 模拟提交订单 保存订单方法在保存 Orders 的同时保存多个订单项
```

```
     *
     */
    public  Integer  saveOrders(Orders o) {
        Session session = HibernateSessionFactory.getSession();
        Transaction tr = session.beginTransaction();
        try {
            session.save(o);
            tr.commit();
            return o.getId();
        } catch (HibernateException e) {
            tr.rollback();
            return null;
        }finally{
            session.close();
        }
    }
}
```

(4) 模拟提交订单的测试类 OrdersDAOHibTest.java 的代码如下。

```
package com.ascent.anli;
import java.text.SimpleDateFormat;
import java.util.ArrayList;
import java.util.Collection;
import java.util.HashSet;
import java.util.Iterator;
import java.util.Set;
import com.ascent.po.Orderitem;
import com.ascent.po.Orders;
import com.ascent.po.Product;
import com.ascent.po.Usr;
/**
 * 测试类直接模拟保存订单操作类
 * @author LEE
 *
 */
public class OrdersDAOHibTest {
    /**
     * 省略购物车购物过程,使用 main()方法对部分已购买商品
     * 进行订单提交和保存的过程
     */
    public static void main(String[] args) {
        //下面为模拟数据
        //模拟的用户对象数据
        Usr u = new Usr();
        u.setId(5);
        //模拟的已购买商品数据
```

```
        Product p1 = new Product();
        p1.setId(1);
        p1.setQuantity("10g");
        Product p2 = new Product();
        p2.setId(2);
        p2.setQuantity("20g");
        Product p3 = new Product();
        p3.setId(3);
        p3.setQuantity("30g");
        //模拟购物车  包含购买的 3 个商品
        Collection col = new ArrayList();
        col.add(p1);
        col.add(p2);
        col.add(p3);
        //创建一个订单对象
        Orders orders = new Orders();
        orders.setUsrid(u.getId());                //设置订单 Usrid
        orders.setDelsoft("0");                    //设置订单的删除位
        //使用当前时间格式化获得一个订单编号
        String ordernumber = new SimpleDateFormat("yyyyMMddhhmmss").format(new
java.util.Date());
        orders.setOrdernumber(ordernumber);  //设置订单的编号
        orders.setCreatetime(new java.sql.Date(System.currentTimeMillis()));
                                                   //设置订单的创建时间
        Set orderitemSet = new HashSet();          //后面要设置订单的订单项集合
        //循环购物车,构造每个订单项及订单项与订单的多对一/一对多关系
        Iterator it = col.iterator();
        while(it.hasNext()){
            Product p = (Product)it.next();
            Orderitem oi = new Orderitem();        //后面需要添加到 set 中的每个 orderitem
            oi.setProductid(p.getId());            //设置每个 orderitem 的 Productid
            oi.setQuantity(p.getQuantity());  //设置每个 orderitem 的 quantity
            oi.setOrders(orders);           //将每个 orderitem 设置给这次保存的 orders(1)
            orderitemSet.add(oi);                  //将每个 orderitem 添加到订单项集合
        }
        orders.setOrderitems(orderitemSet);  //将订单项集合初始化到 orders 订单中(2)
        //调用 OrdersDAOHib 中保存订单的操作保存订单
        OrdersDAOHib dao = new OrdersDAOHib();
        Integer id = dao.saveOrders(orders);
        if(id==null){
            System.out.println("保存订单失败");
        }else{
            System.out.println("保存订单成功,订单 id:"+id+"      订单编号:"+orders.
getOrdernumber());
        }
    }
```

```
}
```

(5) 结果如下。

```
保存订单成功,订单 id:7      订单编号:20111103094700
```

8.4.5 特别提示

该案例重点掌握 Hibernate 关系的操作,在此省略了页面商品购买及购物车功能的实现,采用 Java 代码模拟案例实现,直接构造多个商品及正在购买的用户信息,完成订单功能的模拟实现。

8.4.6 拓展与提高

(1) 参考模拟案例,结合 Struts 2 框架和页面技术真正完成购物车和提交订单操作。

(2) 分别完成管理员和普通登录用户订单的查询展现功能。

8.5 本章小结

- Hibernate 框架的多对一/一对多关系
- Hibernate 框架的一对一关系
- Hibernate 框架的多对多关系

8.6 习题

1. 如何设计部门和员工的关系表?
2. 写出上述表的持久化类和映射文件。
3. 在 Xxx.hbm.xml 映射文件中如何使用<one-to-one>表示一对一映射关系?
4. 如果部门和员工是多对多关系,如何设计表?
5. 在第 4 题的基础上写出持久化类和映射文件,实现查询所有部门并展现每个部门的信息,包括员工信息。

第9章 Hibernate查询语言

学习目的与学习要求

学习目的：学习 Hibernate 查询语言(Hibernate Query Language，HQL)，包括 HQL 查询、条件查询和原生 SQL 查询。

学习要求：熟练掌握 HQL。

本章主要内容

本章介绍 Hibernate 框架的查询语言，重点讲解 HQL，其中包括 HQL 的基本语法、联合和连接，select 语句、函数的使用，多态查询、排序、分组等。

接下来介绍 Hibernate 最强大的功能点之一：Hibernate 查询语言。Hibernate 支持 3 种查询方式：HQL 查询、条件查询以及原生 SQL 查询，其中最重要的是 HQL。

9.1 HQL

Hibernate 是一种强大的查询语言，它看上去很像 SQL，但是实际上它们的区别很大，HQL 是完全面向对象的，具备继承、多态和关联等特性。

1. 大小写敏感性

除了 Java 类和属性名称外，查询都是大小写不敏感的。所以，SeLeCT、sELEct 以及 SELECT 是相同的，但是 net.sf.hibernate.eg.FOO 和 net.sf.hibernate.eg.Foo 是不同的，foo.barSet 和 foo.BARSET 也是不同的。

2. from 子句

最简单的 Hibernate 查询是这样的形式：

```
from eg.Cat
```

它简单地返回所有 eg.Cat 类的实例。

大部分情况下，需要赋予它一个别名(alias)，因为在查询的其他地方也会引用这个 Cat。

```
from eg.Cat as cat
```

上面的语句为 Cat 赋予了一个别名 cat，所以后面的查询就可以用这个简单的别名了。as 关键字是可以省略的，也可以写成如下形式：

```
from eg.Cat cat
```

可以出现多个类，结果是它们的笛卡儿积，或者称为“交叉”连接。

```
from Formula, Parameter
from Formula as form, Parameter as param
```

让查询中的别名服从首字母小写的规则，这是一个好习惯。这和 Java 对局部变量的命名规范是一致的。(如 domesticCat)

3. 联合(association)和连接(join)

可以使用 join 定义两个实体的连接，同时指明别名。

```
from eg.Cat as cat
    inner join cat.mate as mate
    left outer join cat.kittens as kitten
from eg.Cat as cat left join cat.mate.kittens as kittens
from Formula form full join form.parameter param
```

支持的连接类型是从 ANSI SQL 借用的。

- 内连接，inner join。
- 左外连接，left outer join。
- 右外连接，right outer join。
- 全连接，full join(不常使用)。

inner join、left outer join 和 right outer join 都可以简写。

```
from eg.Cat as cat
    join cat.mate as mate
    left join cat.kittens as kitten
```

并且，加上 fetch 后缀的抓取连接可以让联合的对象随着它们的父对象的初始化而初始化，只需要一个 select 语句。这在初始化一个集合的时候特别有用。它有效地覆盖了映射文件中对关联和集合的外连接定义。

```
from eg.Cat as cat
    inner join fetch cat.mate
    left join fetch cat.kittens
```

抓取连接一般不需要赋予别名，因为被联合的对象应该不会在 where 子句(或者任何其他子句)中出现。并且，被联合的对象也不会在查询结果中直接出现。它们是通过父对象进行访问的。

4. select 子句

select 子句选择在结果集中返回对象和属性。思考一下下面的例子：

```
select mate
from eg.Cat as cat
    inner join cat.mate as mate
```

这个查询会选择出作为其他猫(Cat)朋友(mate)的那些猫。当然,可以更加直接地写成下面的形式:

```
select cat.mate from eg.Cat cat
```

甚至可以选择集合元素,使用特殊的 elements 功能。下面的查询返回所有猫的小猫。

```
select elements(cat.kittens) from eg.Cat cat
```

查询可以返回任何值类型的属性,包括组件类型的属性:

```
select cat.name from eg.DomesticCat cat
where cat.name like 'fri%'
select cust.name.firstName from Customer as cust
```

查询可以用元素类型是 Object[]的一个数组返回多个对象和/或多个属性。

```
select mother, offspr, mate.name
from eg.DomesticCat as mother
    inner join mother.mate as mate
    left outer join mother.kittens as offspr
```

或者实际上是类型安全的 Java 对象。

```
select new Family(mother, mate, offspr)
from eg.DomesticCat as mother
    join mother.mate as mate
    left join mother.kittens as offspr
```

上面的代码假定 Family 有一个合适的构造函数。

5. 统计函数(aggregate function)

HQL 查询可以返回属性的统计函数的结果。

```
select avg(cat.weight), sum(cat.weight), max(cat.weight), count(cat)
from eg.Cat cat
```

在 select 子句中,统计函数的变量也可以是集合。

```
select cat, count( elements(cat.kittens) )
from eg.Cat cat group by cat
```

下面是支持的统计函数列表:

- avg(…), sum(…), min(…), max(…)
- count(*)
- count(…), count(distinct …), count(all…)

distinct 和 all 关键字的用法和语义与 SQL 相同。

```
select distinct cat.name from eg.Cat cat
```

```
select count(distinct cat.name), count(cat) from eg.Cat cat
```

6. 多态(polymorphism)查询

类似下面的查询：

```
from eg.Cat as cat
```

返回的实例不仅是 Cat，也有可能是子类的实例，如 DomesticCat。Hibernate 查询可以在 from 子句中使用任何 Java 类或者接口的名字。查询可能返回所有继承自这个类或者实现这个接口的持久化类的实例。下列查询会返回所有的持久化对象：

```
from java.lang.Object o
```

可能有多个持久化类都实现了 Named 接口。

```
from eg.Named n, eg.Named m where n.name = m.name
```

注意，上面两个查询都使用了超过一个 SQL 的 SELECT，这意味着 order by 子句将不会正确排序。

7. where 子句

where 子句可以缩小要返回的实例的列表范围。

```
from eg.Cat as cat where cat.name='Fritz'
```

返回所有名字为'Fritz'的 Cat 的实例。

```
select foo
from eg.Foo foo, eg.Bar bar
where foo.startDate = bar.date
```

返回所有满足下列条件的 Foo 实例，它们存在一个对应的 bar 实例，其 date 属性与 Foo 的 startDate 属性相等。复合路径表达式令 where 子句变得极为有力。请看下面的例子：

```
from eg.Cat cat where cat.mate.name is not null
```

这个查询会被翻译为带有一个表间 inner join 的 SQL 查询。如果写下类似这样的语句：

```
from eg.Foo foo
where foo.bar.baz.customer.address.city is not null
```

最终得到的查询，其对应的 SQL 需要 4 个表间连接。

＝操作符不仅用于判断属性是否相等，也可以用于实例。

```
from eg.Cat cat, eg.Cat rival where cat.mate = rival.mate
select cat, mate
from eg.Cat cat, eg.Cat mate
where cat.mate = mate
```

特别地，小写的 id 可以用来表示一个对象的唯一标识。

```
from eg.Cat as cat where cat.id = 123
from eg.Cat as cat where cat.mate.id = 69
```

第二个查询很高效，不需要进行表间连接。

组合的标识符也可以使用。假设 Person 有一个组合标识符，是由 country 和 medicareNumber 组合而成的。

```
from bank.Person person
where person.id.country = 'AU'
    and person.id.medicareNumber = 123456
from bank.Account account
where account.owner.id.country = 'AU'
    and account.owner.id.medicareNumber = 123456
```

这里再次看到，第二个查询不需要表间连接。

类似地，在存在多态持久化的情况下，特殊属性 class 用于获取某个实例的辨识值。在 where 子句中嵌入的 Java 类名将会转换为它的辨识值。

```
from eg.Cat cat where cat.class = eg.DomesticCat
```

也可以指定组件(或者是组件的组件，依次类推)或者组合类型中的属性。但是，在一个存在路径的表达式中，最后不能以一个组件类型的属性结尾(这里不是指组件的属性)。例如，若 store.owner 这个实体的 address 是一个组件：

```
store.owner.address.city     //ok!
store.owner.address          //no!
```

"任意(any)"类型也有特殊的 id 属性和 class 属性，这可以让我们用下面的形式表达连接(这里，AuditLog.item 是一个对应到<ant>的属性)。

```
from eg.AuditLog log, eg.Payment payment
where log.item.class = 'eg.Payment' and log.item.id = payment.id
```

注意：上面的查询中，log.item.class 和 payment.class 会指向两个值，代表完全不同的数据库字段。

8. 表达式(expression)

where 子句允许出现的表达式包括在 SQL 中可以使用的大多数情况：

- 数学操作+、−、*、/。
- 真假比较操作 =、>=、<=、<>、!=、like。
- 逻辑操作 and、or、not。
- 字符串连接 ||。
- SQL 标量(scalar)函数，如 upper()和 lower()。
- 没有前缀的( )表示分组。
- in、between、is null。
- JDBC 传入参数?
- 命名参数 :name，:start_date，:x1。
- SQL 文字'foo'，69，'1970-01-01 10:00:01.0'。
- Java 的 public、static、final、常量，如 Color.TABBY。

in 和 between 的使用如下例所示：

```
from eg.DomesticCat cat where cat.name between 'A' and 'B'
```

```
from eg.DomesticCat cat where cat.name in ( 'Foo', 'Bar', 'Baz' )
```

其否定形式为：

```
from eg.DomesticCat cat where cat.name not between 'A' and 'B'
from eg.DomesticCat cat where cat.name not in ( 'Foo', 'Bar', 'Baz' )
```

类似地，is null 和 is not null 可以用来测试 null 值。

通过在 Hibernate 配置中声明 HQL 查询的替换方式，Boolean 也很容易在表达式中使用。

```
<property name="hibernate.query.substitutions">true 1, false 0</property>
```

在从 HQL 翻译成 SQL 的时候，关键字 true 和 false 就会被替换成 1 和 0。

```
from eg.Cat cat where cat.alive = true
```

可以用特殊属性 size 测试一个集合的长度，或者用特殊的 size()函数也可以。

```
from eg.Cat cat where cat.kittens.size > 0
from eg.Cat cat where size(cat.kittens) > 0
```

对于排序集合，可以用 minIndex 和 maxIndex 获取其最小索引值和最大索引值。类似地，minElement 和 maxElement 可以用来获取集合中最小的元素和最大的元素，前提是必须是基本类型的集合。

```
from Calendar cal where cal.holidays.maxElement > current date
```

也有函数的形式(和上面的形式不同，函数形式是大小写不敏感的)：

```
from Order order where maxindex(order.items) > 100
from Order order where minelement(order.items) > 10000
```

SQL 中的 any、some、all、exists、in 功能也是支持的，前提是必须把集合的元素或者索引集作为它们的参数(使用 element 和 indices 函数)，或者使用子查询的结果作为参数。

```
select mother from eg.Cat as mother, eg.Cat as kit
where kit in elements(foo.kittens)
select p from eg.NameList list, eg.Person p
where p.name = some elements(list.names)
from eg.Cat cat where exists elements(cat.kittens)
from eg.Player p where 3 > all elements(p.scores)
from eg.Show show where 'fizard' in indices(show.acts)
```

注意：size、elements、indices、minIndex、maxIndex、minElement、maxElement 都有一些使用限制。

- 在 where 子句中：只对支持子查询的数据库有效。
- 在 select 子句中：只有 elements 和 indices 有效。

有序的集合(数组、list、map)的元素可以用索引进行引用(只限于在 where 子句中)。

```
from Order order where order.items[0].id = 1234
select person from Person person, Calendar calendar
```

```
where calendar.holidays['national day'] = person.birthDay
    and person.nationality.calendar = calendar
select item from Item item, Order order
where order.items[ order.deliveredItemIndices[0] ] = item and order.id = 11
select item from Item item, Order order
where order.items[ maxindex(order.items) ] = item and order.id = 11
```

[]中的表达式允许是另一个数学表达式。

```
select item from Item item, Order order
where order.items[ size(order.items) - 1 ] = item
```

HQL 也对一对多关联或者值集合提供内置的 index()函数。

```
select item, index(item) from Order order
    join order.items item
where index(item) < 5
```

底层数据库支持的标量 SQL 函数也可以使用。

```
from eg.DomesticCat cat where upper(cat.name) like 'FRI%'
```

如以上这些还没有让你信服,请想象一下下面的查询若用 SQL 写,会变得多么长,多么难读:

```
select cust
from Product prod,
    Store store
    inner join store.customers cust
where prod.name = 'widget'
    and store.location.name in ( 'Melbourne', 'Sydney' )
    and prod = all elements(cust.currentOrder.lineItems)
```

提示:对应的 SQL 语句可能是这样的。

```
SELECT cust.name, cust.address, cust.phone, cust.id, cust.current_order
FROM customers cust,
    stores store,
    locations loc,
    store_customers sc,
    product prod
WHERE prod.name = 'widget'
    AND store.loc_id = loc.id
    AND loc.name IN ( 'Melbourne', 'Sydney' )
    AND sc.store_id = store.id
    AND sc.cust_id = cust.id
    AND prod.id = ALL(
        SELECT item.prod_id
        FROM line_items item, orders o
        WHERE item.order_id = o.id
            AND cust.current_order = o.id
    )
```

9. order by 子句

查询返回的列表可以按照任何返回的类或者组件的属性排序。

```
from eg.DomesticCat cat
order by cat.name asc, cat.weight desc, cat.birthdate
```

asc 和 desc 是可选的,分别代表升序和降序。

10. group by 子句

返回统计值的查询可以按照返回的类或者组件的任何属性排序。

```
select cat.color, sum(cat.weight), count(cat)
from eg.Cat cat
group by cat.color
select foo.id, avg( elements(foo.names) ), max( indices(foo.names) )
from eg.Foo foo
group by foo.id
```

注意:可以在 select 子句中使用 elements 和 indices 指令,即使数据库不支持子查询也可以。

having 子句也是允许的。

```
select cat.color, sum(cat.weight), count(cat)
from eg.Cat cat
group by cat.color
having cat.color in (eg.Color.TABBY, eg.Color.BLACK)
```

在 having 子句中允许出现 SQL 函数和统计函数,当然,这需要底层数据库支持才行。

```
select cat
from eg.Cat cat
    join cat.kittens kitten
group by cat
having avg(kitten.weight) > 100
order by count(kitten) asc, sum(kitten.weight) desc
```

注意,group by 子句和 order by 子句都不支持数学表达式。

11. 子查询

对于支持子查询的数据库来说,Hibernate 支持在查询中嵌套子查询。子查询必须由圆括号包围(常常是在一个 SQL 统计函数中)。Hibernate 也允许关联子查询(在外部查询中作为一个别名出现的子查询)。

```
from eg.Cat as fatcat
where fatcat.weight > (
    select avg(cat.weight) from eg.DomesticCat cat
)
from eg.DomesticCat as cat
where cat.name = some (
    select name.nickName from eg.Name as name
)
```

```
from eg.Cat as cat
where not exists (
    from eg.Cat as mate where mate.mate = cat
)
from eg.DomesticCat as cat
where cat.name not in (
    select name.nickName from eg.Name as name
)
```

9.2 条件查询

现在 Hibernate 也支持一种直观的、可扩展的条件查询 API。目前为止，这个 API 还没有更成熟的 HQL 查询那么强大，也没有那么多查询能力。特别要指出，条件查询也不支持投影(projection)或统计(aggregation)函数。

1. 创建一个 Criteria 实例

net.sf.hibernate.Criteria 这个接口代表对一个特定的持久化类的查询。Session 是用来制造 Criteria 实例的工厂。

```
Criteria crit = sess.createCriteria(Cat.class);
crit.setMaxResults(50);
List cats = crit.list();
```

2. 缩小结果集范围

一个查询条件(criterion)是 net.sf.hibernate.expression.Criterion 接口的一个实例。类 net.sf.hibernate.expression.Expression 定义了获得一些内置的 Criterion 类型。

```
List cats = sess.createCriteria(Cat.class)
    .add( Expression.like("name", "Fritz%") )
    .add( Expression.between("weight", minWeight, maxWeight) )
    .list();
```

表达式(expression)可以按照逻辑分组。

```
List cats = sess.createCriteria(Cat.class)
    .add( Expression.like("name", "Fritz%") )
    .add( Expression.or(
          Expression.eq( "age", new Integer(0) ),
          Expression.isNull("age")
    ) )
    .list();
List cats = sess.createCriteria(Cat.class)
    .add( Expression.in( "name", new String[] { "Fritz", "Izi", "Pk" } ) )
    .add( Expression.disjunction()
        .add( Expression.isNull("age") )
        .add( Expression.eq("age", new Integer(0) ) )
        .add( Expression.eq("age", new Integer(1) ) )
```

```
        .add( Expression.eq("age", new Integer(2) ) )
    ) )
    .list();
```

有很多预制的条件类型(Expression 的子类),其中有一个特别有用,可以直接嵌入 SQL。

```
List cats = sess.createCriteria(Cat.class)
    .add( Expression.sql("lower($alias.name) like lower(?)", "Fritz%", Hibernate.
STRING) )
    .list();
```

{alias}是一个占位符,它将被所查询实体的行别名替代。

3. 对结果排序

可以使用 net.sf.hibernate.expression.Order 对结果集排序。

```
List cats = sess.createCriteria(Cat.class)
    .add( Expression.like("name", "F%")
    .addOrder( Order.asc("name") )
    .addOrder( Order.desc("age") )
    .setMaxResults(50)
    .list();
```

4. 关联(association)

在关联之间使用 createCriteria(),可以很容易地在存在关系的实体之间指定约束。

```
List cats = sess.createCriteria(Cat.class)
    .add( Expression.like("name", "F%")
    .createCriteria("kittens")
        .add( Expression.like("name", "F%")
    .list();
```

注意,第二个 createCriteria()返回一个 Criteria 的新实例,指向 kittens 集合类的元素。

下面的替代形式在特定情况下有用。

```
List cats = sess.createCriteria(Cat.class)
    .createAlias("kittens", "kt")
    .createAlias("mate", "mt")
    .add( Expression.eqProperty("kt.name", "mt.name") )
    .list();
(createAlias())并不会创建一个 Criteria 的新实例。)
```

请注意,前面两个查询中 Cat 实例所持有的 kittens 集合类并没有通过 Criteria 预先过滤!如果希望只返回满足条件的 kittens,必须使用 returnMaps()。

```
List cats = sess.createCriteria(Cat.class)
    .createCriteria("kittens", "kt")
        .add( Expression.eq("name", "F%") )
    .returnMaps()
    .list();
```

```
Iterator iter = cats.iterator();
while ( iter.hasNext() ) {
    Map map = (Map) iter.next();
    Cat cat = (Cat) map.get(Criteria.ROOT_ALIAS);
    Cat kitten = (Cat) map.get("kt");
}
```

5. 动态关联对象获取(dynamic association fetching)

可以在运行时通过 setFetchMode()改变关联对象自动获取的策略。

```
List cats = sess.createCriteria(Cat.class)
    .add( Expression.like("name", "Fritz%") )
    .setFetchMode("mate", FetchMode.EAGER)
    .setFetchMode("kittens", FetchMode.EAGER)
    .list();
```

这个查询会通过外连接(outer join)同时获得 mate 和 kittens。

6. 根据示例查询(example queries)

net.sf.hibernate.expression.Example 类允许从指定的实例创造查询条件。

```
Cat cat = new Cat();
cat.setSex('F');
cat.setColor(Color.BLACK);
List results = session.createCriteria(Cat.class)
    .add( Example.create(cat) )
    .list();
```

版本属性、表示符属性和关联都会被忽略。默认情况下,null 值的属性也被排除在外。

```
You can adjust how the Example is applied  //你可以调整示例(Example)如何应用。
Example example = Example.create(cat)
    .excludeZeroes()                          //exclude zero valued properties
    .excludeProperty("color")                 //exclude the property named "color"
    .ignoreCase()                        //perform case insensitive string comparisons
    .enableLike();                            //use like for string comparisons
List results = session.createCriteria(Cat.class)
    .add(example)
    .list();
```

甚至可以用示例对关联对象建立 Criteria。

```
List results = session.createCriteria(Cat.class)
    .add( Example.create(cat) )
    .createCriteria("mate")
        .add( Example.create( cat.getMate() ) )
    .list();
```

9.3 原生 SQL 查询

也可以直接使用数据库方言表达查询。在想使用数据库的某些特性的时候，这是非常有用的，例如 Oracle 中的 CONNECT 关键字。这也会扫清你把原来直接使用 SQL/JDBC 的程序移植到 Hibernate 道路上的障碍。

1. 创建一个基于 SQL 的 Query

和普通的 HQL 查询一样，SQL 查询同样是从 Query 接口开始的。唯一的区别是，SQL 查询使用的是 Session.createSQLQuery()方法。

```
Query sqlQuery = Session.createSQLQuery("select {cat.*} from cats {cat}", "cat",
Cat.class);
sqlQuery.setMaxResults(50);
List cats = sqlQuery.list();
```

传递给 createSQLQuery()的 3 个参数是：

- SQL 查询语句；
- 表的别名；
- 查询返回的持久化类。

别名是为了在 SQL 语句中引用对应的类（本例中是 Cat）的属性。也可以传递一个别名的 String 数组和一个对应的 Class 的数组进去，每行就可以得到多个对象。

2. 别名和属性引用

上面使用的{cat.*}标记是“所有属性”的简写。可以显式地列出需要的属性，但是必须让 Hibernate 为每个属性提供 SQL 列别名。这些列的占位表示符以表别名为前导，再加上属性名。下面的例子从一个其他的表（cat_log）中获取 Cat 对象，而非 Cat 对象原本在映射元数据中声明的表。注意，在 where 子句中也可以使用属性别名。

```
String sql = "select cat.originalId as {cat.id}, "
    + "  cat.mateid as {cat.mate}, cat.sex as {cat.sex}, "
    + "  cat.weight * 10 as {cat.weight}, cat.name as {cat.name}"
    + "from cat_log cat where {cat.mate} = :catId"
List loggedCats = sess.createSQLQuery(sql, "cat", Cat.class)
    .setLong("catId", catId)
    .list();
```

注意：如果明确列出了每个属性，则必须包含这个类和它的子类的属性。

3. 为 SQL 查询命名

在映射文档中定义 SQL 查询的名字，然后就可以像调用一个命名 HQL 查询一样直接调用命名 SQL 查询。

```
<sql-query name="mySqlQuery">
    <return alias="person" class="eg.Person"/>
    SELECT {person}.NAME AS {person.name},
           {person}.AGE AS {person.age},
           {person}.SEX AS {person.sex}
```

```
    FROM PERSON {person} WHERE {person}.NAME LIKE 'Hiber%'
</sql-query>
```

接下来看一个实例：

（1）在 MySQL 的 test 数据库中建立 usr 表并插入记录。

```
CREATE TABLE `usr` (
  `id` int NOT NULL AUTO_INCREMENT,
  `username` varchar(255) DEFAULT NULL,
  `password` varchar(255) DEFAULT NULL,
  PRIMARY KEY (`id`)
) ENGINE=InnoDB AUTO_INCREMENT=4 DEFAULT CHARSET=latin1;
/* Data for the table `usr` */
insert  into `usr`(`id`,`username`,`password`) values (1,'Lixin','123456'),(2,'
admin','123456'),(3,'Linda','123456');
```

（2）创建 Java Project，命名为 Hibernate_HQL_demo。

（3）添加 Hibernate Facet，右击项目，从弹出的快捷菜单中选择 Configure Facets…→Install Hibernate Facet。

（4）创建 com.ascent 包。

（5）编写 hibernate.cfg.xml 配置文件，内容如下。

```
<?xml version='1.0' encoding='UTF-8'?>
<!DOCTYPE hibernate-configuration PUBLIC
          "-//Hibernate/Hibernate Configuration DTD 3.0//EN"
          "http://www.hibernate.org/dtd/hibernate-configuration-3.0.dtd">
<hibernate-configuration>
    <session-factory>
        <property name="myeclipse.connection.profile">llx</property>
        <property name="dialect">org.hibernate.dialect.MySQLDialect</property>
        <property name="connection.password">root</property>
        <property name="connection.username">root</property>
        <property name="connection.url">jdbc:mysql://localhost:3306/test</
property>
        <property name="connection.driver_class">com.mysql.jdbc.Driver</property>
        <mapping resource="com/ascent/Usr.hbm.xml"/>
    </session-factory>
    </hibernate-configuration>
```

（6）生成持久化对象（persistence object）和 xml 映射文件。

```
Usr.java:
package com.ascent;
/**
 * Usr entity. @author MyEclipse Persistence Tools
 */
public class Usr implements java.io.Serializable {
    //Fields
```

```
    private Integer id;
    private String username;
    private String password;
    //Constructors
    /** default constructor * /
    public Usr() {
    }
    /** full constructor * /
    public Usr(String username, String password) {
        this.username = username;
        this.password = password;
    }
    //Property accessors
    public Integer getId() {
        return this.id;
    }
    public void setId(Integer id) {
        this.id = id;
    }
    public String getUsername() {
        return this.username;
    }
    public void setUsername(String username) {
        this.username = username;
    }
    public String getPassword() {
        return this.password;
    }
    public void setPassword(String password) {
        this.password = password;
    }
Usr.hbm.xml:
<?xml version="1.0" encoding="utf-8"?>
<!DOCTYPE hibernate-mapping PUBLIC "-//Hibernate/Hibernate Mapping DTD 3.0//EN"
"http://www.hibernate.org/dtd/hibernate-mapping-3.0.dtd">
<!--
    Mapping file autogenerated by MyEclipse Persistence Tools
-->
<hibernate-mapping>
    <class name="com.ascent.Usr" table="usr" catalog="test">
        <id name="id" type="java.lang.Integer">
            <column name="id" />
            <generator class="identity" />
        </id>
        <property name="username" type="java.lang.String">
            <column name="username" />
```

```
        </property>
        <property name="password" type="java.lang.String">
            <column name="password" />
        </property>
    </class>
</hibernate-mapping>
```

(7) 开发工具类 HibernateSessionFactory。

```
package com.ascent;
import org.hibernate.HibernateException;
import org.hibernate.Session;
import org.hibernate.cfg.Configuration;
import org.hibernate.service.ServiceRegistry;
import org.hibernate.service.ServiceRegistryBuilder;
/**
 * Configures and provides access to Hibernate sessions, tied to the
 * current thread of execution.Follows the Thread Local Session
 * pattern, see {@link http://hibernate.org/42.html }.
 */
public class HibernateSessionFactory {
    /**
     * Location of hibernate.cfg.xml file.
     * Location should be on the classpath as Hibernate uses
     * #resourceAsStream style lookup for its configuration file.
     * The default classpath location of the hibernate config file is
     * in the default package. Use #setConfigFile() to update
     * the location of the configuration file for the current session.
     */
    private static final ThreadLocal<Session> threadLocal = new ThreadLocal<
Session>();
    private static org.hibernate.SessionFactory sessionFactory;
    private static Configuration configuration = new Configuration();
    private static ServiceRegistry serviceRegistry;
    static {
        try {
            configuration.configure();
            serviceRegistry = new ServiceRegistryBuilder().applySettings
(configuration.getProperties()).buildServiceRegistry();
            sessionFactory = configuration.buildSessionFactory(serviceRegistry);
        } catch (Exception e) {
            System.err.println("%%%%Error Creating SessionFactory %%%%");
            e.printStackTrace();
        }
    }
    private HibernateSessionFactory() {
    }
```

```
/**
 * Returns the ThreadLocal Session instance.  Lazy initialize
 * the <code>SessionFactory</code>if needed.
 *
 *  @return Session
 *  @throws HibernateException
 */
public static Session getSession() throws HibernateException {
    Session session = (Session) threadLocal.get();
    if (session == null || !session.isOpen()) {
        if (sessionFactory == null) {
            rebuildSessionFactory();
        }
        session = (sessionFactory != null) ? sessionFactory.openSession(): null;
        threadLocal.set(session);
    }
    return session;
}
/**
 *  Rebuild hibernate session factory
 *
 */
public static void rebuildSessionFactory() {
    try {
        configuration.configure();
        serviceRegistry = new ServiceRegistryBuilder().applySettings
(configuration.getProperties()).buildServiceRegistry();
        sessionFactory = configuration.buildSessionFactory(serviceRegistry);
    } catch (Exception e) {
        System.err.println("%%%%Error Creating SessionFactory %%%%");
        e.printStackTrace();
    }
}
/**
 *  Close the single hibernate session instance.
 *
 *  @throws HibernateException
 */
public static void closeSession() throws HibernateException {
    Session session = (Session) threadLocal.get();
    threadLocal.set(null);
    if (session != null) {
        session.close();
    }
}
/**
```

```
     *   return session factory
     *
     */
    public static org.hibernate.SessionFactory getSessionFactory() {
        return sessionFactory;
    }
    /**
     *   return hibernate configuration
     *
     */
    public static Configuration getConfiguration() {
        return configuration;
    }
}
```

(8) 开发测试类 HQLTest 并运行。

```
package com.ascent;
import java.util.*;
import org.hibernate.Query;
import org.hibernate.criterion.Expression;
public class HQLTest {
    public void findAll() {
        try {
            String queryString = "from Usr";
            List<Usr>users = HibernateSessionFactory.getSession().createQuery
(queryString).list();
            for(Usr u : users){
                System.out.println(u.getUsername());
            }
        } catch (Exception e) {
            e.printStackTrace();
        }
    }
    public void findByLike() {
        try {
            String queryString = "from Usr  where username like '%L%' ";
            List<Usr>users = HibernateSessionFactory.getSession().createQuery
(queryString).list();
            for(Usr u : users){
                System.out.println(u.getUsername());
            }
        } catch (Exception e) {
            e.printStackTrace();
        }
    }
    public void findByScope() {
```

```
        try {
            String queryString = "from Usr where id > ? and id < ? ";
            List<Usr>users = HibernateSessionFactory.getSession().createQuery
    (queryString)
                    .setParameter(0, 1)
                    .setParameter(1, 3)
                    .list();
            for(Usr u : users){
                System.out.println(u.getUsername());
            }
        } catch (Exception e) {
            e.printStackTrace();
        }
    }
    public void findByFunction() {
        try {
            String queryString = "select count(*) from Usr ";
            Long count = (Long)HibernateSessionFactory.getSession().createQuery
    (queryString).uniqueResult();
            System.out.println("count is : " + count);
        } catch (Exception e) {
            e.printStackTrace();
        }
    }
    public void findByOrderBy() {
        try {
            String queryString = "from Usr order by username";
            List<Usr>users = HibernateSessionFactory.getSession().createQuery
    (queryString).list();
            for(Usr u : users){
                System.out.println(u.getUsername());
            }
        } catch (Exception e) {
            e.printStackTrace();
        }
    }
    public void findByNativeSQL() {
        try {
            List users=HibernateSessionFactory.getSession().createSQLQuery
    ("select username from usr").list();
            System.out.println("record number is : " + users.size());
            Iterator it = users.iterator();
            while(it.hasNext()){
                System.out.println("User Name is : " + it.next());
            }
        } catch (Exception e) {
```

```
            e.printStackTrace();
        }
    }
    public void findByCriteria() {
        try {
            List users = HibernateSessionFactory.getSession().createCriteria(Usr.class)
                    .add( Expression.like("username", "L%") )
                    .list();
            System.out.println("L number is : " + users.size());
        } catch (Exception e) {
            e.printStackTrace();
        }
    }
    public static void main(String[] args) {
      //TODO Auto-generated method stub
      HQLTest ht = new HQLTest();
      //ht.findByLike();
      //ht.findByScope();
      //ht.findByFunction();
      ht.findByOrderBy();
      //ht.findByNativeSQL();
      //ht.findByCriteria();
    }
}
```

运行结果：

```
admin
Linda
Lixin
```

9.4 项目案例

9.4.1 学习目标

本章介绍了 Hibernate 框架的查询语言，重点讲解了 HQL，其中包括 HQL 的基本语法、联合和连接，select 语句、函数的使用，多态查询、排序、分组等。

9.4.2 案例描述

本章案例为用户查询订单及订单项功能。登录的注册用户可以根据自己的 id 查询自己的订单列表，订单列表包括订单编号及查询订单项功能。查询订单项功能链接可以传递订单 id 进行该订单项的详细信息列表展现，其中主要包括该订单项商品信息。

9.4.3 案例要点

登录用户可以单击查询订单功能超链接，该功能的实现需要根据用户 id 查询订单数据，需要编写对应的 HQL 语句实现;查看订单项功能需要根据订单 id 关联查询订单项表和商品表,获取订单项具体的商品信息,需要编写正确的 HQL 关联语句实现该功能。

9.4.4 案例实施

1. Struts 2 登录流程配置和开发采用 Struts 2 案例代码
2. Hibernate 搭建和配置采用 Hibernate 基础章节案例
3. 修改注册用户登录成功页面,添加查看订单功能链接

```
registUsrWelcome.jsp:
<%@ page language="java" import="java.util.* " pageEncoding="UTF-8"%>
<%
String path = request.getContextPath();
String basePath = request.getScheme()+"://"+request.getServerName()+":"+
request.getServerPort()+path+"/";
%>
<!DOCTYPE HTML PUBLIC "-//W3C//DTD HTML 4.01 Transitional//EN">
<html>
  <head>
    <base href="<%=basePath%>">
    <title>My JSP 'login.jsp' starting page</title>
    <meta http-equiv="pragma" content="no-cache">
    <meta http-equiv="cache-control" content="no-cache">
    <meta http-equiv="expires" content="0">
    <meta http-equiv="keywords" content="keyword1,keyword2,keyword3">
    <meta http-equiv="description" content="This is my page">
    <!--
    <link rel="stylesheet" type="text/css" href="styles.css">
    -->
  </head>
  <body>
   欢迎注册用户登录成功!<a href="<%=path %>/anli_showOrder.action">查看订单</a>
  </body>
</html>
```

注册用户登录成功,如图 9-1 所示。

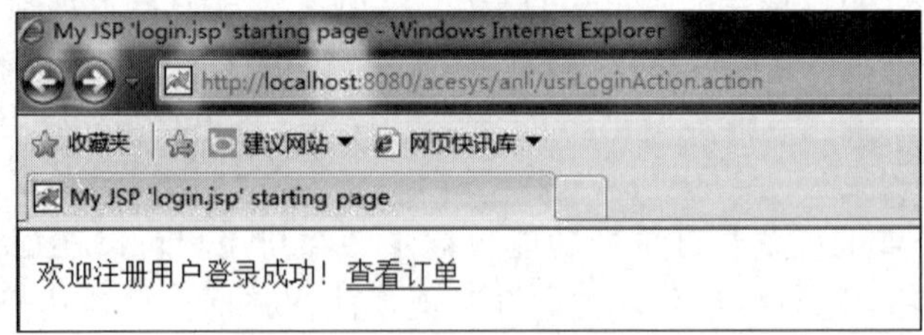

图 9-1 注册用户登录成功

4. 查看订单的 Struts 2 Action 类和 struts.xml 配置代码

```
ShowOrderAction.java
package com.ascent.anli.action;
import java.util.List;
import com.ascent.anli.OrdersDAOHib;
import com.ascent.po.Orders;
import com.ascent.po.Usr;
import com.opensymphony.xwork2.ActionContext;
import com.opensymphony.xwork2.ActionSupport;
public class ShowOrderAction extends ActionSupport {
    @Override
    public String execute() throws Exception {
        Usr usr = (Usr)ActionContext.getContext().getSession().get("usr");
        System.out.println(usr.getId());
        OrdersDAOHib dao = new OrdersDAOHib();
        List<Orders>list =dao.findOrdersByUid(usr.getId());
        ActionContext.getContext().put("ordersList", list);
        return SUCCESS;
    }
}
```

struts.xml 配置:

```
<!-- 案例  HQL -->
        <action name="anli_showOrder" class="com.ascent.anli.action.ShowOrderAction">
            <result>/anli/showOrder.jsp</result>
        </action>
```

5. 处理查询订单的 Hibernate DAO 模拟类代码

```
OrdersDAOHib.java
package com.ascent.anli;
import java.util.ArrayList;
import java.util.List;
import org.hibernate.HibernateException;
import org.hibernate.Session;
import org.hibernate.Transaction;
import com.ascent.po.Orders;
import com.ascent.po.Usr;
/**
 * Hibernate 案例模拟类,订单 DAO 操作类
 * @author LEE
 *
 */
public class OrdersDAOHib{
    /**
     * 模拟提交订单,保存订单方法,同时保存 Orders,一对多,保存多个订单项
     *
     */
    public  Integer  saveOrders(Orders o) {
```

```
        Session session = HibernateSessionFactory.getSession();
        Transaction tr = session.beginTransaction();
        try {
            session.save(o);
            tr.commit();
            return o.getId();
        } catch (HibernateException e) {
            tr.rollback();
            return null;
        }finally{
            session.close();
        }
    }
    /**
     * HQL案例,根据uid查询订单功能
     * @param id
     * @return
     */
    public List<Orders>findOrdersByUid(int id){
        Session session = HibernateSessionFactory.getSession();
        try {
             List<Orders> list = session.createQuery("from Orders o where o.usrid
=?").setInteger(0, id).list();
            System.out.println(list.size());
            return list;
        } catch (HibernateException e) {
            return null;
        }finally{
            session.close();
        }
    }
}
```

展现订单的页面代码如下,效果如图 9-2 所示。

```
showOrder.jsp:
<%@ page language="java" import="java.util.*" pageEncoding="UTF-8"%>
<%@ taglib uri="/struts-tags" prefix="s" %>
<%
String path = request.getContextPath();
String basePath = request.getScheme()+"://"+request.getServerName()+":"+
request.getServerPort()+path+"/";
%>
<!DOCTYPE HTML PUBLIC "-//W3C//DTD HTML 4.01 Transitional//EN">
<html>
  <head>
    <base href="<%=basePath%>">
```

```
    <title>My JSP 'showOrder.jsp' starting page</title>
    <meta http-equiv="pragma" content="no-cache">
    <meta http-equiv="cache-control" content="no-cache">
    <meta http-equiv="expires" content="0">
    <meta http-equiv="keywords" content="keyword1,keyword2,keyword3">
    <meta http-equiv="description" content="This is my page">
    <!--
    <link rel="stylesheet" type="text/css" href="styles.css">
    -->
  </head>
  <body>
    <center>
        <h1>订单列表</h1>
        <table width="30%" border="1">
            <tr><td>订单编号</td><td>查看</td></tr>
            <s:iterator id="order" value="#request['ordersList']">
            <tr><td><s:property value="ordernumber"/></td>
            <td><a href="<%=path %>/anli_showOrderitem.action?ordersid=<s:property value="id"/>">查看</a></td></tr>
            </s:iterator>
        </table>
    </center>
  </body>
</html>
```

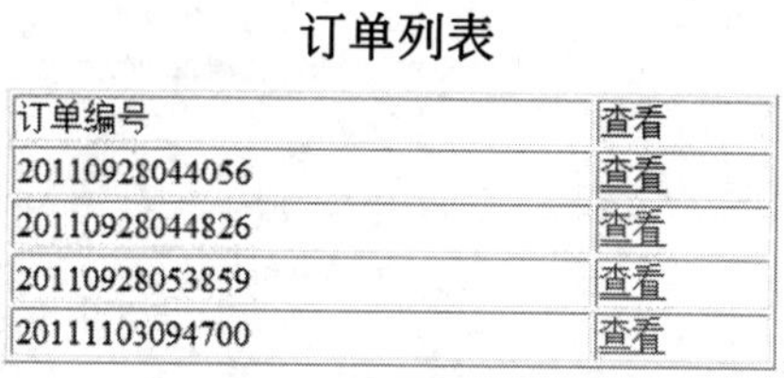

订单列表

订单编号	查看
20110928044056	查看
20110928044826	查看
20110928053859	查看
20111103094700	查看

图 9-2 订单页面

6. 查看订单项功能的 Struts 2 Action 类及配置

```
ShowOrderitemAction.java:
package com.ascent.anli.action;
import java.util.List;
import com.ascent.anli.OrderitemDAOHib;
import com.ascent.anli.OrdersDAOHib;
import com.ascent.po.Orders;
import com.ascent.po.Product;
import com.ascent.po.Usr;
import com.opensymphony.xwork2.ActionContext;
import com.opensymphony.xwork2.ActionSupport;
public class ShowOrderitemAction extends ActionSupport {
    private int ordersid;
    public int getOrdersid() {
        return ordersid;
    }
    public void setOrdersid(int ordersid) {
        this.ordersid = ordersid;
    }
    @Override
    public String execute() throws Exception {
```

```
        OrderitemDAOHib dao = new OrderitemDAOHib();
        List<Product>list =dao.findOrderitemByOrderid(this.ordersid);
        ActionContext.getContext().put("orderitemList", list);
        return SUCCESS;
    }
}
```

struts.xml 配置:

```
<!-- 案例   HQL -->
        <action name="anli_showOrderitem" class="com.ascent.anli.action.
ShowOrderitemAction">
            <result>/anli/showOrderitem.jsp</result>
        </action>
```

7. 处理查看订单项的 Hibernate DAO 模拟类代码

OrderitemDAOHib.java:

```
package com.ascent.anli;
import java.util.List;
import org.hibernate.HibernateException;
import org.hibernate.Session;
import com.ascent.po.Product;
/**
 * hibernate 案例模拟类,HQL,订单项 DAO 操作类
 * @author LEE
 *
 */
public class OrderitemDAOHib{
    /**
     * HQL 案例,根据 ordersid 查询订单项功能
     * @param id
     * @return
     */
    public List<Product>findOrderitemByOrderid(int id){
        Session session = HibernateSessionFactory.getSession();
        String hql = "select p from Product p,Orderitem o where p.id=o.productid and
o.orders.id=?";
        try {
            List<Product>list = session.createQuery(hql).setInteger(0, id).list();
            System.out.println(list.size());
            return list;
        } catch (HibernateException e) {
            return null;
        }finally{
            session.close();
        }
    }
}
```

8. 展现订单项

展现订单项页面代码如下，效果如图 9-3 所示。

```
showOrderitem.jsp:
<%@ page language="java" import="java.util.*" pageEncoding="UTF-8"%>
<%@ taglib uri="/struts-tags" prefix="s" %>
<%
String path = request.getContextPath();
String basePath = request.getScheme()+"://"+request.getServerName()+":"+
request.getServerPort()+path+"/";
%>
<!DOCTYPE HTML PUBLIC "-//W3C//DTD HTML 4.01 Transitional//EN">
<html>
  <head>
    <base href="<%=basePath%>">
    <title>My JSP 'showOrder.jsp' starting page</title>
    <meta http-equiv="pragma" content="no-cache">
    <meta http-equiv="cache-control" content="no-cache">
    <meta http-equiv="expires" content="0">
    <meta http-equiv="keywords" content="keyword1,keyword2,keyword3">
    <meta http-equiv="description" content="This is my page">
    <!--
    <link rel="stylesheet" type="text/css" href="styles.css">
    -->
  </head>
  <body>
    <center>
        <h1>订单项列表</h1>
        <table width="30%" border="1">
            <tr><td>商品名称</td><td>商品类别</td><td>商品单价</td></tr>
            <s:iterator id="orderitem" value="#request['orderitemList']">
            <tr><td><s:property value="productname"/></td>
            <td><s:property value="category"/></td>
            <td><s:property value="price1"/></td>
            </tr>
            </s:iterator>
        </table>
    </center>
  </body>
</html>
```

订单项列表

商品名称	商品类别	商品单价
白加黑	感冒药	12.5
达美康	西药	12.5
速效感冒胶囊	感冒药	12.5

图 9-3　订单项页面

9.4.5　特别提示

用户查询订单及订单项功能在实际项目中使用 SSH 3 个框架实现，在此应用 Struts、Hibernate 框架模拟案例，所以在 struts 章节登录案例的基础上完成，普通用户登录成功页面增加了查看订单功能链接，单击该链接可查看用户订单列表，然后选择某个订单查看功能链接。若查看订单项，可调用 Hibernate 的模拟 DAO 类实现该功能。该章重点学习 OrdersDAOHib.java 和 OrderitemDAOHib.java 类中 HQL 语句的实现。

9.4.6 拓展与提高

1. 模拟该功能实现管理员管理所有订单功能
2. 模拟该功能实现管理员查看管理订单项功能

9.5 本章总结

- Hibernate 框架的查询语言
- Hibernate 框架的 HQL
- Hibernate 框架的实战开发步骤

9.6 习题

1. Hibernate 常用的查询语言有哪几种？
2. Hibernate 的 HQL 查询是否支持多态？
3. Hibernate 的 HQL 语法是否区分大小写？
4. Hibernate 的 HQL 操作的是表，还是对象？
5. Hibernate 的 HQL 中是否支持 select * from Usr？应该如何写？
6. Hibernate 的 HQL 查询如何实现左外连接和右外连接？

第10章 Spring技术和IoC

学习目的与学习要求

学习目的：深入了解Spring框架及特性，掌握基本配置及控制反转(Inversion of Control，IoC)机制。

学习要求：扎实掌握Spring的核心配置及IoC机制，熟练搭建Spring流程，配置和管理bean。

本章主要内容

本章介绍Spring框架的结构概述，重点讲解Spring IoC的原理，bean的各种配置方式及作用域，BeanFactory和ApplicationContext加载Spring配置和管理bean。

接下来讨论Spring框架，它是连接Struts与Hibernate的桥梁，同时它很好地处理了业务逻辑层。

10.1 Spring概述

Spring是一个开源框架，是为了解决企业应用程序开发复杂性而创建的。框架的主要优势之一是其分层架构。分层架构允许选择使用哪一个组件，同时为J2EE应用程序开发提供集成的框架。

Spring框架是一个分层架构，由7个定义好的模块组成。Spring模块构建在核心容器之上，核心容器定义了创建、配置和管理bean的方式，如图10-1所示。

组成Spring框架的每个模块(或组件)都可以单独存在，或者与其他一个或多个模块联合实现。每个模块的功能如下。

Spring Core：Spring Core提供Spring框架的基本功能。Spring Core的主要组件是BeanFactory，它是工厂模式的实现。BeanFactory使用IoC模式将应用程序的配置和依赖性规范与实际的应用程序代码分开。

Spring Context：Spring Context是一个配置文件，向

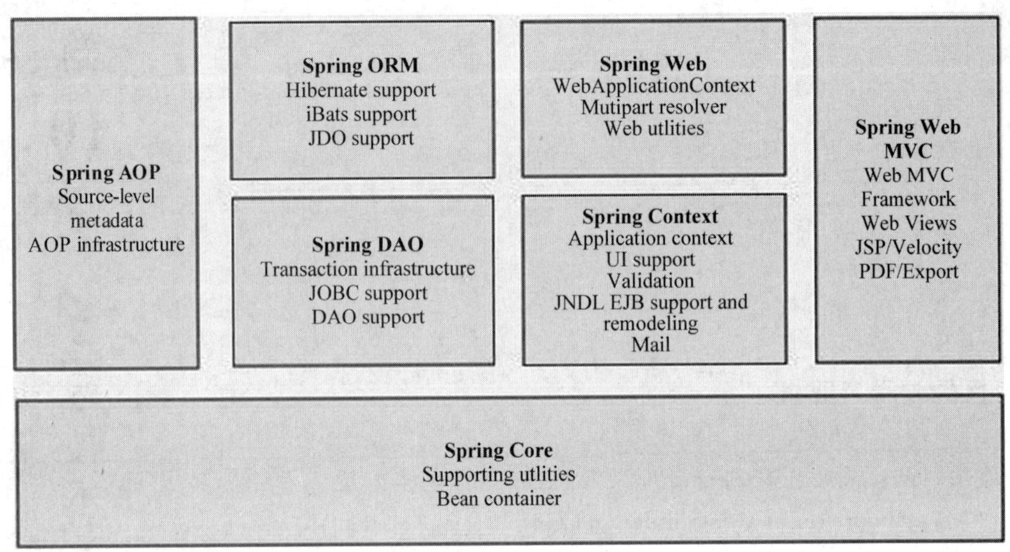

图 10-1　Spring 框架的模块

Spring 框架提供上下文信息。Spring 上下文包括企业服务，如 JNDI、EJB、电子邮件、国际化、校验和调度功能。

Spring AOP：通过配置管理特性，Spring AOP 模块直接将面向方面的编程功能集成到 Spring 框架中，所以可以很容易地使 Spring 框架管理的任何对象支持 AOP。Spring AOP 模块为基于 Spring 的应用程序中的对象提供了事务管理服务。通过使用 Spring AOP，不用依赖 EJB 组件，就可以将声明性事务管理集成到应用程序中。

Spring DAO：JDBC DAO 抽象层提供了有意义的异常层次结构，可用该结构管理异常处理和不同数据库供应商抛出的错误消息。异常层次结构简化了错误处理，并且极大地降低了需要编写的异常代码数量。Spring DAO 的面向 JDBC 的异常遵从通用的 DAO 异常层次结构。

Spring ORM：Spring 框架插入了若干个 Object/Relation Mapping 框架，从而提供了 ORM 的对象关系映射工具，其中包括 JDO、Hibernate 和 iBatis SQL Map。所有这些都遵从 Spring 的通用事务和 DAO 异常层次结构。

Spring Web：Web 上下文模块建立在应用程序上下文模块之上，为基于 Web 的应用程序提供了上下文。所以，Spring 框架支持与 Jakarta Struts 的集成。Web 模块还简化了处理大部分请求以及将请求参数绑定到域对象的工作。

Spring Web MVC：MVC 框架是一个全功能的构建 Web 应用程序的 MVC 实现。通过策略接口，MVC 框架变成高度可配置的。MVC 容纳了大量视图技术，其中包括 JSP、Velocity、Tiles、iText 和 POI。

Spring 框架的功能可以用在任何 J2EE 服务器中，大多数功能也适用于不受管理的环境。Spring 的核心要点是：支持不绑定到特定 J2EE 服务的可重用业务和数据访问对象。毫无疑问，这样的对象可以在不同 J2EE 环境（Web 或 EJB）、独立应用程序、测试环境之间重用。

了解以上概述后，接下来详细展开 Spring 的主要内容。

10.2 Spring IoC

首先介绍 Spring IoC 这个最核心、最重要的概念。

10.2.1 IoC 的原理

IoC,直观地讲,就是由容器控制程序之间的关系,而非传统实现中,由程序代码直接操控。这也就是所谓 IoC 的概念所在:控制权由应用代码转到外部容器,控制权的转移是所谓的反转。IoC 还有另外一个名字:"依赖注入(dependency injection)"。从名字上理解,所谓依赖注入,即组件之间的依赖关系由容器在运行期决定,形象地说,即由容器动态地将某种依赖关系注入组件中。

下面通过一个生动形象的例子介绍 IoC。

例如,一个女孩希望找到合适的男朋友,如图 10-2 所示。

可以有 3 种方式:

(1) 青梅竹马;

(2) 亲友介绍;

(3) 父母包办。

青梅竹马方式如图 10-3 所示。

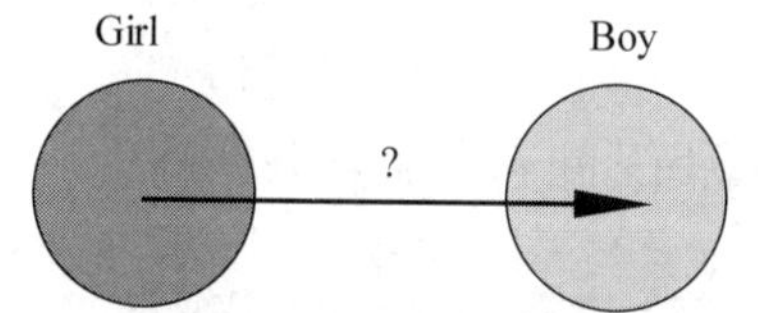

图 10-2 一个女孩希望找到合适的男朋友

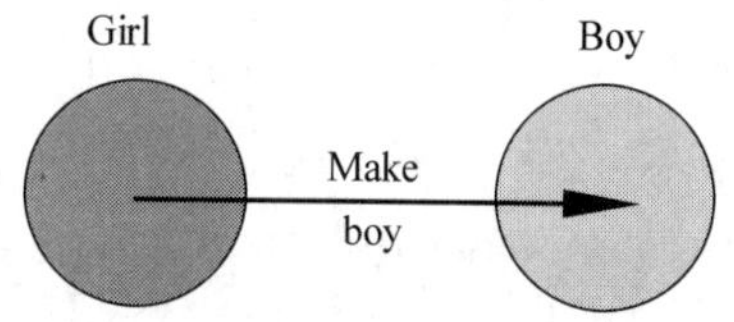

图 10-3 青梅竹马方式

通过以下代码表示:

```
public class Girl {
  void kiss(){
    Boy boy = new Boy();
  }
}
```

亲友介绍方式如图 10-4 所示。

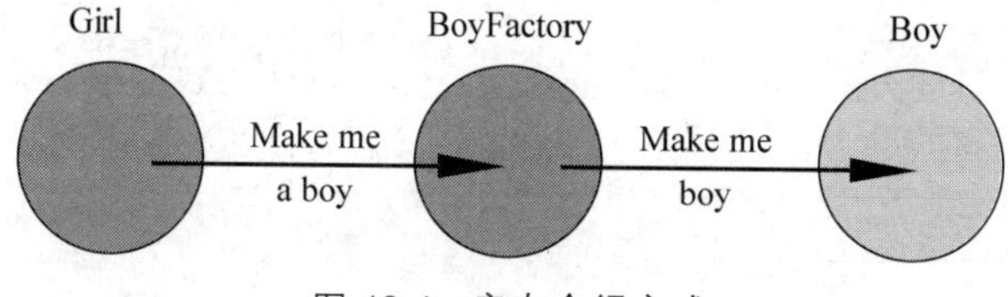

图 10-4 亲友介绍方式

通过以下代码表示:

```
public class Girl {
```

```
  void kiss(){
    Boy boy = BoyFactory.createBoy();
  }
}
```

父母包办方式如图 10-5 所示。

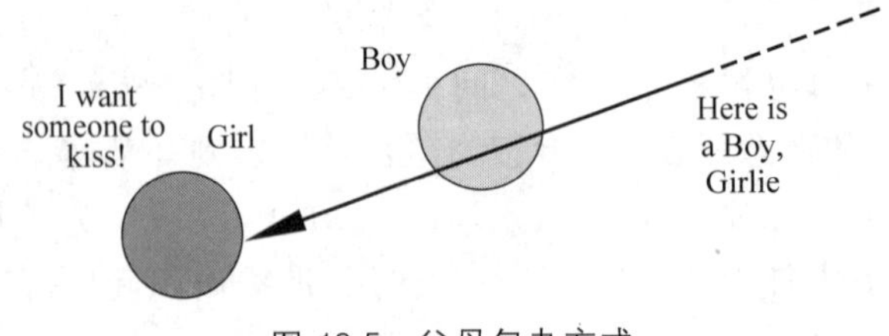

图 10-5 父母包办方式

通过以下代码表示：

```
public class Girl {
  void kiss(Boy boy){
    //kiss boy
    boy.kiss();
  }
}
```

哪种方式为 IoC？虽然在现实生活中人们都希望青梅竹马，但在 Spring 世界里选择的却是父母包办，它就是 IoC，这里具有控制力的父母就是 Spring 的所谓的容器概念。

典型的 IoC 如图 10-6 所示。

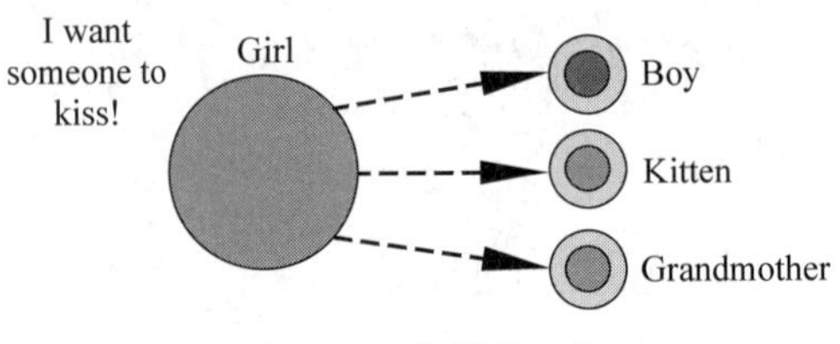

图 10-6 典型的 IoC

IoC 的 3 种依赖注入方式：

第一种是通过接口注射，这种方式要求类必须实现容器给定的一个接口，然后容器会利用这个接口给这个类注射它所依赖的类。

```
public class Girl implements Servicable {
  Kissable kissable;
  public void service(ServiceManager mgr) {
    kissable = (Kissable) mgr.lookup("kissable");
  }
  public void kissYourKissable() {
    kissable.kiss();
  }
}
```

```
<container>
  <component name="kissable" class="Boy">
    <configuration>… </configuration>
  </component><component name="girl" class="Girl" />
</container>
```

第二种是通过 setter()方法注射，这种方式也是 Spring 推荐的方式。

```
public class Girl {
  private Kissable kissable;
  public void setKissable(Kissable kissable) {
    this.kissable = kissable;
  }
  public void kissYourKissable() {
    kissable.kiss();
  }
}
<beans>
  <bean id="boy" class="Boy"/>
  <bean id="girl" class="Girl">
    <property name="kissable">
      <ref bean="boy"/>
    </property>
  </bean>
</beans>
```

第 3 种是通过构造方法注射类，这种方式 Spring 同样给予了实现，它和通过 setter()方法一样，都在类里无任何侵入性，但是不是没有侵入性，只是把侵入性转移了。显然，第一种方式要求实现特定的接口，侵入性非常强，不方便以后移植。

```
public class Girl {
  private Kissable kissable;
  public Girl(Kissable kissable) {
    this.kissable = kissable;
  }
  public void kissYourKissable() {
    kissable.kiss();
  }
}
PicoContainer container = new DefaultPicoContainer();
container.registerComponentImplementation(Boy.class);
container.registerComponentImplementation(Girl.class);
Girl girl = (Girl) container.getComponentInstance(Girl.class);
girl.kissYourKissable();
```

10.2.2 Bean Factory

Spring IoC 设计的核心是 org.springframework.beans 包，它的设计目标是与 JavaBean 组

件一起使用。这个包通常不是由用户直接使用，而是由服务器将其用作其他多数功能的底层中介。下一个最高级抽象是 BeanFactory 接口，它是工厂设计模式的实现，允许通过名称创建和检索对象。BeanFactory 也可以管理对象之间的关系。

BeanFactory 支持两个对象模型。

- 单态模型：它提供了具有特定名称的对象的共享实例，可以在查询时对其进行检索。Singleton 是默认的，也是最常用的对象模型，对于无状态服务对象很理想。
- 原型模型：它确保每次检索都会创建单独的对象。在每个用户都需要自己的对象时，原型模型最适合。

bean 工厂的概念是 Spring 作为 IoC 容器的基础，IoC 将处理事情的责任从应用程序代码转移到框架。Spring 框架使用 JavaBean 属性和配置数据指出必须设置的依赖关系。

1. BeanFactory

BeanFactory 实际上是实例化、配置和管理众多 bean 的容器。这些 bean 通常会彼此合作，因而它们之间会产生依赖。BeanFactory 使用的配置数据可以反映在这些依赖关系中（一些依赖可能不像配置数据一样可见，而是在运行期作为 bean 之间程序交互的函数）。

一个 BeanFactory 可以用接口 org.springframework.beans.factory.BeanFactory 表示，这个接口有多个实现。最常使用的简单的 BeanFactory 实现是 org.springframework.beans.factory.xml.XmlBeanFactory。（提醒：ApplicationContext 是 BeanFactory 的子类，所以大多数用户更喜欢使用 ApplicationContext 的 XML 形式）。

虽然大多数情况下，几乎所有被 BeanFactory 管理的用户代码都不需要知道 BeanFactory，但是 BeanFactory 还是以某种方式实例化。可以使用下面的代码实例化 BeanFactory。

```
InputStream is = new FileInputStream("beans.xml");
XmlBeanFactory factory = new XmlBeanFactory(is);
```

或者

```
ClassPathResource res = new ClassPathResource("beans.xml");
XmlBeanFactory factory = new XmlBeanFactory(res);
```

或者

```
ClassPathXmlApplicationContext appContext = new ClassPathXmlApplicationContext(
        new String[] {"applicationContext.xml", "applicationContext-part2.xml"});
//of course, an ApplicationContext is just a BeanFactory
BeanFactory factory = (BeanFactory) appContext;
```

很多情况下，用户代码不需要实例化 BeanFactory，因为 Spring 框架代码会做这件事。例如，Web 层提供支持代码，在 J2EE Web 应用启动过程中自动载入一个 Spring ApplicationContext。这个声明过程在这里描述，而如何通过编程操作 BeanFactory 将会在后面提到，下面集中描述 BeanFactory 的配置。

一个最基本的 BeanFactory 配置由一个或多个它所管理的 Bean 定义组成。在一个 XmlBeanFactory 中，根节点 beans 中包含一个或多个 bean 元素。

```
<?xml version="1.0" encoding="UTF-8"?>
```

```
<!DOCTYPE beans PUBLIC "-//SPRING//DTD BEAN//EN" "http://www.springframework.org/
dtd/spring-beans.dtd">
<beans>
  <bean id="…" class="…">
    …
  </bean>
  <bean id="…" class="…">
    …
  </bean>
  …
</beans>
```

2. BeanDefinition

一个 XmlBeanFactory 中的 BeanDefinition 包括的内容有

classname：通常是 bean 的真正的实现类。但是，如果一个 bean 使用一个静态工厂方法创建，而不是被普通的构造函数创建，那么这实际上就是工厂类的 classname。

bean 行为配置元素：它声明这个 bean 在容器中的行为方式（如 prototype 或 singleton、自动装配模式、依赖检查模式、初始化和析构方法）。

构造函数的参数和新创建 bean 需要的属性：如一个管理连接池的 bean 使用的连接数目（既可以指定为一个属性，也可以作为一个构造函数参数），或者池的大小限制。

和这个 bean 工作相关的其他 bean：如它的合作者（同样可以作为属性或者构造函数的参数），这也被叫作依赖。

上面列出的概念直接转化为组成 bean 定义的一组元素。这些元素见表 10-1，它们每一个都有更详细的说明的链接。

表 10-1　Bean 定义的解释

特　性	说　明
Class	bean 的类
id 和 name	bean 的标识符（id 与 name）
singleton 或 prototype	Singleton 的使用与否
构造函数参数	设置 bean 的属性和合作者
Bean 的属性	设置 bean 的属性和合作者
自动装配模式	自动装配协作对象
依赖检查模式	依赖检查
初始化模式	生命周期接口
析构方法	生命周期接口

注意，BeanDefinition 可以表示为真正的接口 org.springframework.beans.factory.config.BeanDefinition 以及它的各种子接口和实现。然而，绝大多数的用户代码不需要与 BeanDefinition 直接接触。

3. bean 的类

class 属性通常是强制性的，有两种用法。在绝大多数情况下，BeanFactory 直接调用

bean 的构造函数创建一个 bean(相当于调用 new 的 Java 代码)。class 属性指定了需要创建的 bean 的类。在比较少的情况下,BeanFactory 调用某个类的静态的工厂方法创建 bean,class 属性指定了实际包含静态工厂方法的那个类(至于静态工厂方法返回的 bean 的类型是同一个类,还是完全不同的另一个类,这并不重要)。

1) 通过构造函数创建 bean

当使用构造函数创建 bean 时,所有普通的类都可以被 Spring 使用并且和 Spring 兼容。这就是说,被创建的类不需要实现任何特定的接口或者按照特定的样式进行编写。仅指定 bean 的类就够了。然而,根据 bean 使用的 IoC 类型,可能需要一个默认的(空的)构造函数。

另外,BeanFactory 并不局限于管理真正的 JavaBean,它也能管理任何你想让它管理的类。虽然很多使用 Spring 的人喜欢在 BeanFactory 中用真正的 JavaBean (仅包含一个默认的(无参数的)构造函数,在属性后面定义相应的 setter()和 getter()方法),但是在 BeanFactory 中也可以使用特殊的非 bean 样式的类。例如,如果需要使用一个遗留下来的完全没有遵守 JavaBean 规范的连接池,不要担心,Spring 同样能够管理它。

使用 XmlBeanFactory 可以像下面这样定义 bean class。

```
<bean id="exampleBean"
      class="examples.ExampleBean"/>
<bean name="anotherExample"
      class="examples.ExampleBeanTwo"/>
```

至于为构造函数提供(可选的)参数,以及在对象实例创建后设置实例属性,将会在后面叙述。

2) 通过静态工厂方法创建 Bean

当定义一个使用静态工厂方法创建的 bean,同时使用 class 属性指定包含静态工厂方法的类,这个时候需要 factory-method 属性指定工厂方法名。Spring 调用这个方法(包含一组可选的参数)并返回一个有效的对象,之后这个对象就完全和构造方法创建的对象一样。用户可以使用这样的 bean 定义在遗留代码中调用静态工厂。

下面是一个 bean 定义的例子,声明这个 bean 要通过 factory-method 指定的方法创建。注意,这个 bean 定义并没有指定返回对象的类型,只指定了包含工厂方法的类。在这个例子中,createInstance 必须是 static()方法。

```
<bean id="exampleBean"
      class="examples.ExampleBean2"
      factory-method="createInstance"/>
```

至于为工厂方法提供(可选的)参数,以及在对象实例被工厂方法创建后设置实例属性,将会在后面叙述。

3) 通过实例工厂方法创建 bean

使用一个实例工厂方法(非静态的)创建 bean 和使用静态工厂方法非常类似,调用一个已存在的 bean(这个 bean 应该是工厂类型)的工厂方法创建新的 bean。

使用这种机制,class 属性必须为空,而且 factory-bean 属性必须指定一个 bean 的名字,这个 bean 一定要在当前的 bean 工厂或者父 bean 工厂中,并包含工厂方法。而工厂方法本身仍然要通过 factory-method 属性设置。

下面是一个例子：

```
<!-- The factory bean, which contains a method called
    createInstance -->
<bean id="myFactoryBean"
    class="...">
  ...
</bean>
<!-- The bean to be created via the factory bean -->
<bean id="exampleBean"
    factory-bean="myFactoryBean"
    factory-method="createInstance"/>
```

虽然我们要在后面讨论设置 bean 的属性，但是这个方法意味着工厂 bean 本身能够被容器通过依赖注射管理和配置。

4. bean 的标识符（id 与 name）

每个 bean 都有一个或多个 id（也叫作标识符，或名字）。这些 id 在管理 bean 的 BeanFactory 或 ApplicationContext 中必须是唯一的。一个 bean 大多只有一个 id，但是，如果一个 bean 有超过一个的 id，那么另外的那些本质上可以认为是别名。

在一个 XmlBeanFactory 中（包括 ApplicationContext 的形式），可以用 id 或者 name 属性指定 bean 的 id(s)，并且在这两个或其中一个属性中至少指定一个 id。id 属性允许指定一个 id，并且它在 XML DTD（定义文档）中作为一个真正的 XML 元素的 ID 属性被标记，所以 XML 解析器能够在其他元素指向它的时候做一些额外的校验。正因如此，用 id 属性指定 bean 的 id 是一种比较好的方式。然而，XML 规范严格限定了在 XML ID 中合法的字符。通常这并不是真正限制你，但是如果有必要使用这些字符（在 ID 中的非法字符），或者想给 bean 增加其他的别名，可以通过 name 属性指定一个或多个 id（用逗号，或者分号；分隔）。

5. Singleton 的使用与否

Beans 被定义为两种部署模式中的一种：singleton 或 non-singleton（后一种也叫作 prototype，尽管这个名词用得不精确）。如果一个 bean 是 singleton 形态的，那么就只有一个共享的实例存在，所有和这个 bean 定义的 id 符合的 bean 请求都会返回这个唯一的、特定的实例。

如果 bean 以 non-singleton、prototype 模式部署，对这个 bean 的每次请求都会创建一个新的 bean 实例。这对于例如每个 user 需要一个独立的 user 对象这样的情况非常理想。

Beans 默认被部署为 singleton 模式，除非指定。要记住把部署模式变为 non-singletion（prototype）后，每次对这个 bean 的请求都会导致一个新创建的 bean，而这可能并不是你真正想要的，所以仅在绝对需要的时候，才把模式改成 prototype。

在下面这个例子中，两个 bean 中的一个被定义为 singleton，另一个被定义为 non-singleton（prototype）。客户端每次向 BeanFactory 请求都会创建新的 exampleBean，而 AnotherExample 仅被创建一次；每次对它请求都会返回这个实例的引用。

```
<bean id="exampleBean"
      class="examples.ExampleBean" singleton="false"/>
<bean name="yetAnotherExample"
```

```
    class="examples.ExampleBeanTwo" singleton="true"/>
```

注意：当部署一个 bean 为 prototype 模式，这个 bean 的生命周期就会稍许改变。通过定义，Spring 无法管理一个 non-singleton/prototype bean 的整个生命周期，因为当它创建之后，它被交给客户端而且容器不再跟踪它了。当说起 non-singleton/prototype bean 的时候，可以把 Spring 的角色想象成"new"操作符的替代品。从那之后的任何生命周期方面的事情都由客户端处理。

10.2.3 ApplicationContext

beans 包提供了以编程的方式管理和操控 bean 的基本功能，而 context 包增加了 ApplicationContext，它以一种更加面向框架的方式增强了 BeanFactory 的功能。多数用户可以以一种完全的声明式方式使用 ApplicationContext，甚至不用手工创建它，但是却依赖像 ContextLoader 这样的支持类，在 J2EE 的 Web 应用的启动进程中用它启动 ApplicationContext。当然，在这种情况下还可以以编程的方式创建一个 ApplicationContext。

Context 包的基础是位于 org.springframework.context 包中的 ApplicationContext 接口。它由 BeanFactory 接口集成而来，提供 BeanFactory 所有的功能。为了以一种更像面向框架的方式工作，context 包使用分层和有继承关系的上下文类，包括：

(1) MessageSource，提供对 i18n 消息的访问。

(2) 资源访问，如 URL 和文件。

(3) 事件传递给实现了 ApplicationListener 接口的 bean。

(4) 载入多个(有继承关系)上下文类，使得每个上下文类都专注于一个特定的层次，如应用的 Web 层。

因为 ApplicationContext 包括了 BeanFactory 所有的功能，所以通常建议它先于 BeanFactory 使用，除了有限的一些场合，如在一个 Applet 中，内存的消耗是关键，每千位字节都很重要。接下来介绍 ApplicationContext 在 BeanFactory 的基本能力上增加的功能。

1) 使用 MessageSource

ApplicationContext 接口继承 MessageSource 接口，所以提供了 messaging 功能(i18n 或者国际化)。同 NestingMessageSource 一起使用，就能够处理分级的信息，这些是 Spring 提供的处理信息的基本接口。下面浏览一下这里定义的方法。

String getMessage (String code, Object[] args, String default, Locale loc)：这个方法是从 MessageSource 取得信息的基本方法。如果对于指定的 locale 没有找到信息，则使用默认的信息。传入的参数 args 用来代替信息中的占位符，这是通过 Java 标准类库的 MessageFormat 实现的。

String getMessage (String code, Object[] args, Locale loc)：本质上和上一个方法一样，区别只是没有默认值可以指定；如果信息找不到，就会抛出一个 NoSuchMessage Exception。

String getMessage(MessageSourceResolvable resolvable, Locale locale)：上面两个方法使用的所有属性都封装到一个叫作 MessageSourceResolvable 的类中，可以通过这个方法直接使用它。

当 ApplicationContext 被加载的时候，它会自动查找在 context 中定义的 MessageSource bean。这个 bean 必须叫作 messageSource。如果找到了这样的一个 bean，所有对上述方法的调用将会被委托给找到的 message source。如果没有找到 message source，ApplicationContext 将会尝

试查它的父亲是否包含这个名字的 bean。如果有,它将会把找到的 bean 作为 Message Source。如果它最终没有找到任何信息源,一个空的 StaticMessageSource 将会被实例化,使它能够接受上述方法的调用。

Spring 目前提供了两个 MessageSource 的实现:ResourceBundleMessageSource 和 StaticMessageSource。它们都实现了 NestingMessageSource,以便能够嵌套地解析信息。StaticMessageSource 很少被使用,但是它提供以编程的方式向 source 增加信息。Resource BundleMessageSource 用得更多一些,如下面的例子:

```
<beans>
    <bean id="messageSource"
            class="org.springframework.context.support.ResourceBundleMessageSource">
        <property name="basenames">
            <list>
                <value>format</value>
                <value>exceptions</value>
                <value>windows</value>
            </list>
        </property>
    </bean>
</beans>
```

这段配置假定在 classpath 有 3 个 resource bundle,分别叫作 format、exceptions 和 windows。使用 JDK 通过 ResourceBundle 解析信息的标准方式,任何解析信息的请求都会被处理。

2) 事件传递

ApplicationContext 中的事件处理是通过 ApplicationEvent 类和 ApplicationListener 接口提供的。如果上下文中部署了一个实现了 ApplicationListener 接口的 bean,每次一个 ApplicationEvent 发布到 ApplicationContext 时,那个 bean 就会被通知。实质上,这是标准的 Observer 设计模式。Spring 提供了 3 个标准事件,见表 10-2。

表 10-2 3 个标准事件

事 件	解 释
ContextRefreshedEvent	当 ApplicationContext 已经初始化或刷新后发送的事件。这里,初始化意味着所有的 bean 被装载,singleton 被预实例化,以及 ApplicationContext 已准备好
ContextClosedEvent	当使用 ApplicationContext 的 close()方法结束上下文的时候发送的事件。这里,结束意味着 singleton 被销毁
RequestHandledEvent	一个与 Web 相关的事件,告诉所有的 bean 一个 HTTP 请求已经被响应(这个事件将会在一个请求结束后被发送)。注意,这个事件只能应用于使用了 Spring 的 DispatcherServlet 的 Web 应用

同样,也可以实现自定义的事件。通过调用 ApplicationContext 的 publishEvent()方法,并且指定一个参数,这个参数是你自定义的事件类的一个实例。下面看一个例子。首先是 ApplicationContext:

```
<bean id="emailer" class="example.EmailBean">
```

```
    <property name="blackList">
        <list>
            <value>black@list.org</value>
            <value>white@list.org</value>
            <value>john@doe.org</value>
        </list>
    </property>
</bean>
<bean id="blackListListener" class="example.BlackListNotifier">
    <property name="notificationAddress">
        <value>spam@list.org</value>
    </property>
</bean>
```

然后是实际的 bean：

```
public class EmailBean implements ApplicationContextAware {
    /** the blacklist */
    private List blackList;
    public void setBlackList(List blackList) {
        this.blackList = blackList;
    }
    public void setApplicationContext(ApplicationContext ctx) {
        this.ctx = ctx;
    }
    public void sendEmail(String address, String text) {
        if (blackList.contains(address)) {
            BlackListEvent evt = new BlackListEvent(address, text);
            ctx.publishEvent(evt);
            return;
        }
        //send email
    }
}
public class BlackListNotifier implement ApplicationListener {
    /** notification address */
    private String notificationAddress;
    public void setNotificationAddress(String notificationAddress) {
        this.notificationAddress = notificationAddress;
    }
    public void onApplicationEvent(ApplicationEvent evt) {
        if (evt instanceof BlackListEvent) {
            //notify appropriate person
        }
    }
}
```

3）在 Spring 中使用资源

很多应用程序都需要访问资源。Spring 提供了一个清晰透明的方案，以一种协议无关的方式访问资源。ApplicationContext 接口包含一个方法(getResource(String))负责这项工作。

Resource 类定义了 4 个方法，见表 10-3。这 4 个方法被所有的 Resource 实现所共享。

表 10-3　Resource 类定义的 4 个方法

方　　法	解　　释
getInputStream()	用 InputStream 打开资源，并返回这个 InputStream
exists()	检查资源是否存在，如果不存在，则返回 false
isOpen()	如果这个资源不能打开多个流，将会返回 true。因为除了基于文件的资源，一些资源不能被同时多次读取，它们就会返回 false
getDescription()	返回资源的描述，通常是全限定文件名或者实际的 URL

Spring 提供了几个 Resource 的实现。它们都需要一个 String 表示的资源的实际位置。依据这个 String，Spring 将会自动为你选择正确的 Resource 实现。当向 ApplicationContext 请求一个资源时，Spring 首先检查指定的资源位置，寻找任何前缀。根据不同的 ApplicationContext 实现，不同的 Resource 实现可被使用的 Resource 最好使用 ResourceEditor 配置，如 XmlBeanFactory。

接下来看一个 Spring IoC 实例。

(1) 新建 Java 项目，如图 10-7 所示。

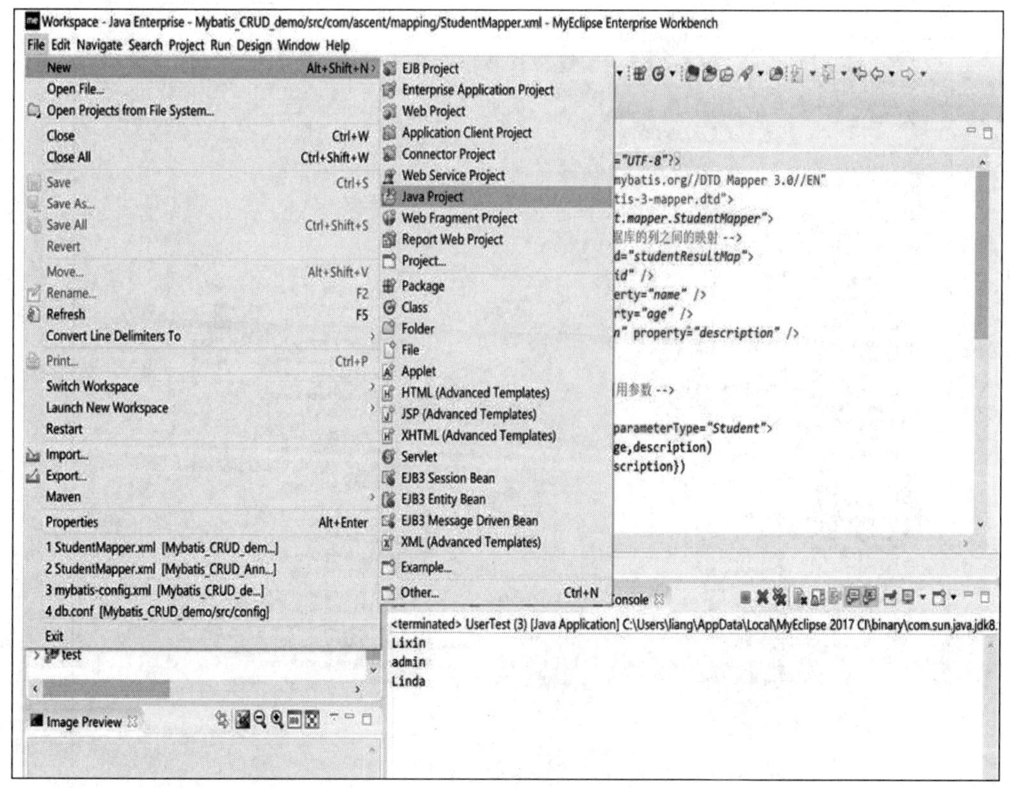

图 10-7　新建项目

在 Project name 中输入 Spring_IoC_demo，如图 10-8 所示。

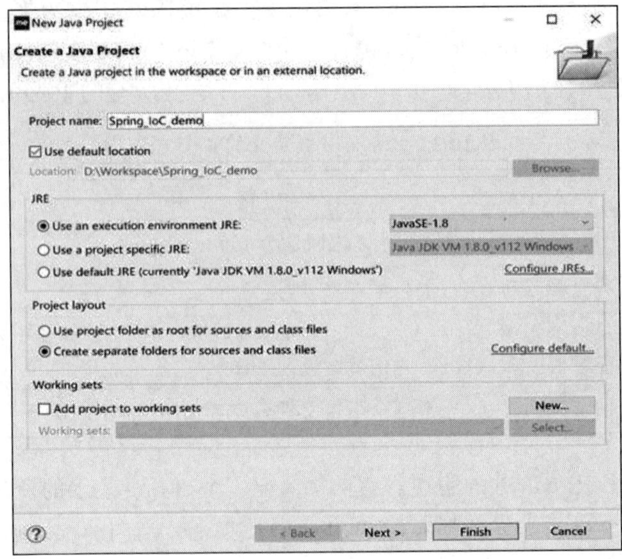

图 10-8　命名项目

（2）导入 Spring 项目依赖的 jar 包，右击 Spring_IoC_demo 项目，从弹出的快捷菜单中选择 Configure Facets→Install Spring Facet 命令，如图 10-9 所示。

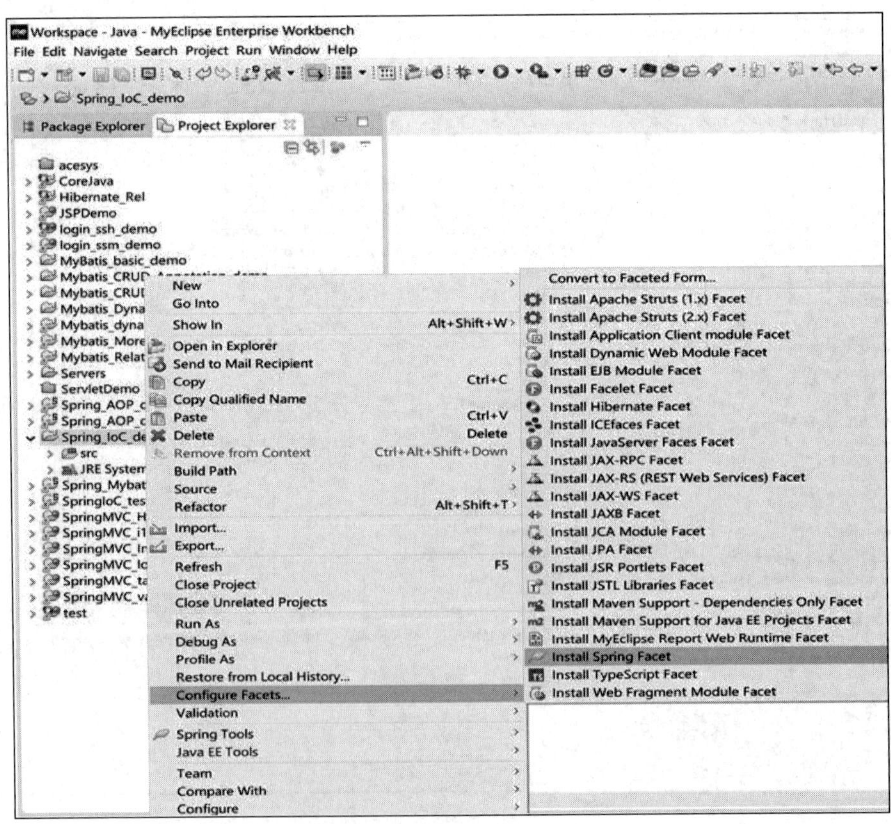

图 10-9　选择 Install Spring Facet 命令

单击 Next 按钮,不需修改,直到单击 Finish 按钮,如图 10-10 所示。

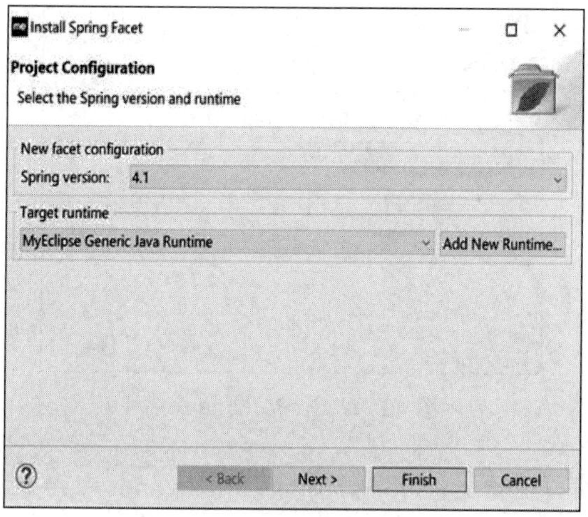

图 10-10 完成 Spring Facet

(3) 建立包结构。右击 src,从弹出的快捷菜单中选择 New→Package 命令,如图 10-11 所示。

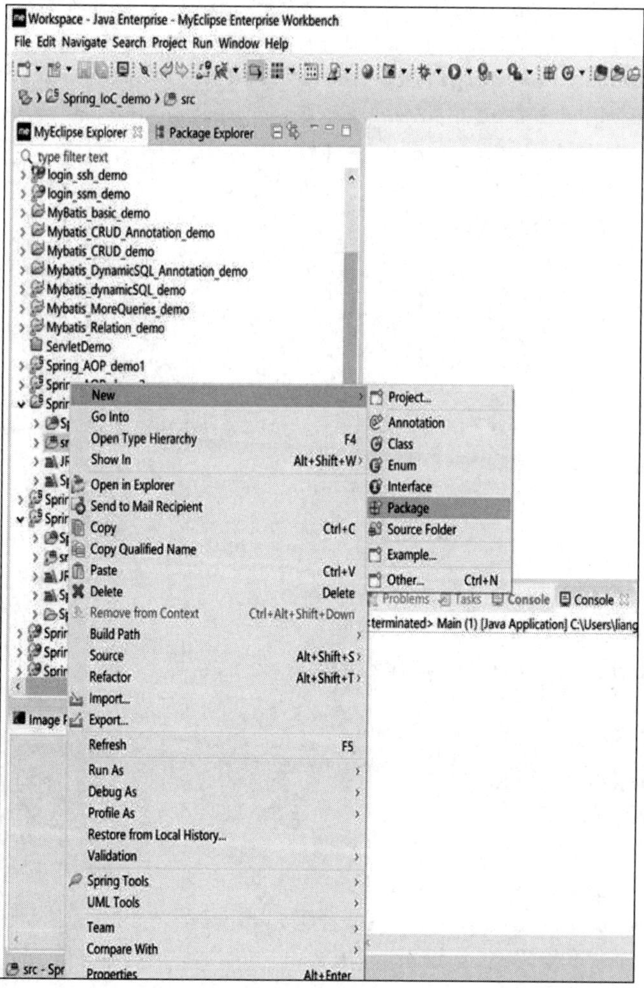

图 10-11 创建 Package

在 Name 中输入 com.ascent，之后单击 Finish 按钮，如图 10-12 所示。

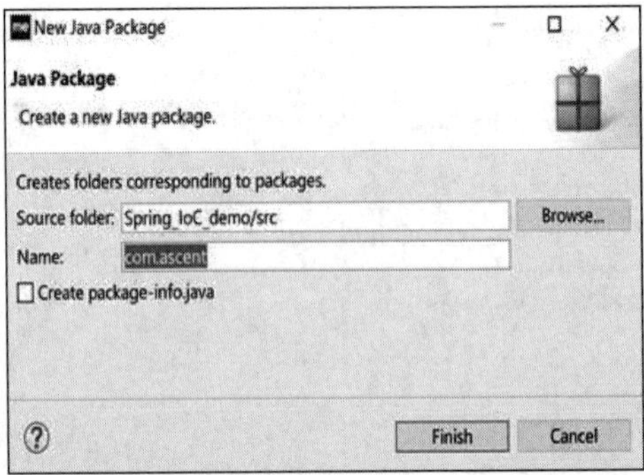

图 10-12　为 Package 命名

(4) 在 src 目录下编写配置文件 applicationContext.xml，内容如下。

```
<?xml version="1.0" encoding="UTF-8"?>
<beans
    xmlns="http://www.springframework.org/schema/beans"
    xmlns:xsi="http://www.w3.org/2001/XMLSchema-instance"
    xmlns:p="http://www.springframework.org/schema/p"
    xsi:schemaLocation="http://www.springframework.org/schema/beans
http://www.springframework.org/schema/beans/spring-beans-4.1.xsd">
  <bean id="boy" class="com.ascent.Boy"/>
  <bean id="girl" class="com.ascent.Girl">
    <property name="kissable">
      <ref bean="boy"/>
    </property>
  </bean>
</beans>
```

(5) 在 com.ascent 目录下分别编写文件 Boy.java、Girl.java、Kissable.java 和 Test.java，代码如下。

```
//Boy.java
package com.ascent;
public class Boy implements Kissable{
  public void kiss(){
      System.out.println("This is Kiss Boy");
  }
}
//Girl.java
package com.ascent;
public class Girl {
      private Kissable kissable;
      public void setKissable(Kissable kissable) {
        this.kissable = kissable;
      }
```

```
        public void kissYourKissable() {
          kissable.kiss();
        }
}
//Kissable.java
package com.ascent;
public interface Kissable {
   public void kiss();
}
  //Test.java
  package com.ascent;
  import org.springframework.context.ApplicationContext;
  import org.springframework.context.support.ClassPathXmlApplicationContext;
  public class Test {
        public static void main(String[] args) {
            ApplicationContext apc=new ClassPathXmlApplicationContext
("applicationContext.xml");
                Girl g = (Girl) apc.getBean("girl");
                g.kissYourKissable();
        }
  }
```

(6) 右击 Test 类,从弹出的快捷菜单中选择 Run As→Java Application,如图 10-13 所示。

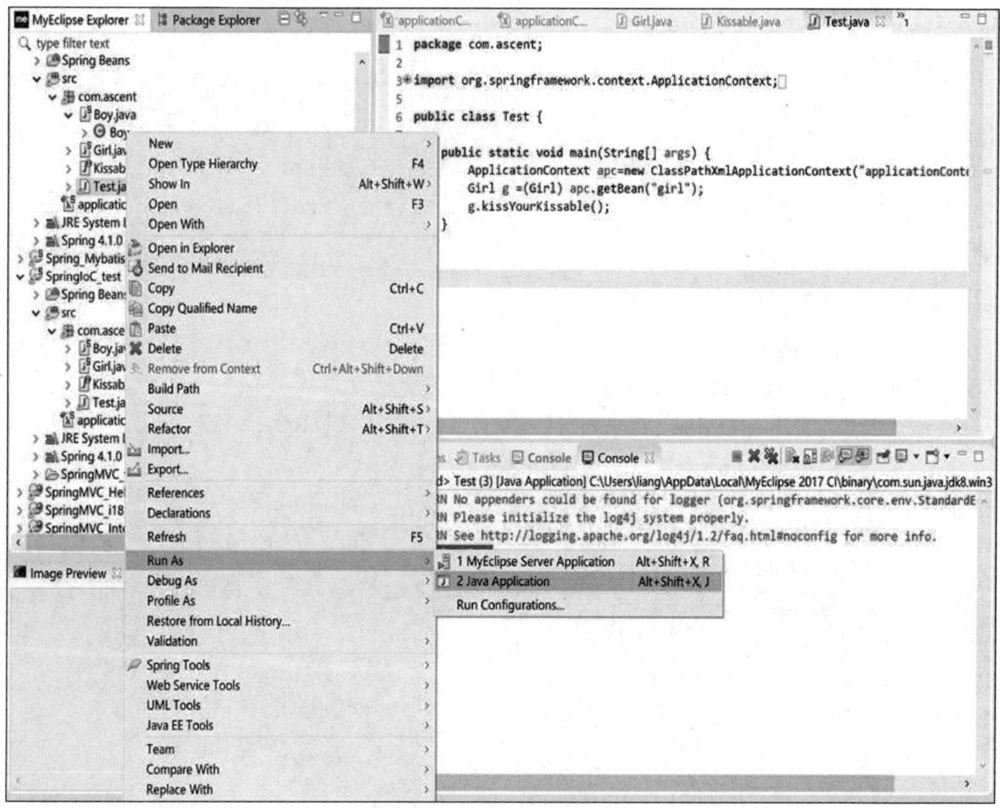

图 10-13 运行测试类

得到如下结果：

```
This is Kiss Boy
```

10.3 项目案例

10.3.1 学习目标

本章介绍了 Spring 框架的结构概述，重点讲解了 Spring IoC 原理，bean 的各种配置方式及作用域，BeanFactory、ApplicationContext 加载 Spring 配置和管理 bean。

10.3.2 案例描述

本章案例为用户注册功能，用户需要在注册页面输入注册信息，如用户名、密码、邮箱、电话等基本信息，之后提交，完成普通用户注册功能。

10.3.3 案例要点

页面提交注册请求，到达 Struts Action 类，该类需要调用 Hibernate DAO 完成注册，插入数据库表，此过程中 Action 类和 DAO 类的依赖关系需要 Spring IoC 完成管理。

10.3.4 案例实施

1. Struts 2 和 Hibernate 的配置使用前面章节案例的配置环境
2. 在项目中添加 Spring 的支持
3. 模拟注册页面完成注册的模拟类 SpringRegistTest.java

```
package com.ascent.anli;
import org.springframework.context.ApplicationContext;
import org.springframework.context.support.ClassPathXmlApplicationContext;
import com.ascent.po.Usr;
public class SpringRegistTest {
    /**
     * Spring IoC 案例
     * 用户注册功能模拟案例
     * 该类模拟注册页面功能  提供注册信息,调用 Action 模拟类实现注册
     * 此处 Action 模拟类需要由 Spring 获取
     */
    public static void main(String[] args) {
        //提供注册用户信息  模拟注册页面  提供主要的几个信息字段
        Usr u = new Usr();
        u.setUsername("usr_ioc");
        u.setPassword("1234");
        u.setEmail("usr_ioc@163.com");
        u.setSuperuser("1");
        u.setDelsoft("0");
        //加载 Spring 配置
```

```
        ApplicationContext context = new ClassPathXmlApplicationContext
("applicationContext.xml");
        //使用 Spring 获取 Struts Action 模拟类实例完成注册
        SpringRegistAction registAction = (SpringRegistAction) context.getBean
("registAction");
        registAction.setUsr(u);
        String result = registAction.execute();
        if("success".equals(result)){
            System.out.println("注册成功!");
        }else{
            System.out.println("注册失败!");
        }
    }
}
```

4. 模拟注册 Struts 2 Action 的模拟类 SpringRegistAction.java

```
package com.ascent.anli;
import com.ascent.po.Usr;
/**
 * Spring IoC 模拟案例
 * 注册功能的 Struts Action 模拟实现类 需要调用 Hibernate DAO 模拟类
 * 两个类的依赖关系由 Spring IoC 注入
 * @author LEE
 *
 * /
public class SpringRegistAction {
    private SpringRegistDAO dao;
    private Usr usr;
    public SpringRegistDAO getDao() {
        return dao;
    }
    public void setDao(SpringRegistDAO dao) {
        this.dao = dao;
    }
    public Usr getUsr() {
        return usr;
    }
    public void setUsr(Usr usr) {
        this.usr = usr;
    }
    public String execute(){
        //直接使用 dao  它是 Spring IoC 注入过来的 Hibernate DAO 模拟类实例
        boolean flag = dao.saveUsr(usr);
        if(flag)
            return "success";
        else
```

```
            return "input";
        }
    }
```

5. 模拟注册 Hibernate DAO 的模拟类 SpringRegistDAO.java

```
package com.ascent.anli;
import org.hibernate.HibernateException;
import org.hibernate.Session;
import org.hibernate.Transaction;
import com.ascent.po.Usr;
/**
 * Spring IoC 模拟案例
 * 注册功能的 Hibernate DAO 模拟类   该类完成注册功能,需要注入给 Struts Action 模拟类
 * 两个类的依赖关系由 Spring IoC 注入
 * @author LEE
 *
 * /
public class SpringRegistDAO {
    /**
     * 注册用户功能
     * @param usr
     * @return
     * /
    public boolean saveUsr(Usr usr){
        Session session = HibernateSessionFactory.getSession();
        Transaction tr = session.beginTransaction();
        try {
            session.save(usr);
            tr.commit();
            return true;
        } catch (HibernateException e) {
            e.printStackTrace();
            tr.rollback();
        }finally{
            if(session!=null)
                session.close();
        }
        return false;
    }
}
```

6. 在 Spring 配置文件中配置 Action 和 DAO 类,applicationContext_anli.xml

```
<?xml version="1.0" encoding="UTF-8"?>
<beans
    xmlns="http://www.springframework.org/schema/beans"
    xmlns:xsi="http://www.w3.org/2001/XMLSchema-instance"
```

```
    xsi:schemaLocation="http://www.springframework.org/schema/beans
http://www.springframework.org/schema/beans/spring-beans-2.0.xsd">
    <!-- 配置注册的 Hibernate DAO 模拟类 -->
    <bean id="usrDAO" class="com.ascent.anli.SpringRegistDAO">
    </bean>
    <!-- 配置注册的 Struts Action 模拟类,并注入 dao-->
    <bean id="registAction" class="com.ascent.anli.SpringRegistAction">
        <property name="dao">
            <ref bean="usrDAO"/>
        </property>
    </bean>
</beans>
```

7. 运行 SpringRegistTest 类完成测试

10.3.5 特别提示

注册功能在实际项目中使用 SSH 完成,这里的模拟案例、注册页面由测试类 SpringRegistTest 实现,提供注册用户信息,加载 Spring 配置文件,获取 Spring IoC 配置的 Struts Action 模拟类 SpringRegistAction 和 Hibernate DAO 模拟类 SpringUsrDAO。

10.3.6 拓展与提高

(1) 模拟注册功能,实现其他功能,如登录、用户管理、商品管理等。
(2) 使用 BeanFactory 加载 Spring。

10.4 本章总结

- Spring 概述
- Spring 分层结构
- Spring IoC 原理
- BeanFactory 和 ApplicationContext

10.5 习题

1. Spring 分层结构中的 7 大模块分别是什么?
2. 如何理解 Spring IoC? 举例说明?
3. Spring 配置 bean 的作用域有哪些?
4. Spring 创建 bean 实例的方式有哪几种?
5. Spring 属性注入有哪几种方式?
6. 简述 BeanFactory 和 ApplicationContext 的关系。
7. 举例说明 BeanFactory 和 ApplicationContext 加载 bean 的过程。

第11章 Spring面向方面编程和事务处理

学习目的与学习要求

学习目的：深入了解 Spring 的面向方面编程(AOP)原理，掌握基本概念及配置，学习声明式事务处理和编程式事务处理。

学习要求：扎实掌握 AOP 的基本概念，重点学会使用 Spring 的声明式事务处理。

本章主要内容

本章详细介绍 Spring AOP 概念，其中重点讲解 Spring 的切入点、通知类型和 Advisor，详细介绍使用 ProxyFactoryBean 创建 AOP。该章还重点讲解事务处理，其中包括声明式事务处理和编程式事务处理。

介绍完 IoC 之后，介绍另外一个重要的概念：AOP(Aspect Oriented Programming)，也就是面向方面编程的技术。AOP 基于 IoC 基础之上，是对 OOP 的有益补充。

AOP 将应用系统分为两部分：核心业务逻辑、横向的通用逻辑，也就是所谓的方面，例如所有大中型应用都要涉及的持久化(persistent)管理、事务管理(transaction management)、安全(security)管理、日志(logging)管理和调试(debugging)管理等。

11.1 AOP 概念

下面从定义一些重要的 AOP 概念开始。

- 方面(aspect)：一个关注点的模块化，这个关注点实现可能另外横切多个对象。事务管理是 J2EE 应用中一个很好的横切关注点例子。方面用 Spring 的 Advisor 或拦截器实现。
- 连接点(joinpoint)：程序执行过程中明确的点，如方法的调用或特定的异常被抛出。

- 通知(advice)：在特定的连接点，AOP 框架执行的动作。各种类型的通知包括 around、before 和 throws 通知。通知类型将在下面讨论。许多 AOP 框架(包括 Spring)都是以拦截器做通知模型，维护一个“围绕”连接点的拦截器链。
- 切入点(pointcut)：指定一个通知将被引发的一系列连接点的集合。AOP 框架必须允许开发者指定切入点，例如使用正则表达式。
- 引入(introduction)：添加方法或字段到被通知的类。Spring 允许引入新的接口到任何被通知的对象。例如，可以使用一个引入使任何对象实现 IsModified 接口，以简化缓存。
- 目标对象(target object)：包含连接点的对象，也被称作被通知或被代理对象。
- AOP 代理(AOP proxy)：AOP 框架创建的对象，包含通知。在 Spring 中，AOP 代理可以是 JDK 动态代理或者 CGLIB 代理。
- 编织(weaving)：从组装方面创建一个被通知对象。这可以在编译时完成(如使用 AspectJ 编译器)，也可以在运行时完成。Spring 和其他纯 Java AOP 框架一样，在运行时完成织入。

通知类型包括以下 4 种。

- Around 通知：包围一个连接点的通知，如方法调用。这是最强大的通知。Around 通知在方法调用前后完成自定义的行为。它们负责选择继续执行连接点或通过返回它们自己的返回值或抛出异常短路执行。
- Before 通知：在一个连接点之前执行的通知，但这个通知不能阻止连接点前的执行(除非它抛出一个异常)。
- Throws 通知：在方法抛出异常时执行的通知。Spring 提供强制类型的 Throws 通知，因此可以书写代码捕获感兴趣的异常(和它的子类)，不需要从 Throwable 或 Exception 强制类型转换。
- After Returning 通知：在连接点正常完成后执行的通知，如一个方法正常返回，没有抛出异常。

其中 Around 通知是最通用的通知类型。大部分基于拦截的 AOP 框架(如 Nanning 和 JBoss4)只提供 Around 通知。

如同 AspectJ，Spring 提供所有类型的通知，推荐使用最合适的通知类型实现需要的行为。例如，如果只是需要用一个方法的返回值更新缓存，最好实现一个 After Returning 通知，而不是 Around 通知，虽然 Around 通知也能完成同样的事情。使用最合适的通知类型使编程模型变得简单，并能减少潜在错误。例如，由于不需要调用在 Around 通知中所使用的 MethodInvocation 的 proceed()方法，因此就调用失败。

切入点的概念是 AOP 的关键，使 AOP 区别于其他使用拦截的技术。切入点使通知独立于 OO 的层次选定目标。例如，提供声明式事务管理的 Around 通知可以被应用到跨越多个对象的一组方法上。因此，切入点构成了 AOP 的结构要素。

下面实现一个 Spring AOP 的例子。在这个例子中，将实现一个 before advice，这意味着 advice 的代码在被调用的 public()方法开始前被执行。以下是这个 before advice 的实现代码：

```
package com.ascenttech.springaop.test;
import java.lang.reflect.Method;
import org.springframework.aop.MethodBeforeAdvice;
```

```
public class TestBeforeAdvice implements MethodBeforeAdvice {
public void before(Method m, Object[] args, Object target)
  throws Throwable {
   System.out.println("Hello world! (by "
     + this.getClass().getName()
     + ")");
  }
}
```

接口 MethodBeforeAdvice 只有一个方法 before()需要实现,它定义了 advice 的实现。before()方法用 3 个参数提供了相当丰富的信息。参数 Method m 是 advice 开始后执行的方法。方法名称可以用作判断是否执行代码的条件。Object[] args 是传给被调用的 public()方法的参数数组。当需要记日志时,参数 args 和被执行方法的名称都是非常有用的信息。也可以改变传给 m 的参数,但要小心使用这个功能;编写最初主程序的程序员并不知道主程序可能会和传入的参数发生冲突。Object target 是执行方法 m 对象的引用。

在下面的 BeanImpl 类中,在每个 public()方法调用前都会执行 advice。

```
package com.ascenttech.springaop.test;
public class BeanImpl implements Bean {
  public void theMethod() {
   System.out.println(this.getClass().getName()
     + "." + new Exception().getStackTrace()[0].getMethodName()
     + "()"
     + " says HELLO!");
  }
}
```

类 BeanImpl 实现了下面的接口 Bean:

```
package com.ascenttech.springaop.test;
public interface Bean {
  public void theMethod();
}
```

虽然不是必须使用接口,但面向接口而不是面向实现编程是良好的编程实践,Spring 也鼓励这样做。

pointcut 和 advice 通过配置文件实现,因此,接下来只需编写主方法的 Java 代码:

```
package com.ascenttech.springaop.test;
import org.springframework.context.ApplicationContext;
import org.springframework.context.support.FileSystemXmlApplicationContext;
public class Main {
  public static void main(String[] args) {
   //Read the configuration file
   ApplicationContext ctx
     = new FileSystemXmlApplicationContext("springconfig.xml");
   //Instantiate an object
   Bean x = (Bean) ctx.getBean("bean");
```

```
        //Execute the public method of the bean (the test)
        x.theMethod();
    }
}
```

从读入和处理配置文件开始,接下来马上创建它。这个配置文件将作为黏合程序不同部分的"胶水"。读入和处理配置文件后,会得到一个创建工厂 ctx。任何一个 Spring 管理的对象都必须通过这个工厂创建。对象通过工厂创建后便可正常使用。

仅用配置文件便可把程序的每一部分组装起来。

```
<?xml version="1.0" encoding="UTF-8"?>
<!DOCTYPE beans PUBLIC "-//SPRING//DTD BEAN//EN"
"http://www.springframework.org/dtd/spring-beans.dtd">
<beans>
  <!--CONFIG-->
  <bean id="bean" class="org.springframework.aop.framework.ProxyFactoryBean">
  <property name="proxyInterfaces">
    <value>com.ascenttech.springaop.test.Bean</value>
  </property>
  <property name="target">
    <ref local="beanTarget"/>
  </property>
  <property name="interceptorNames">
    <list>
     <value>theAdvisor</value>
    </list>
  </property>
  </bean>
  <!--CLASS-->
  <bean id="beanTarget" class="com.ascenttech.springaop.test.BeanImpl"/>
  <!--ADVISOR-->
  <!--Note: An advisor assembles pointcut and advice-->
  <bean id="theAdvisor" class="org.springframework.aop.support
.RegexpMethodPointcutAdvisor">
   <property name="advice">
     <ref local="theBeforeAdvice"/>
   </property>
   <property name="pattern">
     <value>com\.ascenttech\.springaop\.test\.Bean\.theMethod</value>
   </property>
  </bean>
  <!--ADVICE-->
  <bean id="theBeforeAdvice" class="com.ascenttech.springaop.test.TestBeforeAdvice"/>
</beans>
```

4 个 bean 定义的次序并不重要。现在有了一个 advice,一个包含了正则表达式 pointcut 的 advisor,一个主程序类和一个配置好的接口,通过工厂 ctx,这个接口返回自己本身实现的一个引用。

BeanImpl 和 TestBeforeAdvice 都是直接配置。我们用一个唯一的 id 创建一个 bean 元素,并指定了一个实现类,这就是全部的工作。

advisor 通过 Spring framework 提供的一个 RegexMethodPointcutAdvisor 类实现。我们用 advisor 的一个属性指定它所需的 advice-bean。第二个属性则用正则表达式定义了 pointcut,确保良好的性能和易读性。

最后配置的是 bean,它可以通过一个工厂创建。bean 的定义看起来比实际上要复杂。bean 是 ProxyFactoryBean 的一个实现,它是 Spring framework 的一部分。这个 bean 的行为通过以下 3 个属性定义:

属性 proxyInterface 定义了接口类。

属性 target 指向本地配置的一个 bean,这个 bean 返回一个接口的实现。

属性 interceptorNames 是唯一允许定义一个值列表的属性。这个列表包含所有需要在 beanTarget 上执行的 advisor。注意,advisor 列表的次序非常重要。

11.2 Spring 的切入点

下面看看 Spring 如何处理切入点这个重要的概念。

1. 概念

Spring 的切入点模型能够使切入点独立于通知类型被重用。同样的切入点有可能接收不同的通知。

org.springframework.aop.Pointcut 接口是重要的接口,用来指定通知到特定的类和方法目标。完整的接口定义如下:

```
public interface Pointcut {
    ClassFilter getClassFilter();
    MethodMatcher getMethodMatcher();
}
```

将 Pointcut 接口分成两个部分有利于重用类和方法的匹配部分,并且组合细粒度的操作(如和另一个方法匹配器执行一个“并”的操作)。

ClassFilter 接口被用来将切入点限制到一个给定的目标类的集合。如果 matches()永远返回 true,所有的目标类都将被匹配。

```
public interface ClassFilter {
    boolean matches(Class clazz);
}
```

MethodMatcher 接口通常更加重要。完整的接口如下:

```
public interface MethodMatcher {
    boolean matches(Method m, Class targetClass);
    boolean isRuntime();
    boolean matches(Method m, Class targetClass, Object[] args);
}
```

matches(Method,Class)方法用来测试这个切入点是否匹配目标类的给定方法。这个测试可以在 AOP 代理创建的时候执行,避免在所有方法调用时都需要进行测试。如果 2 个参数的匹配方法对某个方法返回 true,并且 MethodMatcher 的 isRuntime()也返回 true,那么 3 个参数的匹配方法将在每次方法调用的时候被调用。这使切入点能够在目标通知被执行之前立即查看传递给方法调用的参数。

大部分 MethodMatcher 都是静态的,意味着 isRuntime()方法返回 false。这种情况下,3 个参数的匹配方法永远不会被调用。

2. 切入点的运算

Spring 支持的切入点的运算中值得注意的是并和交。

并表示任何一个切入点匹配的方法。

交表示两个切入点都要匹配的方法。

并通常比较有用。

切入点可以用 org.springframework.aop.support.Pointcuts 类的静态方法组合,或者使用同一个包中的 ComposablePointcut 类。

3. 实用切入点实现

Spring 提供了几个实用的切入点实现,其中一些可以直接使用,另一些需要子类化实现应用相关的切入点。

1) 静态切入点

静态切入点只基于方法和目标类,而不考虑方法的参数。静态切入点足够满足大多数情况的使用。Spring 可以只在方法第一次被调用的时候计算静态切入点,不需要在每次方法调用的时候计算。

下面看一下 Spring 提供的一些静态切入点的实现。

(1) 正则表达式切入点。

一个很显然的指定静态切入点的方法是正则表达式。除了 Spring 以外,其他的 AOP 框架也实现了这一点。org.springframework.aop.support.RegexpMethodPointcut 是一个通用的正则表达式切入点,它使用 Perl 5 的正则表达式的语法。

使用这个类可以定义一个模式的列表。如果和其中一个匹配,那个切入点将被计算成 true(所以结果相当于是这些切入点的并集)。

用法如下:

```
<bean id="settersAndAbsquatulatePointcut"
    class="org.springframework.aop.support.RegexpMethodPointcut">
    <property name="patterns">
        <list>
            <value>.*get.*</value>
            <value>.*absquatulate</value>
        </list>
    </property>
</bean>
```

RegexpMethodPointcut 是一个实用子类,RegexpMethodPointcutAdvisor 允许同时引用一个通知。(记住,通知可以是拦截器、before 通知、throws 通知等)这简化了 bean 的装配,因为一个 bean 可以同时当作切入点和通知，如下所示。

```
<bean id="settersAndAbsquatulateAdvisor"
    class="org.springframework.aop.support.RegexpMethodPointcutAdvisor">
    <property name="interceptor">
        <ref local="beanNameOfAopAllianceInterceptor"/>
    </property>
    <property name="patterns">
        <list>
            <value>. * get. * </value>
            <value>. * absquatulate</value>
        </list>
    </property>
</bean>
```

RegexpMethodPointcutAdvisor 可以用于任何通知类型。

RegexpMethodPointcut 类需要 Jakarta ORO 正则表达式包。

(2) 属性驱动的切入点。

一类重要的静态切入点是元数据驱动的切入点。它使用元数据属性的值：典型地，使用源代码级元数据。

2) 动态切入点

动态切入点的演算代价比静态切入点高得多。它们不仅考虑静态信息，还要考虑方法的参数。这意味着它们必须在每次方法调用的时候被计算；并且不能缓存结果，因为参数是变化的。

Spring 的控制流切入点概念上和 AspectJ 的 cflow 切入点一致，虽然没有其那么强大(当前没有办法指定一个切入点在另一个切入点后执行)。一个控制流切入点匹配当前的调用栈。例如，连接点被 com.mycompany.web 包或者 SomeCaller 类中的一个方法调用时，就会触发该切入点。控制流切入点的实现类是 org.springframework.aop.support.ControlFlowPointcut。

4. 切入点超类

Spring 提供了非常实用的切入点的超类，帮助你实现自己的切入点。

静态切入点非常实用，你很可能子类化 StaticMethodMatcherPointcut，如下所示。这只需要实现一个抽象方法(虽然可以改写其他的方法自定义行为)。

```
class TestStaticPointcut extends StaticMethodMatcherPointcut {
    public boolean matches(Method m, Class targetClass) {
        //return true if custom criteria match
    }
}
```

当然，也有动态切入点的超类。

Spring 1.0 RC2 或以上版本，自定义切入点可以用于任何类型的通知。

5. 自定义切入点

因为 Spring 中的切入点是 Java 类，而不是语言特性(如 AspectJ)，因此可以定义自定义切入点，无论是静态，还是动态。但是，没有直接支持用 AspectJ 语法书写的复杂的切入点表达式。不过，Spring 的自定义切入点也可以很复杂。

11.3 Spring 的通知类型

下面看 Spring AOP 是如何处理通知的。

1. 通知的生命周期

Spring 的通知可以跨越多个被通知对象共享,或者每个被通知对象有自己的通知。这分别对应 per-class 或 per-instance 通知。

per-class 通知使用最广泛。它适合于通用的通知,如事务 adisor。它们不依赖被代理的对象的状态,也不添加新的状态,仅作用于方法和方法的参数。

per-instance 通知适合于导入,支持混入(mixin)。在这种情况下,通知添加状态到被代理的对象。

可以在同一个 AOP 代理中混合使用共享和 per-instance 通知。

2. Spring 中的通知类型

Spring 提供几种现成的通知类型并可扩展提供任意的通知类型。下面看几个基本概念和标准的通知类型。

1) interception around advice

Spring 中最基本的通知类型是 interception around advice。

Spring 使用方法拦截器的 around 通知是和 AOP 联盟接口兼容的。实现 around 通知的类需要实现接口 MethodInterceptor。

```
public interface MethodInterceptor extends Interceptor {
    Object invoke(MethodInvocation invocation) throws Throwable;
}
```

invoke()方法的 MethodInvocation 参数暴露将被调用的方法、目标连接点、AOP 代理和传递给被调用方法的参数。invoke()方法应该返回调用的结果:连接点的返回值。

一个简单的 MethodInterceptor 实现看起来如下:

```
public class DebugInterceptor implements MethodInterceptor {
    public Object invoke(MethodInvocation invocation) throws Throwable {
        System.out.println("Before: invocation=[" + invocation + "]");
        Object rval = invocation.proceed();
        System.out.println("Invocation returned");
        return rval;
    }
}
```

注意 MethodInvocation 的 proceed()方法的调用。这个调用会应用到目标连接点的拦截器链中的每个拦截器。大部分拦截器会调用这个方法,并返回它的返回值。但是,一个 MethodInterceptor,和任何 around 通知一样,可以返回不同的值或者抛出一个异常,而不调用 proceed()方法。但是你没必要这么做。

MethodInterceptor 提供了和其他 AOP 联盟的兼容实现的交互能力。下面讨论的其他的通知类型实现了 AOP 公共的概念,但是以 Spring 特定的方式。虽然使用特定通知类型有很多优点,但如果需要在其他的 AOP 框架中使用,请坚持使用 MethodInterceptor around 通知类型。注意目前切入点不能和其他框架交互操作,并且 AOP 联盟目前也没有定义切入点接口。

2) Before 通知

Before 通知是一种简单的通知类型。这个通知不需要一个 MethodInvocation 对象,因为它只在进入一个方法前被调用。

Before 通知的主要优点是不需要调用 proceed()方法,因此没有无意中忘掉继续执行拦截器链的可能性。

MethodBeforeAdvice 接口如下所示。(Spring 的 API 设计允许成员变量的 Before 通知,虽然一般的对象都可以应用成员变量拦截,但 Spring 有可能永远不会实现它)

```
public interface MethodBeforeAdvice extends BeforeAdvice {
    void before(Method m, Object[] args, Object target) throws Throwable;
}
```

注意返回类型是 void。Before 通知可以在连接点执行之前插入自定义的行为,但是不能改变返回值。如果一个 Before 通知抛出一个异常,这将中断拦截器链的进一步执行。这个异常将沿着拦截器链后退着向上传播。如果这个异常是 unchecked 的,或者出现在被调用的方法的签名中,它将被直接传递给客户代码;否则,它将被 AOP 代理包装到一个 unchecked 的异常中。

下面是 Spring 中一个 Before 通知的例子,这个例子计数所有正常返回的方法。

```
public class CountingBeforeAdvice implements MethodBeforeAdvice {
    private int count;
    public void before(Method m, Object[] args, Object target) throws Throwable {
        ++count;
    }
    public int getCount() {
        return count;
    }
}
```

Before 通知可以用于任何类型的切入点。

3) Throws 通知

如果连接点抛出异常,则 **Throws 通知**在连接点返回后被调用。Spring 提供强类型的 Throws 通知。注意,这意味着 org.springframework.aop.ThrowsAdvice 接口不包含任何方法:它是一个标记接口,标识给定的对象实现了一个或多个强类型的 Throws 通知方法。这些方法的形式如下:

```
afterThrowing([Method], [args], [target], subclassOfThrowable)
```

只有最后一个参数是必需的。这样,从 1 个参数到 4 个参数,依赖于通知是否对方法和方法的参数感兴趣。下面是 Throws 通知的例子。

如果抛出 RemoteException 异常(包括子类),则这个通知会被调用。

```
public  class RemoteThrowsAdvice implements ThrowsAdvice {
    public void afterThrowing(RemoteException ex) throws Throwable {
```

```
            //Do something with remote exception
        }
    }
```

如果抛出 ServletException 异常,下面的通知会被调用。和上面的通知不一样,它声明了 4 个参数,所以它可以访问被调用的方法、方法的参数和目标对象。

```
public static class ServletThrowsAdviceWithArguments implements ThrowsAdvice {
    public void afterThrowing (Method m, Object [ ] args, Object target,
ServletException ex) {
        //Do something will all arguments
    }
}
```

最后一个例子演示了如何在一个类中使用两个方法同时处理 RemoteException 和 ServletException 异常。任意个数的 throws()方法可以被组合在一个类中。

```
public static class CombinedThrowsAdvice implements ThrowsAdvice {
    public void afterThrowing(RemoteException ex) throws Throwable {
        //Do something with remote exception
    }
    public void afterThrowing(Method m, Object[] args, Object target,
ServletException ex) {
        //Do something will all arguments
    }
}
```

Throws 通知可用于任何类型的切入点。

4) After Returning 通知

Spring 中的 After Returning 通知必须实现 org.springframework.aop.AfterReturningAdvice 接口,如下所示。

```
public interface AfterReturningAdvice extends Advice {
    void afterReturning(Object returnValue, Method m, Object[] args, Object target)
            throws Throwable;
}
```

After Returning 通知可以访问返回值(不能改变)、被调用的方法、方法的参数和目标对象。

下面的 After Returning 通知统计所有成功的没有抛出异常的方法调用。

```
public class CountingAfterReturningAdvice implements AfterReturningAdvice {
    private int count;
    public void afterReturning(Object returnValue, Method m, Object[] args, Object
target) throws Throwable {
        ++count;
    }
    public int getCount() {
        return count;
```

```
    }
}
```

这个方法不改变执行路径。如果它抛出一个异常，这个异常又不是返回值，则将被沿着拦截器链向上抛出。

After Returning 通知可用于任何类型的切入点。

5) Introduction 通知

Spring 将 Introduction 通知看作一种特殊类型的拦截通知。

Introduction 需要实现 IntroductionAdvisor 和 IntroductionInterceptor 接口。

```
public interface IntroductionInterceptor extends MethodInterceptor {
    boolean implementsInterface(Class intf);
}
```

继承自 AOP 联盟 MethodInterceptor 接口的 invoke()方法必须实现导入。也就是说，如果被调用的方法在导入的接口中，则导入拦截器负责处理这个方法调用，它不能调用 proceed()方法。

Introduction 通知不能用于任何切入点，因为它只能作用于类层次上，而不是方法。可以只用 InterceptionIntroductionAdvisor 实现导入通知，它有下面的方法：

```
public interface InterceptionIntroductionAdvisor extends InterceptionAdvisor {
    ClassFilter getClassFilter();
    IntroductionInterceptor getIntroductionInterceptor();
    Class[] getInterfaces();
}
```

这里没有 MethodMatcher，因此也没有和导入通知关联的切入点。只有类过滤是合乎逻辑的。

getInterfaces()方法返回 advisor 导入的接口。

下面看一个来自 Spring 测试套件中的简单例子。假设想导入下面的接口到一个或者多个对象中：

```
public interface Lockable {
    void lock();
    void unlock();
    boolean locked();
}
```

在这个例子中，我们想将被通知对象类型转换为 Lockable，不管它们的类型，并且调用 lock()和 unlock()方法。如果调用 lock()方法，我们希望所有的 setter()方法都抛出 LockedException 异常。这样就能添加一个方面使得对象不可变，而它们不需要知道这一点：这是一个很好的 AOP 例子。

首先，需要一个做大量转化的 IntroductionInterceptor。这里，继承 org.springframework.aop.support.DelegatingIntroductionInterceptor 实用类。可以直接实现 IntroductionInterceptor 接口，但是，在大多数情况下，DelegatingIntroductionInterceptor 是最合适的。

DelegatingIntroductionInterceptor 的设计是将导入委托到真正实现导入接口的接口，隐藏完成这些工作的拦截器。委托可以使用构造方法参数设置到任何对象中;默认的委托就是自己(当无参数的构造方法被使用时)。这样,在下面的例子里,委托是 DelegatingIntroductionInterceptor 的子类 LockMixin。给定一个委托(默认是自身)的 DelegatingIntroductionInterceptor 实例,寻找被这个委托(而不是 IntroductionInterceptor)实现的所有接口,并支持它们中的任何一个导入。子类(如 LockMixin)也可能调用 suppressInterflace(Class intf) 方法隐藏不应暴露的接口。然而,不管 IntroductionInterceptor 准备支持多少接口,IntroductionAdvisor 控制哪个接口将被实际暴露。一个导入的接口将隐藏目标的同一个接口的所有实现。

这样,LockMixin 继承 DelegatingIntroductionInterceptor 并自己实现 Lockable。父类自动选择支持导入的 Lockable,所以不需要指定它。用这种方法可以导入任意数量的接口。

注意 locked 实例变量的使用。这有效地添加额外的状态到目标对象。

```
public class LockMixin extends DelegatingIntroductionInterceptor
    implements Lockable {
    private boolean locked;
    public void lock() {
        this.locked = true;
    }
    public void unlock() {
        this.locked = false;
    }
    public boolean locked() {
        return this.locked;
    }
    public Object invoke(MethodInvocation invocation) throws Throwable {
        if (locked() && invocation.getMethod().getName().indexOf("set") == 0)
            throw new LockedException();
        return super.invoke(invocation);
    }
}
```

通常不需要改写 invoke()方法:实现 DelegatingIntroductionInterceptor 就够了,如果是导入的方法,则 DelegatingIntroductionInterceptor 实现会调用委托方法,否则继续沿着连接点处理。在现在的情况下,需要添加一个检查:在上锁状态下不能调用 setter()方法。

所需的导入 advisor 很简单。只有保存一个独立的 LockMixin 实例,并指定导入的接口,在这里就是 Lockable。一个稍微复杂的例子可能需要一个导入拦截器(可以定义成 prototype)的引用:在这种情况下,LockMixin 没有相关配置,所以我们简单地使用 new 创建它。

```
public class LockMixinAdvisor extends DefaultIntroductionAdvisor {
    public LockMixinAdvisor() {
        super(new LockMixin(), Lockable.class);
    }
}
```

可以非常简单地使用这个 advisor：它不需要任何配置。(但是，有一点是必要的：就是不可能在没有 IntroductionAdvisor 的情况下使用 IntroductionInterceptor)和导入一样，通常 advisor 必须是针对每个实例的，并且是有状态的。我们会有不同的 LockMixinAdvisor，不同的 LockMixinAdvisor 组成被通知对象的状态的一部分。

和其他 advisor 一样，可以使用 Advised.addAdvisor() 方法以编程的方式使用这种 advisor，或者在 XML 中配置(推荐这种方式)。下面将讨论所有代理创建，包括"自动代理创建者"，选择代理创建，以正确地处理导入和有状态的混入。

11.4 Spring 中的 advisor

在 Spring 中，一个 advisor 就是一个 aspect 的完整的模块化表示。一般地，一个 advisor 包括通知和切入点。

撇开导入这种特殊情况，任何 advisor 都可用于任何通知。org.springframework.aop.support.DefaultPointcutAdvisor 是最通用的 advisor 类。例如，它可以和 MethodInterceptor、BeforeAdvice 或者 ThrowsAdvice 一起使用。

在 Spring 中，可以将 advisor 和通知混合在一个 AOP 代理中。例如，可以在一个代理配置中使用一个对 Around 通知、Throws 通知和 Before 通知的拦截，Spring 将自动创建必要的拦截器链。

11.5 用 ProxyFactoryBean 创建 AOP 代理

如果为自己的业务对象使用 Spring 的 IoC 容器(如 ApplicationContext 或者 BeanFactory)，应该使用 Spring 的 AOP FactoryBean(记住，factory bean 引入了一个间接层，它能创建不同类型的对象)。

在 Spring 中创建 AOP Proxy 的基本途径是使用 org.springframework.aop.framework.ProxyFactoryBean，这样可以对 pointcut 和 advice 进行精确控制。但是，如果不需要这种控制，那些简单的选择可能更适合你。

1. 基本概念

ProxyFactoryBean 和其他 Spring 的 FactoryBean 实现一样，引入了一个间接的层次。如果定义一个名字为 foo 的 ProxyFactoryBean，引用 foo 的对象看到的不是 ProxyFactoryBean 实例本身，而是由实现 ProxyFactoryBean 的类的 getObject()方法所创建的对象。这个方法将创建一个包装了目标对象的 AOP 代理。

使用 ProxyFactoryBean 或者其他 IoC 可知的类创建 AOP 代理的最重要的优点之一是 IoC 可以管理通知和切入点。这是一个非常强大的功能，能够实现其他 AOP 框架很难实现的特定的方法。例如，一个通知本身可以引用应用对象(除了目标对象，它在任何 AOP 框架中都可以引用应用对象)，这完全得益于依赖注入提供的可插入性。

2. JavaBean 的属性

类似于 Spring 提供的绝大部分 FactoryBean 实现，ProxyFactoryBean 也是一个 JavaBean，可以利用它的属性指定你将要代理的目标，以及指定是否使用 CGLIB。

一些关键属性来自 org.springframework.aop.framework.ProxyConfig ：它是所有 AOP

代理工厂的父类。这些关键属性包括

proxyTargetClass：如果代理目标类，而不是接口，则这个属性的值为 true。如果该属性的值是 true，则需要使用 CGLIB。

optimize：是否使用强优化创建代理。不要使用这个设置，除非了解相关的 AOP 代理是如何处理优化的。目前这只对 CGLIB 代理有效；对 JDK 动态代理无效(默认)。

frozen：是否禁止通知的改变，一旦代理工厂已经配置。其默认是 false。

exposeProxy：当前代理是否暴露在 ThreadLocal 中，以便它可以被目标对象访问(它可以通过 MethodInvocation 得到，不需要 ThreadLocal)。如果一个目标需要获得它的代理并且 exposeProxy 的值是 ture，则可以使用 AopContext.currentProxy()方法。

aopProxyFactory：所使用的 AopProxyFactory 具体实现。这个参数提供了一条途径定义是使用动态代理、CGLIB，还是使用其他代理策略。默认实现将适当地选择动态代理或 CGLIB。一般不使用这个属性；它的意图是允许 Spring 1.1 使用另外新的代理类型。

其他 ProxyFactoryBean 特定的属性包括如下内容。

proxyInterfaces：接口名称的字符串数组。如果这个属性没有提供，则 CGLIB 代理将被用于目标类。

interceptorNames：Advisor、interceptor 或其他被应用的通知名称的字符串数组。顺序很重要。这里的名称是当前工厂中 bean 的名称，包括来自祖先工厂的 bean 的名称。

singleton：工厂是否返回一个单独的对象，无论 getObject()被调用多少次。许多 FactoryBean 的实现都提供这个方法，默认值是 true。如果想使用有状态的通知——例如，用于有状态的 mixin——则将这个值设为 false，使用 prototype 通知。

3. 代理接口

下面看一个简单的 ProxyFactoryBean 的例子。这个例子涉及

(1) 一个将被代理的目标 bean，在这个例子里，bean 被定义为 personTarget。

(2) 一个 advisor 和一个 interceptor 提供 advice。

(3) 一个 AOP 代理 bean 定义，该 bean 指定目标对象(这里是 personTarget bean)、代理接口和使用的 advice。

```
<bean id="personTarget" class="com.mycompany.PersonImpl">
    <property name="name"><value>Tony</value></property>
    <property name="age"><value>51</value></property>
</bean>
<bean id="myAdvisor" class="com.mycompany.MyAdvisor">
    <property name="someProperty"><value>Custom string property value</value></
property>
</bean>
<bean id="debugInterceptor" class="org.springframework.aop.interceptor.
NopInterceptor">
</bean>
<bean id="person"
    class="org.springframework.aop.framework.ProxyFactoryBean">
    <property name="proxyInterfaces"><value>com.mycompany.Person</value></
property>
    <property name="target"><ref local="personTarget"/></property>
```

```
    <property name="interceptorNames">
        <list>
            <value>myAdvisor</value>
            <value>debugInterceptor</value>
        </list>
    </property>
</bean>
```

注意：person bean 的 interceptorNames 属性提供一个 String 列表，列出的是该 ProxyFactoryBean 使用的，在当前 bean 工厂定义的 interceptor 或者 advisor 的名字(advisor、interceptor、before、after returning 和 throws advice 对象皆可)。Advisor 在该列表中的次序很重要。

读者也许会对该列表为什么不采用 bean 的引用存有疑问。原因在于如果 ProxyFactoryBean 的 singleton 属性被设置为 false，那么 bean 工厂必须能返回多个独立的代理实例。如果有任何一个 advisor 本身是 prototype 的，那么它就需要返回独立的实例，也就是有必要从 bean 工厂获取 advisor 的不同实例，bean 的引用在这里显然是不够的。

上面定义的"person"bean 可以作为 Person 接口的实现使用，如下所示：

```
Person person = (Person) factory.getBean("person");
```

在同一个 IoC 的上下文中，其他的 bean 可以依赖于 Person 接口，就像依赖于一个普通的 Java 对象。

```
<bean id="personUser" class="com.mycompany.PersonUser">
    <property name="person"><ref local="person" /></property>
</bean>
```

在这个例子里，PersonUser 类暴露了一个类型为 Person 的属性。只要在用到该属性的地方，AOP 代理都能透明地替代一个真实的 Person 实现。但是，这个类可能是一个动态代理类，也就是有可能把它的类型转换为一个 Advised 接口(该接口在下面的章节中论述)。

4. 代理类

如果需要代理的是类，而不是一个或多个接口，又该怎么办呢？

想象一下上面的例子，如果没有 Person 接口，则需要通知一个叫 Person 的类，而且该类没有实现任何业务接口。在这种情况下，可以配置 Spring 使用 CGLIB 代理，而不是动态代理。只要在上面的 ProxyFactoryBean 定义中把它的 proxyTargetClass 属性改成 true 就可以了。

只要愿意，即使在有接口的情况下，也可以强迫 Spring 使用 CGLIB 代理。

CGLIB 代理是通过在运行期产生目标类的子类进行工作的。Spring 可以配置这个生成的子类，代理原始目标类的方法调用。这个子类是用 Decorator 设计模式置入到 advice 中的。

CGLIB 代理对用户来说应该是透明的。然而，还有以下一些因素需要考虑：

Final()方法不能被通知，因为不能被重写。

需要在自己的 classpath 中包括 CGLIB 的二进制代码，而动态代理对任何 JDK 都是可用的。

CGLIB 和动态代理在性能上有微小的区别，对 Spring 1.0 来说，后者稍快。另外，以后可能会有变化。在这种情况下,性能不是决定性因素。

接下来看一个实例。

(1) 新建 Java 项目 Spring_AOP_demo1。

(2) 导入 Spring 项目依赖的 jar 包。

右击 Spring_ AOP_demo1 项目,从弹出的快捷菜单中选择 Config Facets→Install Spring Facet 命令。

(3) 建立 com.ascent.aop 目录。

(4) 在 src 下编写配置文件 applicationContext.xml,内容如下。

```
<?xml version="1.0" encoding="UTF-8"?>
<!DOCTYPE beans PUBLIC "-//SPRING//DTD BEAN//EN"
"http://www.springframework.org/dtd/spring-beans.dtd">
<beans>
 <!--CONFIG-->
 <bean id="bean" class="org.springframework.aop.framework.ProxyFactoryBean">
 <property name="proxyInterfaces">
   <value>com.ascent.aop.Bean</value>
  </property>
  <property name="target">
   <ref local="beanTarget"/>
  </property>
  <property name="interceptorNames">
   <list>
     <value>theAdvisor</value>
   </list>
  </property>
 </bean>
 <!--CLASS-->
 <bean id="beanTarget" class="com.ascent.aop.BeanImpl"/>
 <!--ADVISOR-->
 <!--Note: An advisor assembles pointcut and advice-->
 <bean id="theAdvisor" class="org.springframework.aop.support
.RegexpMethodPointcutAdvisor">
  <property name="advice">
   <ref local="theBeforeAdvice"/>
  </property>
  <property name="pattern">
   <value>com\.ascent\.aop\.Bean\.theMethod</value>
  </property>
 </bean>
 <!--ADVICE-->
 <bean id="theBeforeAdvice" class="com.ascent.aop.TestBeforeAdvice"/>
</beans>
```

(5) 在 com.ascent.aop 目录下分别编写 Bean.java、BeanImpl.java、TestBeforeAdvice.java 和 AOPTest.java,内容如下。

```
//Bean.java
package com.ascent.aop;
public interface Bean {
 public void theMethod();
}
//BeanImpl.java
package com.ascent.aop;
public class BeanImpl implements Bean {
 public void theMethod() {
  System.out.println(this.getClass().getName()
    +"." + new Exception().getStackTrace()[0].getMethodName()
    +"()"
    +" says this is the method!");
 }
}
//TestBeforeAdvice.java
package com.ascent.aop;
import java.lang.reflect.Method;
import org.springframework.aop.MethodBeforeAdvice;
public class TestBeforeAdvice implements MethodBeforeAdvice {
public void before(Method m, Object[] args, Object target)
 throws Throwable {
  System.out.println("Hello world from Spring AOP! (by "
    +this.getClass().getName()
    +")");
 }
}
//AOPTest.java
package com.ascent.aop;
import org.springframework.context.ApplicationContext;
import org.springframework.context.support.FileSystemXmlApplicationContext;
public class AOPTest {
 public static void main(String[] args) {
  //Read the configuration file
  ApplicationContext ctx= new FileSystemXmlApplicationContext
("/src/applicationContext.xml");
  //Instantiate bean object
  Bean x = (Bean) ctx.getBean("bean");
  //Execute the method in the bean
  x.theMethod();
 }
}
```

(6) 右击 AOPTest 类，从弹出的快捷菜单中选择 Run As→Java Application 命令，得到如下结果：

```
Hello world from Spring AOP! (by com.ascent.aop.TestBeforeAdvice)
```

```
com.ascent.aop.BeanImpl.theMethod() says this is the method!
```

再看一个实例。

(1) 新建 Java 项目 Spring_AOP_demo2。

(2) 导入 Spring 项目依赖的 jar 包。

右击 Spring_ AOP_demo2 项目,从弹出的快捷菜单中选择 Config Facets→Install Spring Facet 命令。

(3) 建立 com.ascent.aop 和 com.ascent.aopimpl 目录。

(4) 在 src 目录下编写配置文件 applicationContext.xml,内容如下。

```
<?xml version="1.0" encoding="UTF-8"?>
<beans
    xmlns="http://www.springframework.org/schema/beans"
    xmlns:xsi="http://www.w3.org/2001/XMLSchema-instance"
    xmlns:p="http://www.springframework.org/schema/p"
    xsi:schemaLocation="http://www.springframework.org/schema/beans
     http://www.springframework.org/schema/beans/spring-beans-3.0.xsd
     http://www.springframework.org/schema/aop
    http://www.springframework.org/schema/aop/spring-aop-3.0.xsd"
    xmlns:aop="http://www.springframework.org/schema/aop"
    >
    <!-- 配置需要被 Spring 管理的 Bean-->
    <!-- 老师 -->
    <bean id="TeacherImpl" class="com.ascent.aopimpl.TeacherImpl"/>
    <!-- 学生 -->
    <bean id="Student" class="com.ascent.aopimpl.Student"></bean>
    <!-- 为接口类设置切点 -->
    <aop:config proxy-target-class="true">
        <aop:aspect ref="Student">
            <!-- 之前 -->
             <aop:before pointcut="execution(* com.ascent.aopimpl.TeacherImpl.
teach(..))" method="sit"/>
            <!-- 之前 -->
             <aop:before pointcut="execution(* com.ascent.aopimpl.TeacherImpl.
teach(..))" method="greet"/>
            <!-- 之后 -->
            <aop:after-returning pointcut="execution(* com.ascent.aopimpl.
TeacherImpl.teach(..))" method="ask"/>
            <!-- 之后 -->
            <aop:after-returning pointcut="execution(* com.ascent.aopimpl.
TeacherImpl.teach(..))" method="dismiss"/>
        </aop:aspect>
    </aop:config>
</beans>
```

(5) 在 com.ascent.aop 目录下编写 Teacher.java,在 com.ascent.aopimpl 目录下编写 TeacherImpl.java、Student.java 和 Test.java,代码如下。

```
//Teacher.java
package com.ascent.aop;
public interface Teacher {
    public void teach();
}
//TeacherImpl.java
package com.ascent.aopimpl;
import com.ascent.aop.Teacher;
public class TeacherImpl implements Teacher{
        @Override
        public void teach() {
            System.out.println("教师开始教课");
        }
}
//Student.java
package com.ascent.aopimpl;
public class Student {
    public Student() {
    }
    public void sit()
    {
        System.out.println("学生来到教室");
    }
    public void greet()
    {
        System.out.println("向老师问好");
    }
    public void ask()
    {
        System.out.println("上课提问");
    }
    public void dismiss()
    {
        System.out.println("下课");
    }
}
//Test.java
package com.ascent.aopimpl;
import org.springframework.context.ApplicationContext;
import org.springframework.context.support.ClassPathXmlApplicationContext;
public class Test {
    public static void main(String[] args)
    {
        ApplicationContext apc=new ClassPathXmlApplicationContext
("applicationContext.xml");
        TeacherImpl teacher=(TeacherImpl) apc.getBean("TeacherImpl");
```

```
        teacher.teach();
    }
}
```

(6) 右击 Test 类，从弹出的快捷菜单中选择 Run As→Java Application，得到如下结果：

```
学生来到教室
向老师问好
教师开始教课
上课提问
下课
```

11.6 事务处理

Spring 框架引人注目的重要因素之一是它全面的事务支持。Spring 框架提供了一致的事务管理抽象，这带来了以下好处。

- 为复杂的事务 API 提供了一致的编程模型，如 JTA、JDBC、Hibernate、JPA 和 JDO。
- 支持声明式事务管理。
- 提供比大多数复杂的事务 API(如 JTA)更简单的、更易于使用的编程式事务管理 API。
- 非常好地整合 Spring 的各种数据访问抽象。

11.6.1 声明式事务处理

首先重点介绍声明式事务处理(declarative transactions)。声明式事务处理是由 Spring AOP 实现的。大多数 Spring 用户选择声明式事务管理。这是最少影响应用代码的选择，因而这和非侵入性的轻量级容器的观念一致。如果应用中存在大量事务操作，那么声明式事务管理通常是首选方案。它将事务管理与业务逻辑分离，而且在 Spring 中配置也不难。

从考虑 EJB CMT 和 Spring 声明式事务管理的相似以及不同之处出发是很有益的。它们的基本方法相似：都可以指定事务管理到单独的方法；如果需要，可以在事务上下文调用 setRollbackOnly()方法。不同之处在于如下所述。

- 不像 EJB CMT 绑定在 JTA 上，Spring 声明式事务管理可以在任何环境下使用。只更改配置文件，它就可以和 JDBC、JDO、Hibernate 或其他的事务机制一起工作。
- Spring 的声明式事务管理可以应用到任何类(以及那个类的实例)上，不仅像 EJB 那样的特殊类。
- Spring 提供了声明式的回滚规则：EJB 没有对应的特性，具体将在下面讨论。回滚可以声明式地控制，不仅仅是编程式的。
- Spring 允许通过 AOP 定制事务行为。例如，如果需要，可以在事务回滚中插入定制的行为。也可以增加任意的通知，就像事务通知一样。使用 EJB CMT，除了使用 setRollbackOnly()，没有办法能够影响容器的事务管理。

Spring 不提供高端应用服务器提供的跨越远程调用的事务上下文传播。如果需要这些特性，推荐使用 EJB。然而，不要轻易使用这些特性。通常我们并不希望事务跨越远程调用。

回滚规则的概念比较重要：它使我们能够指定什么样的异常(和 throwable)将导致自动

回滚。我们在配置文件中声明式地指定,无须在 Java 代码中。同时,仍旧可以通过调用 TransactionStatus 的 setRollbackOnly() 方法编程式地回滚当前事务。通常,定义一条规则,声明 MyApplicationException 必须总是导致事务回滚。这种方式带来了显著的好处,它使你的业务对象不必依赖于事务设施。典型的例子是不必在代码中导入 Spring API、事务等。

对 EJB 来说,默认的行为是 EJB 容器在遇到系统异常(通常指运行时异常)时自动回滚当前事务。EJB CMT 遇到应用异常(例如,除了 java.rmi.RemoteException 外的 checked exception)时并不会自动回滚。默认式 Spring 处理声明式事务管理的规则遵守 EJB 习惯(只在遇到 unchecked exceptions 时自动回滚),但通常定制这条规则会更有用。

Spring 的事务管理是通过 AOP 代理实现的。其中的事务通知由元数据(目前基于 XML 或注解)驱动。代理对象与事务元数据结合产生了一个 AOP 代理,它使用一个 PlatformTransactionManager 实现配合 TransactionInterceptor,在方法调用前后实施事务。从概念上说,在事务代理上调用方法的工作过程看起来如图 11-1 所示。

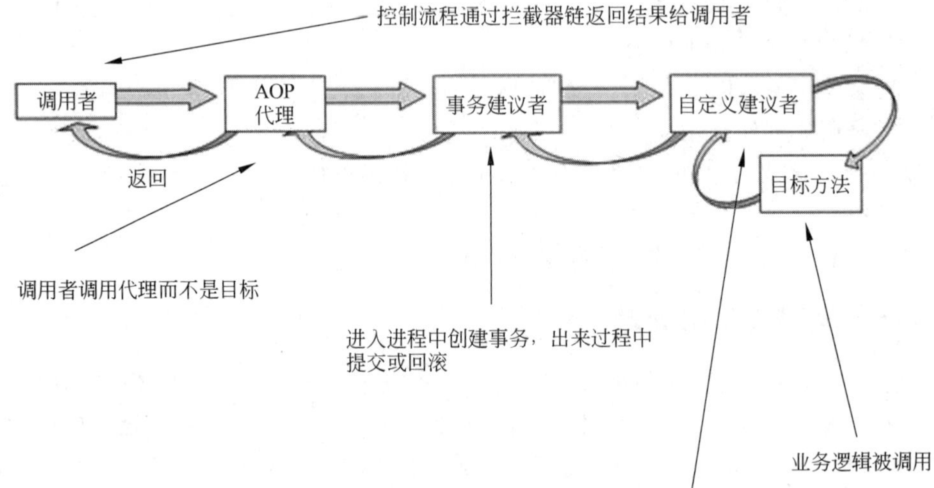

图 11-1 Spring 的事务代理模型

类似于 EJB 的容器管理事务(container managed transaction),可以在配置文件中声明对事务的支持,可以精确到单个方法的级别。这通常通过 TransactionProxyFactoryBean 设置 Spring 事务代理。我们需要一个目标对象包装在事务代理中。这个目标对象一般是一个普通 Java 对象的 bean。当定义 TransactionProxyFactoryBean 时,必须提供一个相关的 PlatformTransactionManager 的引用和事务属性。事务属性含有上面描述的事务定义。

例如,可以使用以下配置:

```
<bean id="orderService" class="org.springframework.transaction.
    interceptor.TransactionProxyFactoryBean">
  <property name="transactionManager">
   <ref local="myTransactionManager"/>
  </property>
  <property name="target"><ref local="orderTarget"/></property>
```

```
    <property name="transactionAttributes">
    <props>
       <prop key="find * ">
      PROPAGATION_REQUIRED,readOnly,-OrderException
       </prop>
       <prop key="save * ">
      PROPAGATION_REQUIRED,-OrderMinimumAmountException
       </prop>
       <prop key="update * ">
      PROPAGATION_REQUIRED,-OrderException
       </prop>
    </props>
    </property>
</bean>
```

通过以上配置声明，Spring 会自动帮助我们处理事务。也就是说，对于 orderTarget 类中的所有以 find、save 和 update 开头的方法，会自动增加事务管理服务。

这里的 transaction attributes 属性通过定义在 org. springframework. transaction. interceptor 中的 NameMatchTransactionAttributeSource 的属性格式设置。这个包括通配符的方法名称映射是很直观的。注意 save * 的映射的值包括回滚规则。添加的-OrderMinimumAmountException 指定如果方法抛出 OrderMinimumAmountException 或它的子类，事务将会自动回滚。可以用逗号分隔定义多个回滚规则。-前缀强制回滚，＋前缀指定提交(这允许即使抛出 unchecked 异常时也可以提交事务，当然你要明白自己在做什么)。

TransactionProxyFactoryBean 允许通过 preInterceptors 和 postInterceptors 属性设置"前"或"后"通知提供额外的拦截行为。可以设置任意数量的"前"和"后"通知，它们的类型可以是 Advisor(可以包含一个切入点)、MethodInterceptor 或被当前 Spring 配置支持的通知类型(如 ThrowAdvice、AfterReturningAdvice 或 BeforeAdvice，这些都是默认支持的)。这些通知必须支持实例共享模式。如果需要高级 AOP 特性使用事务，最好使用通用的 org. springframework. aop. framework. ProxyFactoryBean，而不是 TransactionProxyFactoryBean 实用代理创建者。

也可以设置自动代理：配置 AOP 框架，不需要单独的代理定义类就可以生成类的代理。

Spring 2.0 及以后的版本中，声明式事务的配置与之前的版本有相当大的不同。主要差异在于，不再需要配置 TransactionProxyFactoryBean 了。当然，Spring 2.0 之前的旧版本风格的配置仍然是有效的。

我们在项目中使用了这种方式。

```
< bean id =" transactionInterceptor " class =" org. springframework. transaction.
interceptor.TransactionInterceptor">
        <!--  事务拦截器 bean 需要依赖注入一个事务管理器 -->
        <property name="transactionManager" ref="transactionManager"/>
        <property name="transactionAttributes">
            <!--  下面定义事务传播属性-->
            <props>
                <prop key="find * ,get * ">PROPAGATION_REQUIRED,readOnly</prop>
```

```
                <prop key="save*,update*,delete*">PROPAGATION_REQUIRED</prop>
            </props>
        </property>
    </bean>
    <!-- 定义 BeanNameAutoProxyCreator-->
    <bean class="org.springframework.aop.framework.autoproxy.
BeanNameAutoProxyCreator">
        <!--  指定对满足哪些 bean name 的 bean 自动生成业务代理 -->
        <property name="beanNames">
            <!--  下面是所有需要自动创建事务代理的 bean-->
            <list>
                <value>usrService</value>
                <value>productService</value>
                <value>userProductService</value>
                <value>ordersService</value>
                <value>orderitemService</value>
                <value>mailService</value>
            </list>
            <!--  此处可增加其他需要自动创建事务代理的 bean-->
        </property>
        <!--  下面定义 BeanNameAutoProxyCreator 所需的事务拦截器-->
        <property name="interceptorNames">
            <list>
                <!-- 此处可增加其他新的 Interceptor -->
                <value>transactionInterceptor</value>
            </list>
        </property>
```

11.6.2 编程式事务处理

当只有很少的事务操作时，编程式事务管理通常比较合适。例如，如果有一个 Web 应用，其中只有特定的更新操作有事务要求，你可能不愿使用 Spring 或其他技术设置事务代理。

Spring 提供了两种方式的编程式事务管理。

- 使用 TransactionTemplate。
- 直接使用一个 PlatformTransactionManager 实现。

推荐采用第一种方法(即使用 TransactionTemplate)。

1. 使用 TransactionTemplate

TransactionTemplate 采用与 Spring 中别的模板同样的方法，如 JdbcTemplate 和 HibernateTemplate。它使用回调机制，将应用代码从样板式的资源获取和释放代码中解放出来，不再有大量的 try/catch/finally/try/catch 代码块。同样，和别的模板类一样，TransactionTemplate 类的实例是线程安全的。

必须在事务上下文中执行的应用代码看起来像这样：(注意，使用 TransactionCallback 可以有返回值)

```
Object result = tt.execute(new TransactionCallback() {
```

```
        public Object doInTransaction(TransactionStatus status) {
            updateOperation1();
            return resultOfUpdateOperation2();
        }
    });
```

如果不需要返回值，更方便的方式是创建一个 TransactionCallbackWithoutResult 的匿名类，具体如下：

```
    tt.execute(new TransactionCallbackWithoutResult() {
        protected void doInTransactionWithoutResult(TransactionStatus status) {
            updateOperation1();
            updateOperation2();
        }
    });
```

回调方法内的代码可以通过调用 TransactionStatus 对象的 setRollbackOnly()方法回滚事务。

想使用 TransactionTemplate 的应用类，必须能访问一个 PlatformTransactionManager（典型情况下通过依赖注入提供）。这样的类很容易做单元测试，只需要引入一个 PlatformTransactionManager 的伪类或桩类。这里没有 JNDI 查找、没有静态诡计，它是一个如此简单的接口。像往常一样，使用 Spring 可极大地简化单元测试。

2. 使用 PlatformTransactionManager

也可以直接使用 org.springframework.transaction.PlatformTransactionManager 的实现管理事务。只需通过 bean 引用简单地传入一个 PlatformTransactionManager 实现，然后使用 TransactionDefinition 和 TransactionStatus 对象，就可以启动一个事务，提交或回滚。

```
DefaultTransactionDefinition def = new DefaultTransactionDefinition();
def.setPropagationBehavior(TransactionDefinition.PROPAGATION_REQUIRED);
TransactionStatus status = txManager.getTransaction(def);
try {
    //execute your business logic here
}
catch (MyException ex) {
    txManager.rollback(status);
    throw ex;
}
txManager.commit(status);
```

11.7 项目案例

11.7.1 学习目标

本章详细介绍了 Spring AOP 概念，其中重点讲解了 Spring 的切入点、通知类型和 Advisor，还详细介绍了使用 ProxyFactoryBean 创建 AOP。该章还重点讲解了事务处理，其中包括声明式事务处理和编程式事务处理。

11.7.2 案例描述

本章案例仍为注册功能,用户填写注册信息,提交并注册后保存用户信息到数据库中的用户表。在第 10 章的基础上,在 Spring 中应用 AOP 产生 DAO 类的代理,注入 Struts Action 模拟类。

11.7.3 案例要点

第 10 章的注册功能使用 Spring IoC 管理 Struts 和 Hibernate 框架模拟类的依赖关系,将 DAO 的模拟类注入给 Struts 模拟类,本章使用代理工厂产生 DAO 模拟类的代理注入 Struts 模拟类中,在此代理上使用 Spring 的声明式事务处理完成事务操作。

11.7.4 案例实施

(1) Spring 框架的添加参照前面章节的案例。

(2) 模拟注册页面的 SpringRegistTest.java 类不变,参照前一章节。

(3) 模拟 Struts Action 类需要修改,将注入的属性 dao 的类型由类类型改为接口类型,AOP 采用 JDK 动态代理产生的代理对象为接口类型,SpringRegistAction.java 代码如下。

```
package com.ascent.anli;
import com.ascent.po.Usr;
/**
 * Spring IoC 模拟案例
 * 注册功能的 Struts Action 模拟实现类,需要调用 Hibernate DAO 模拟类
 * 两个类的依赖关系由 Spring IoC 注入
 *
 * Spring AOP 模拟案例,此时需要在模拟 IoC 的基础上将 dao 变量的类型改为接口类型
 * @author LEE
 *
 * /
public class SpringRegistAction {
    //private SpringRegistDAO dao;
    //AOP 案例,需要将 dao 类型声明为接口类型
    private SpringUsrDAO dao;
    private Usr usr;
    / * public SpringRegistDAO getDao() {
        return dao;
    }
    public void setDao(SpringRegistDAO dao) {
        this.dao = dao;
    } * /
    public SpringUsrDAO getDao() {
        return dao;
    }
    public void setDao(SpringUsrDAO dao) {
```

```
        this.dao = dao;
    }
    public Usr getUsr() {
        return usr;
    }
    public void setUsr(Usr usr) {
        this.usr = usr;
    }
    public String execute(){
        //直接使用 dao,该 dao 是 Spring IoC 注入过来的 Hibernate DAO 模拟类实例
        boolean flag = dao.saveUsr(usr);
        if(flag)
            return "success";
        else
            return "input";
    }
}
```

(4) 开发一个用户数据访问类的接口,SpringUsrDAO.java 代码如下。

```
package com.ascent.anli;
import com.ascent.po.Usr;
/**
 * 为 Spring AOP 案例提供用户数据操作 UsrDAO 的模拟接口
 * @author LEE
 *
 * /
public interface SpringUsrDAO {
    public boolean saveUsr(Usr usr);
}
```

(5) hibernate DAO 的实现类需要在前面章节的基础上修改,需要实现 SpringUsrDAO 接口,还需要继承 Spring 框架提供的 HibernateDaoSupport 完成保存用户功能,代码如下。

```
package com.ascent.anli;
import org.hibernate.HibernateException;
import org.hibernate.Session;
import org.hibernate.Transaction;
import org.springframework.dao.DataAccessException;
import org.springframework.orm.hibernate3.support.HibernateDaoSupport;
import com.ascent.po.Usr;
/**
 * Spring IoC 模拟案例
 * 注册功能的 Hibernate DAO 模拟类,该类完成注册功能,需要注入给 Struts Action 模拟类
 * 两个类的依赖关系由 Spring IoC 注入
 *
 * Spring AOP 案例需要实现模拟接口 SpringUsrDAO,继承 hibernateDaoSupport 实现注册
 * 该 hibernateDaoSupport 中需要注入 SessionFactory 实现
```

```
 * Spring 提供 TransactionManager 完成事务处理
 * 该案例使用 AOP 完成声明式事务处理功能
 * @author LEE
 *
 * /
public class SpringRegistDAO extends HibernateDaoSupport  implements SpringUsrDAO{
    /**
     * 注册用户功能
     * @param usr
     * @return
     * /
    public boolean saveUsr(Usr usr){
        / *
         * Spring IoC 功能实现代码
         Session session = HibernateSessionFactory.getSession();
        Transaction tr = session.beginTransaction();
        try {
            session.save(usr);
            tr.commit();
            return true;
        } catch (HibernateException e) {
            e.printStackTrace();
            tr.rollback();
        }finally{
            if(session!=null)
                session.close();
        }
        return false; * /
        /**
         * Spring AOP 功能实现代码
         * 事务处理在 Spring 中声明式完成
         * /
        try {
            this.getHibernateTemplate().save(usr);
            return true;
        } catch (DataAccessException e) {
            e.printStackTrace();
            return false;
        }
    }
}
```

(6) Spring 配置文件 applicationContext.xml 需要增加 DataSource、SessionFactory 及 AOP 实现声明式事务处理的配置,代码如下。

```
<?xml version="1.0" encoding="UTF-8"?>
<beans
```

```
    xmlns="http://www.springframework.org/schema/beans"
    xmlns:xsi="http://www.w3.org/2001/XMLSchema-instance"
    xsi:schemaLocation="http://www.springframework.org/schema/beans
http://www.springframework.org/schema/beans/spring-beans-2.0.xsd">
    <!-- Spring AOP 案例中,hibernate dao 继承了 HibernateDaoSupport,需要 sessionFactory
            在该 SessionFactory 中可以加载 hibernate 配置文件或加载 DataSource 数据源
     -->
     <bean id="dataSource"
        class=" org.springframework.jdbc.datasource.DriverManagerDataSource">
        <property name="driverClassName"
            value="com.mysql.jdbc.Driver">
        </property>
        <property name="url"
            value="jdbc:mysql://localhost:3306/acesys">
        </property>
        <property name="username" value="root"></property>
        <property name="password" value="root"></property>
    </bean>
    <bean id="sessionFactory"
        class="org.springframework.orm.hibernate3.LocalSessionFactoryBean">
        <property name="dataSource">
            <ref bean="dataSource" />
        </property>
        <property name="hibernateProperties">
            <props>
                <prop key="hibernate.dialect">
                    org.hibernate.dialect.MySQLDialect
                </prop>
                <prop key="show_sql">true</prop>
            </props>
        </property>
        <property name="mappingResources">
            <list>
                <value>com/ascent/po/Usr.hbm.xml</value>
            </list>
        </property>
        </bean>
    <!-- 配置注册的 Hibernate DAO 模拟类 -->
    <bean id="usrDAO" class="com.ascent.anli.SpringRegistDAO">
        <!--Spring AOP 案例中,dao 实现 HibernateDaoSupport,需要注入 sessionFactory -->
        <property name="sessionFactory">
            <ref bean="sessionFactory"/>
        </property>
    </bean>
    <!-- 配置注册的 Struts Action 模拟类,并注入 dao-->
    <bean id="registAction" class="com.ascent.anli.SpringRegistAction">
```

```
        <property name="dao">
            <ref bean="usrDAO"/>
        </property>
    </bean>
    <!-- 事务处理 bean -->
    <bean id="transactionManager" class="org.springframework.orm.hibernate3.
HibernateTransactionManager">
        <property name="sessionFactory" ref="sessionFactory"/>
    </bean>
    <!-- 事务处理的拦截器配置 -->
    <bean id="transactionInterceptor" class="org.springframework.transaction.
interceptor.TransactionInterceptor">
        <!--  事务拦截器 bean 需要依赖注入一个事务管理器 -->
        <property name="transactionManager" ref="transactionManager"/>
        <property name="transactionAttributes">
            <!--  下面定义事务传播属性-->
            <props>
                <prop key="find*,get*">PROPAGATION_REQUIRED,readOnly</prop>
                <prop key="save*,update*,delete*">PROPAGATION_REQUIRED</prop>
            </props>
        </property>
    </bean>
    <!-- 定义 BeanNameAutoProxyCreator
    配置 beanNames 中的 list 中的 bean 的名字,如 usrDAO
    使用 usrDAO 时,已经是带有事务的代理对象了
    -->
    <bean class="org.springframework.aop.framework.autoproxy.
BeanNameAutoProxyCreator">
        <!--  指定对满足哪些 bean name 的 bean 自动生成业务代理 -->
        <property name="beanNames">
            <!--  下面是所有需要自动创建事务代理的 bean-->
            <list>
                <value>usrDAO</value>
                <!-- 在此还可以增加其他模块 bean 配置 -->
            </list>
        </property>
        <!--  下面定义 BeanNameAutoProxyCreator 所需的事务拦截器-->
        <property name="interceptorNames">
            <list>
                <!-- 此处可增加其他新的 Interceptor -->
                <value>transactionInterceptor</value>
            </list>
        </property>
    </bean>
</beans>
```

(7) 运行测试类进行测试。

11.7.5 特别提示

该案例为模拟案例，所以这里的类都采用 Java 测试类实现，Spring 的 AOP 代理采用面向接口的方式产生，所以要有 DAO 对应的接口开发。

11.7.6 拓展与提高

模拟该功能案例改版用户管理，商品管理中的添加、修改、删除功能，使用 AOP 代理机制及声明式处理方式处理事务。

11.8 本章总结

- Spring AOP 的基本概念
- Spring 的切入点
- Spring 的通知类型
- Spring 中的 advisor
- 用 ProxyFactoryBean 创建 AOP
- 事务处理
- 声明式事务处理
- 编程式事务处理

11.9 习题

1. Spring AOP 的基本概念包括哪些？
2. Spring 的通知类型有哪些？
3. 如何使用 ProxyFactoryBean 创建 AOP 代理？
4. 为什么使用 Spring AOP 代理类，而不是代理接口？
5. 以用户管理为例，如何使用 Spring 的声明式事务处理？

第12章 Struts-Spring-Hibernate 集成

学习目的与学习要求

学习目的：学会 Struts 2、Hibernate 和 Spring 3 个框架的搭建流程及整合过程，包括 Spring 和 Struts 2 的整合、Spring 和 Hibernate 的整合。

学习要求：熟练整合 Struts 2、Hibernate 和 Spring 3 个框架，熟悉在 Spring 中配置和管理 bean 的依赖关系。

本章主要内容

本章重点学习 Struts 2、Hibernate、Spring 3 个框架整合的开发流程，其中包括 Spring 如何和 Hibernate 框架整合，以及 Spring 和 Struts 2 框架整合的方式，并以项目登录为案例完成了 SSH 整合过程。

在分别介绍完 Struts、Spring、Hibernate 3 个框架之后，接下来介绍它们的集成和整合。

12.1 环境搭建和整合流程

开发步骤如下。

(1) 在 MySQL（注意：这里的 MySQL 数据库的用户名和密码都是 root）中创建数据库和 usr 表，并插入两行记录，SQL 语句如下。

```
/*
SQLyog Ultimate v12.09 (64 bit)
MySQL - 5.5.60 : Database - test
*********************************************************************
*/
CREATE DATABASE /*!32312 IF NOT EXISTS*/`test` /*!
40100 DEFAULT CHARACTER SET latin1 */;
```

```
USE `test`;
/* Table structure for table `usr` */
DROP TABLE IF EXISTS `usr`;
CREATE TABLE `usr` (
  `id` int(11) NOT NULL AUTO_INCREMENT,
  `username` varchar(255) DEFAULT NULL,
  `password` varchar(255) DEFAULT NULL,
  PRIMARY KEY (`id`)
) ENGINE=InnoDB AUTO_INCREMENT=3 DEFAULT CHARSET=latin1;
/* Data for the table `usr` */
insert  into `usr`(`id`,`username`,`password`) values (1,'Lixin','123456'),
(2,'admin','123456');
```

(2) 创建 login_ssh_demo Web 工程,如图 12-1 所示。

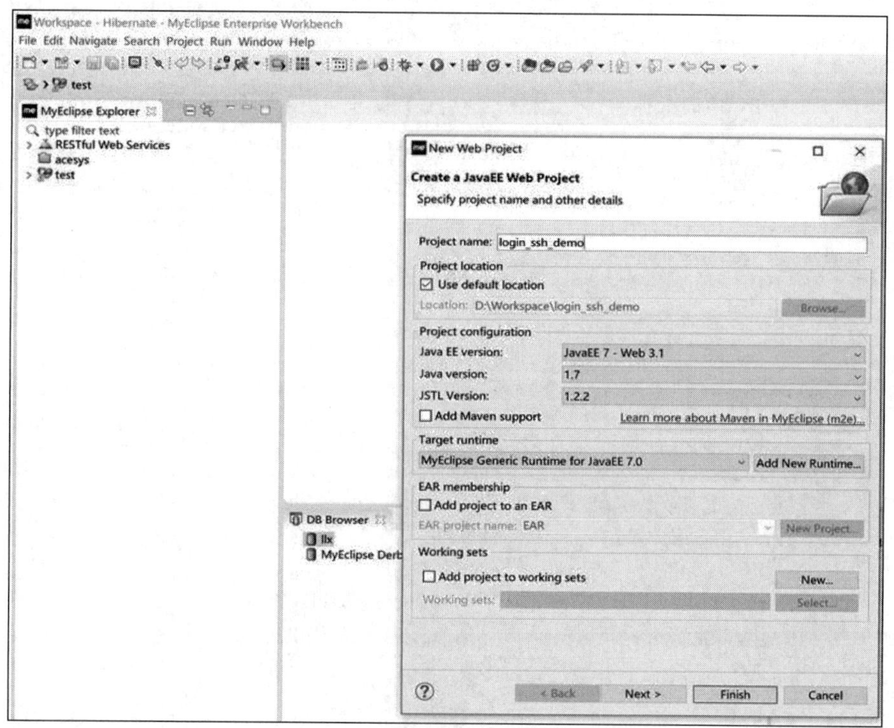

图 12-1 创建工程

在 Project name 中填写 login_ssh_demo,单击 Next 按钮,如图 12-2 所示。

单击 Next 按钮,在弹出的对话框中勾选 Generate web.xml deployment descriptor 复选框,之后单击 Finish 按钮,如图 12-3 所示。

(3) 单击项目目录,在 src 下创建 Package。

首先创建 com.ascent.action。右击 src,从弹出的快捷菜单中选择 New→Package 命令,如图 12-4 所示。

在 Name 处填写 com.ascent.action,如图 12-5 所示。

单击 Finish 按钮,之后用类似的方式创建 com.ascent.dao、com.ascent.po、com.ascent.service 和 com.ascent.util 等 Package。

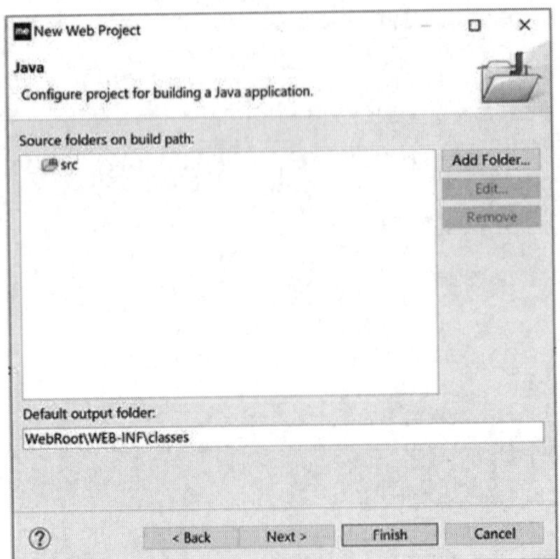

图 12-2　命名工程

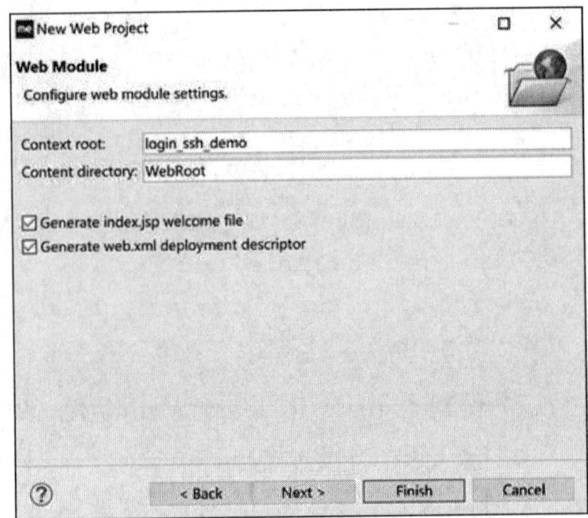

图 12-3　勾选 Generate web.xml deployment descriptor 复选框

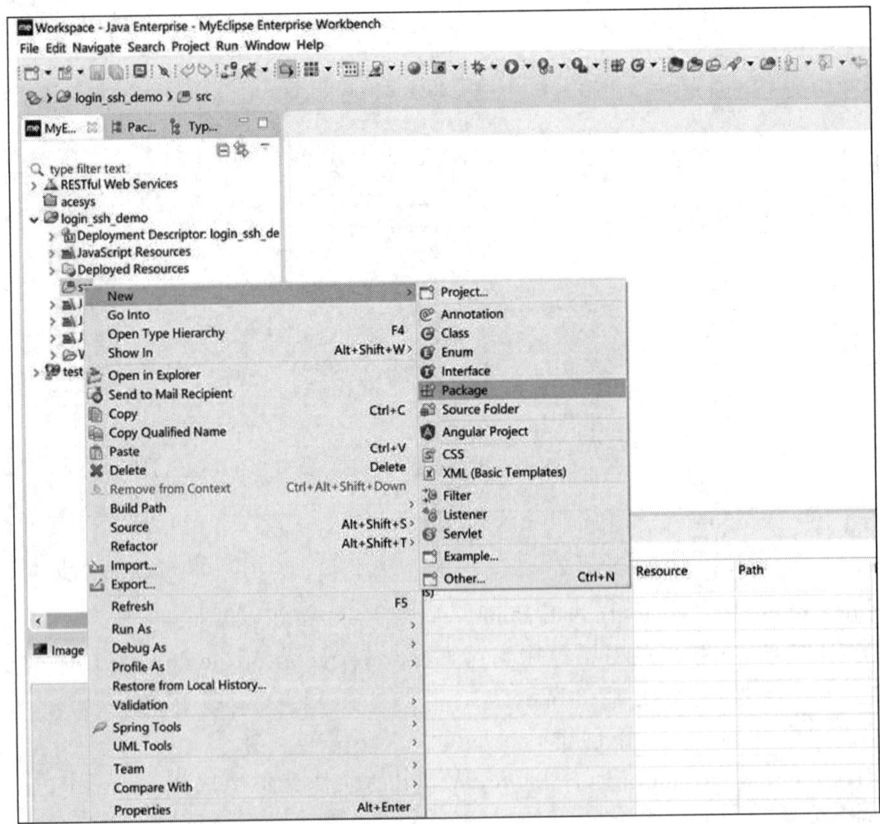

图 12-4　创建 Package

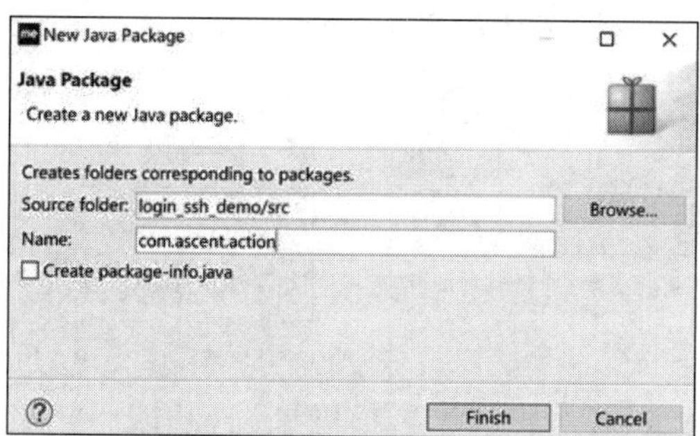

图 12-5 为 Package 命名

(4) 添加 Struts 开发能力。

右击 login_ssh_demo,从弹出的快捷菜单中选择 Configure Facets→Install Apache Struts (2.x) Facet 命令,如图 12-6 所示。

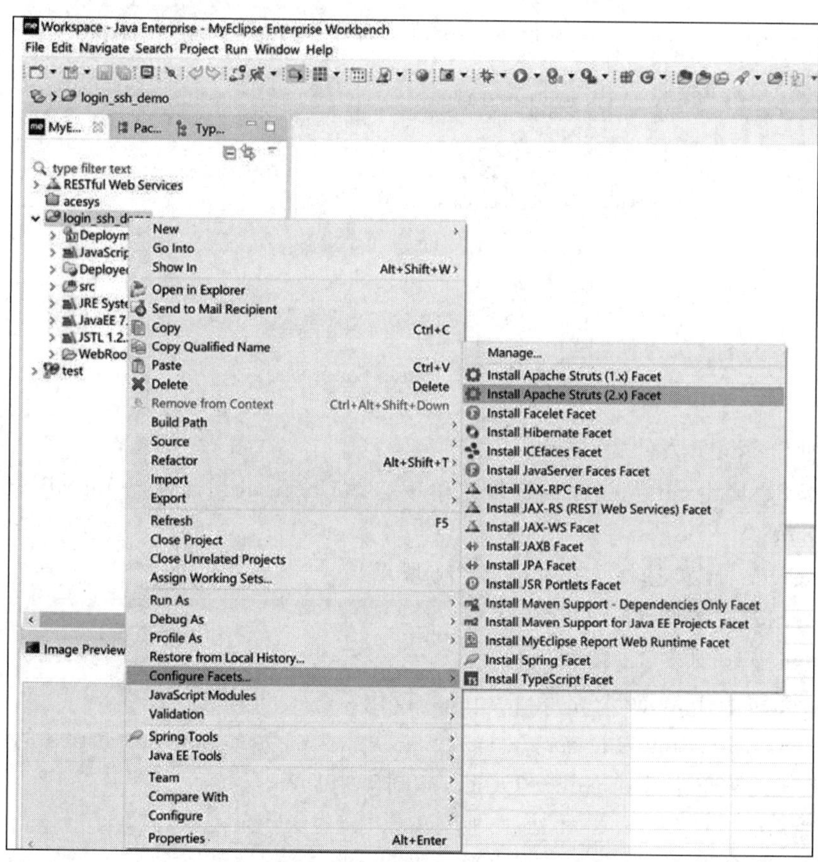

图 12-6 添加 Struts Facet 页面 1

在 Web Struts 2 specification version 处选择 2.1,如图 12-7 所示。

单击 Next 按钮,如图 12-8 所示。

单击 Next 按钮,如图 12-9 所示。

最后单击 Finish 按钮。

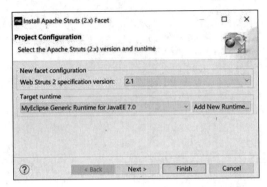

图 12-7　添加 Struts Facet 页面 2

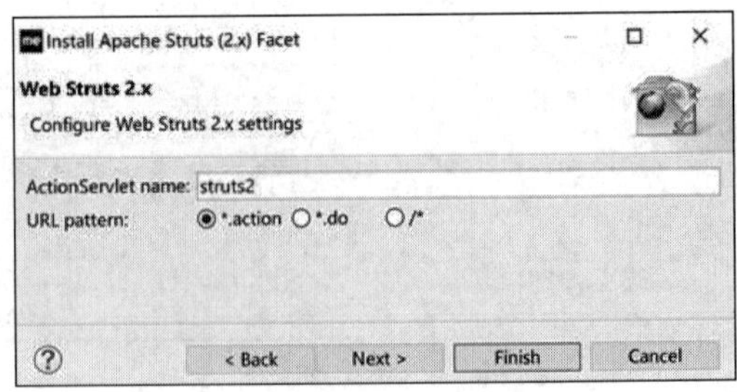

图 12-8　添加 Struts Facet 页面 3

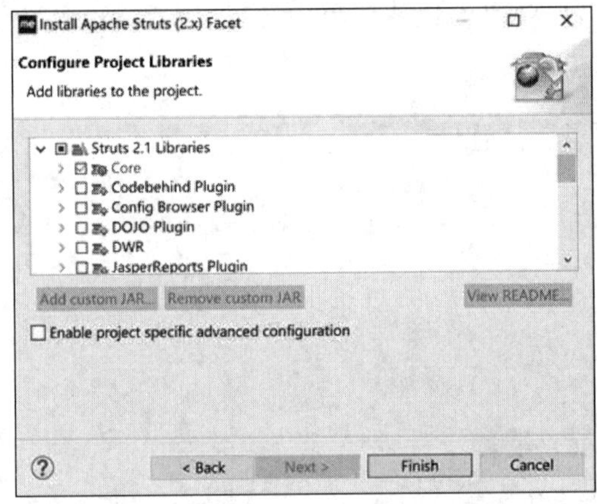

图 12-9　添加 Struts Facet 页面 4

(5) 添加 Spring 开发能力。

右击 login_ssh_demo，从弹出的快捷菜单中选择 Configure Facets→Install Spring Facet，如图 12-10 所示。

在 Spring version 处选择 4.1，如图 12-11 所示。

单击 Next 按钮，如图 12-12 所示。

单击 Next 按钮，如图 12-13 所示。

勾选 Spring Persistence，之后单击 Finish 按钮。

之后需要指定 Spring 为容器：在 src 下建立一个名为 struts.properties 的文件。右击 src，从弹出的快捷菜单中选择 New→Other，如图 12-14 所示。

之后选择 General→File，如图 12-15 所示。

在 File name 处填入 struts.properties，如图 12-16 所示。

单击 Finish 按钮，填写 struts.properties 文件内容如下：

```
struts.objectFactory=spring
```

(6) 添加 Hibernate 开发能力。

在添加 Hibernate 之前，需要先建立一个数据库链接。选择 Window→Show View→Other，如图 12-17 所示。

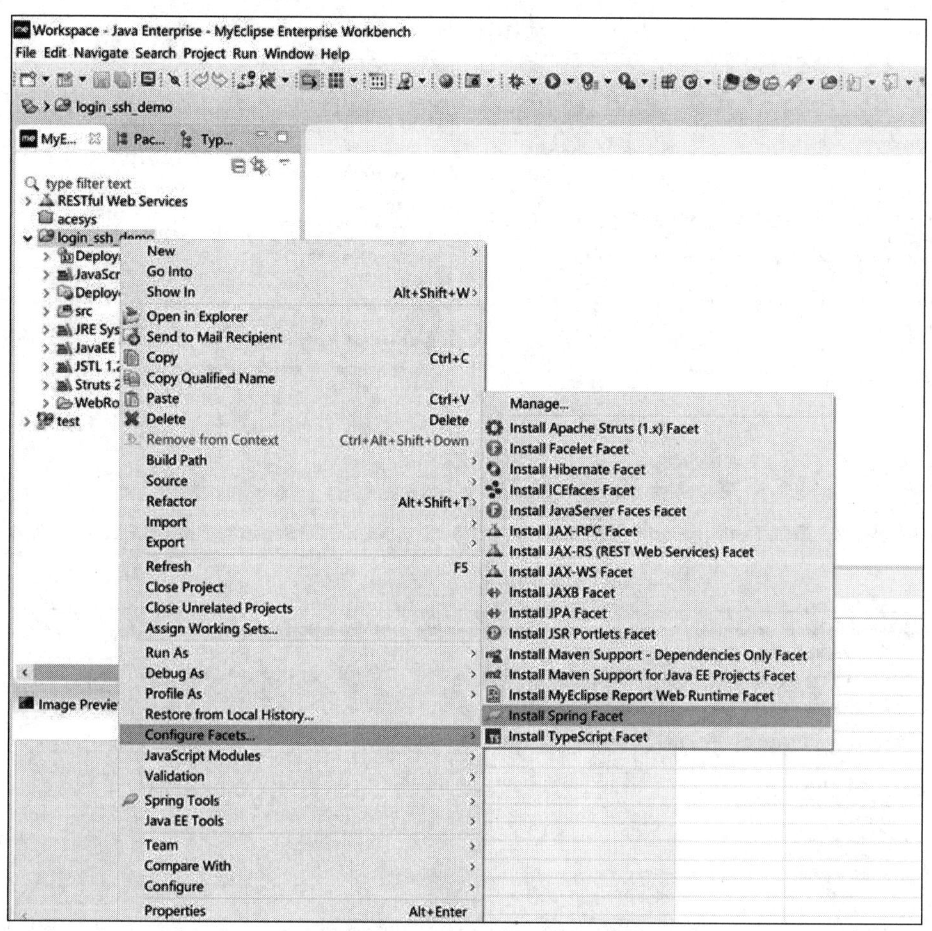

图 12-10 添加 Spring Facet 页面 1

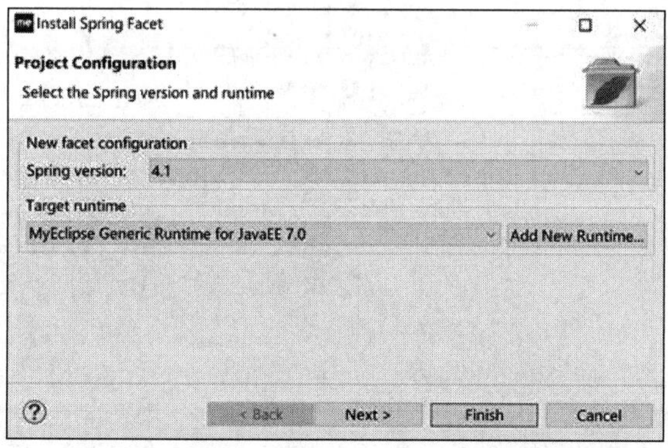

图 12-11 添加 Spring Facet 页面 2

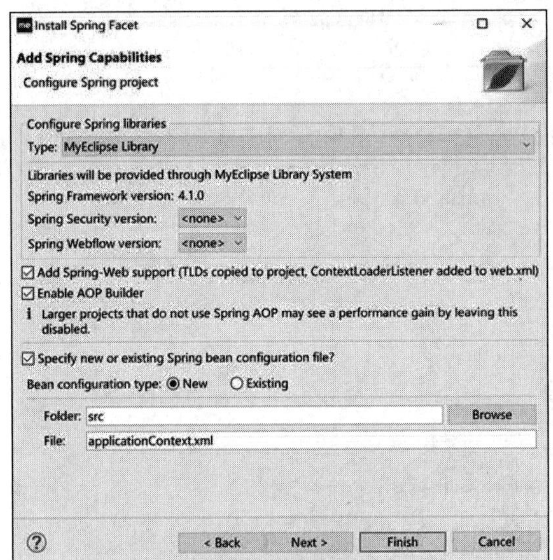

图 12-12　添加 Spring Facet 页面 3

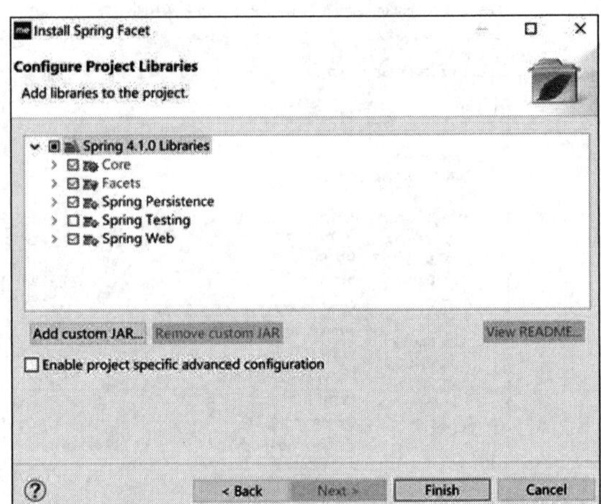

图 12-13　添加 Spring Facet 页面 4

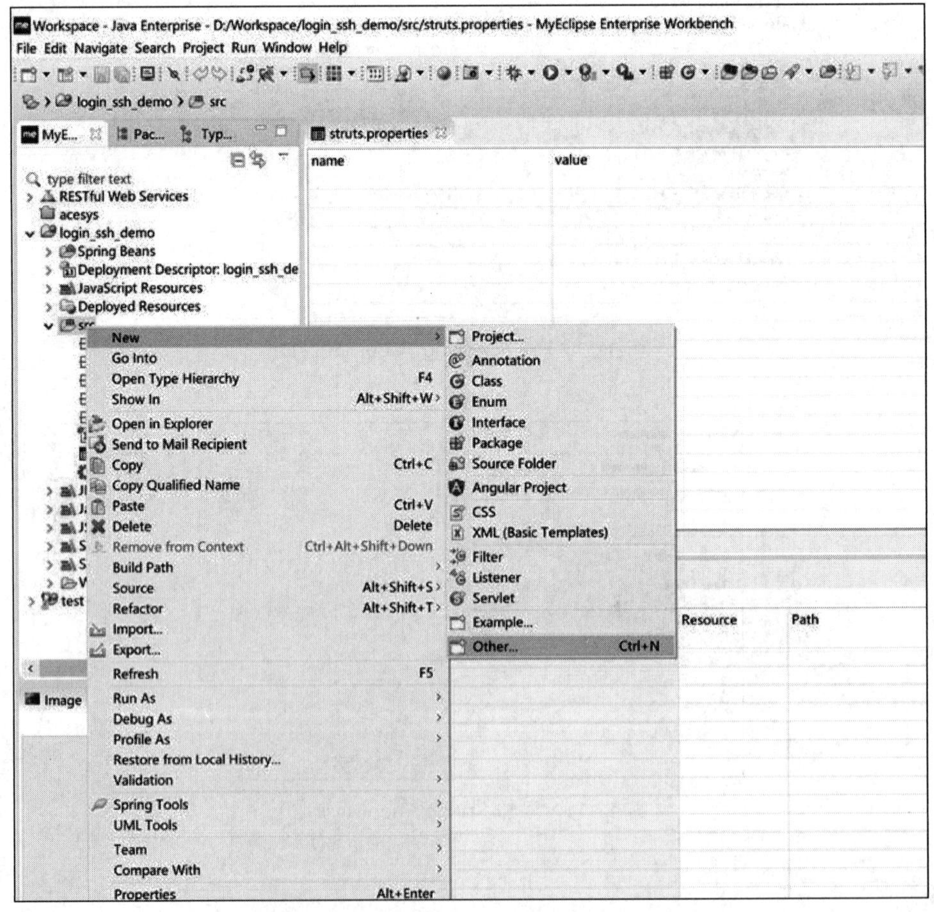

图 12-14　创建 struts.properties 文件页面 1

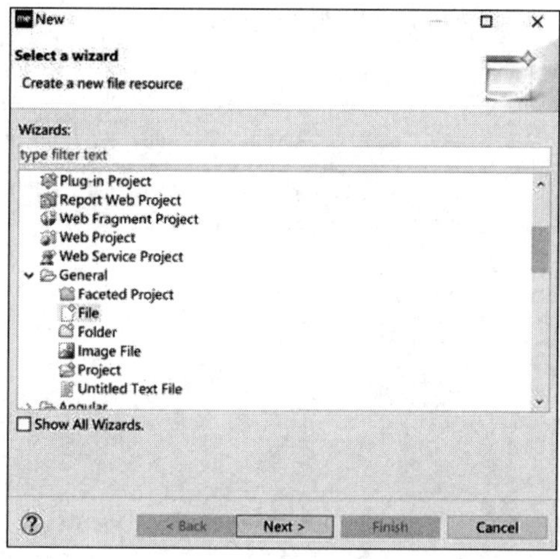

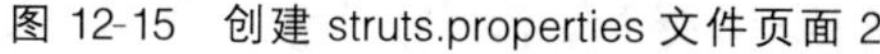
图 12-15 创建 struts.properties 文件页面 2

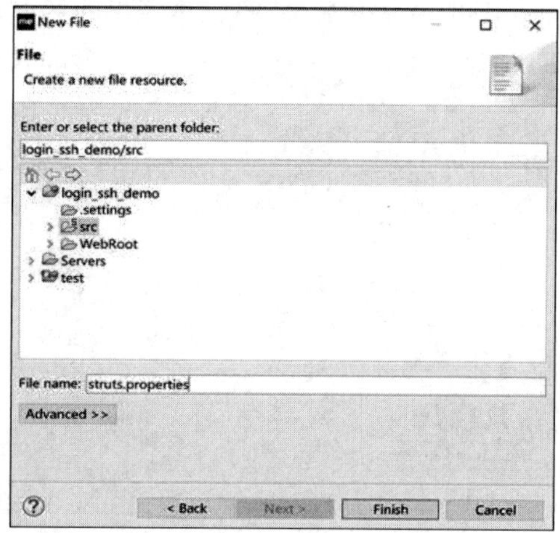

图 12-16 创建 struts.properties 文件页面 3

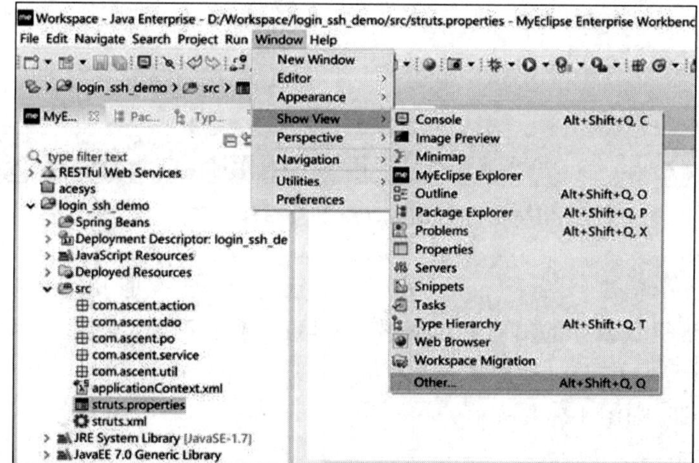

图 12-17 选择 Window→Show View→Other

在 Show View 下选择 DB Browser，如图 12-18 所示。

这时在 MyEclipse 中出现了 DB Brower 视图，如图 12-19 所示。

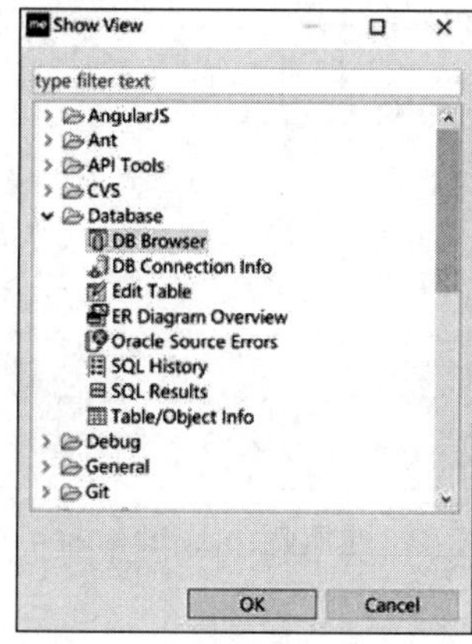

图 12-18 选择 DB Browser

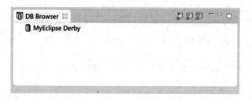

图 12-19 显示 DB Browser

右击 DB Browser 空白处，从弹出的快捷菜单中选择 New，如图 12-20 所示。

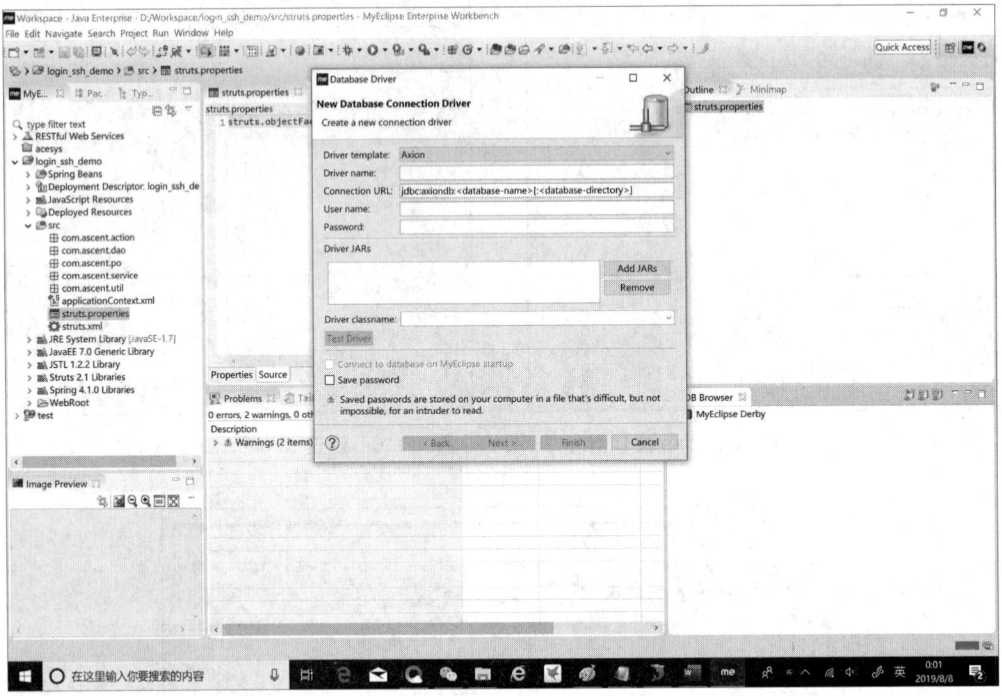

图 12-20　右击 DB Browser 空白处，选择 New

选择和填入各个信息，Driver name 处可以自己命名，这里是 llx，在 Add JARs 中导入 MySQL 驱动包，这里数据库的用户名和密码都是 root（和自己建立的数据库用户名和密码必须保持一致），单击 Next 按钮，如图 12-21 所示。

单击 Next 按钮，如图 12-22 所示。

图 12-21　填入 DB 的相关信息

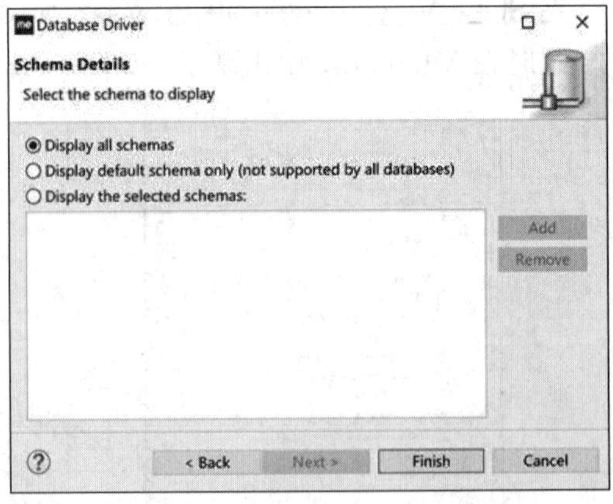

图 12-22　选择 Display all schemas

单击 Finish 按钮，这时在 DB Browser 中出现了 llx，如图 12-23 所示。

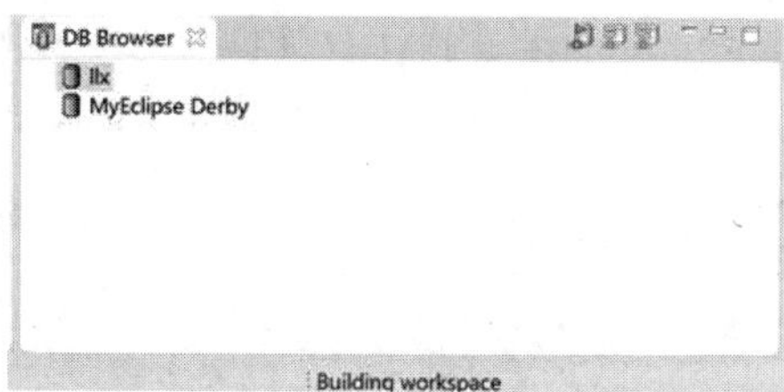

图 12-23 DB Browser 中的 llx

右击 llx，从弹出的快捷菜单中选择 Open Database Connection，出现图 12-24。

填入密码 root，之后单击 OK 按钮，可以看到 test 数据库下的 usr 表，如图 12-25 所示。

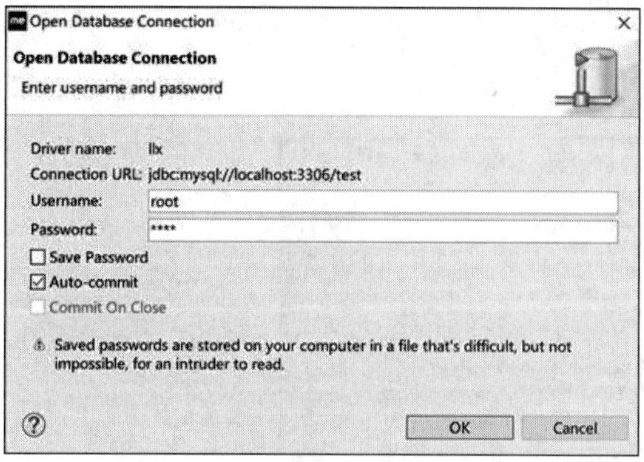

图 12-24 选择 Open Database Connection

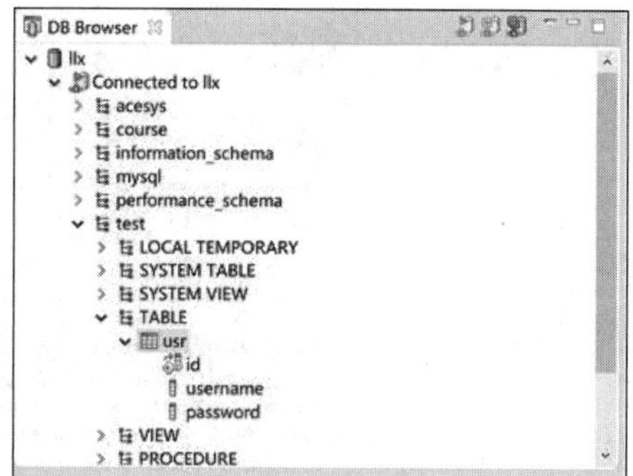

图 12-25 显示 test 数据库下的 usr 表

在 Configure Facets 中选择 Install Hibernate Facet，如图 12-26 所示。

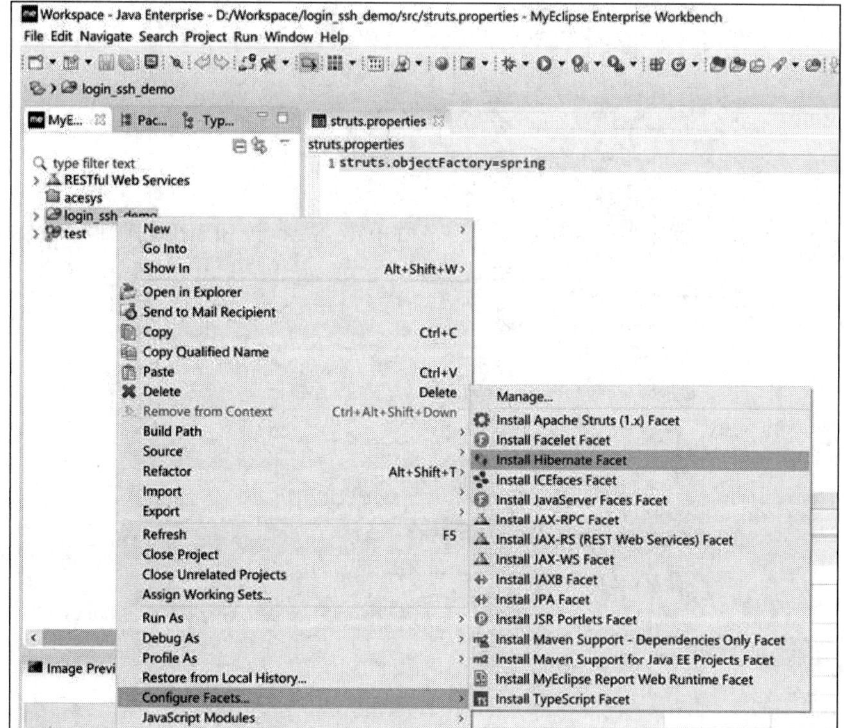

图 12-26 添加 Hibernate Facet 页面 1

在 Hibernate specification version 处选择 4.1，如图 12-27 所示。

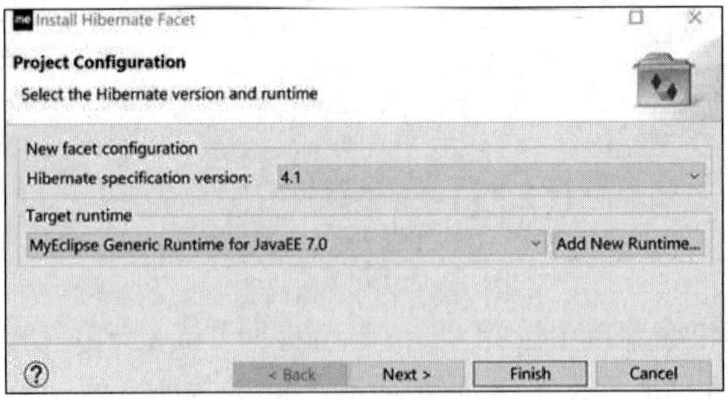

图 12-27 添加 Hibernate Facet 页面 2

单击 Next 按钮，如图 12-28 所示。

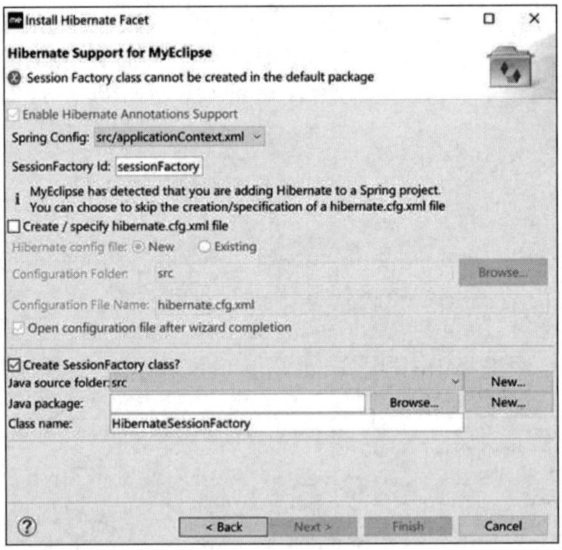

图 12-28 添加 Hibernate Facet 页面 3

在 Java package 中选择 com.ascent.util，之后单击 Next 按钮，出现图 12-29。

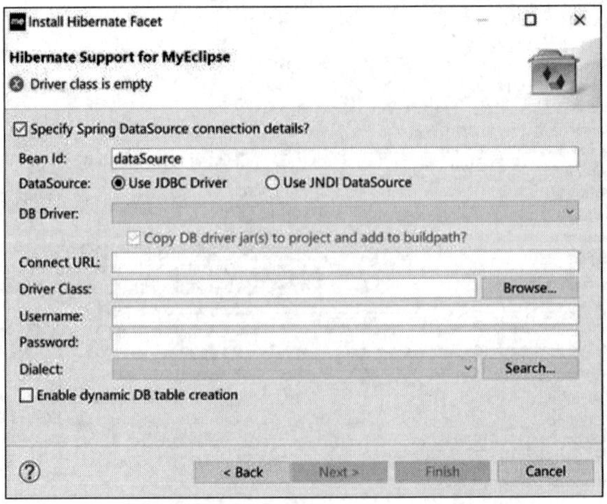

图 12-29 添加 Hibernate Facet 页面 4

在 DB Driver 处选择 llx，在 Password 处填写 root，单击 Next 按钮，如图 12-30 所示。

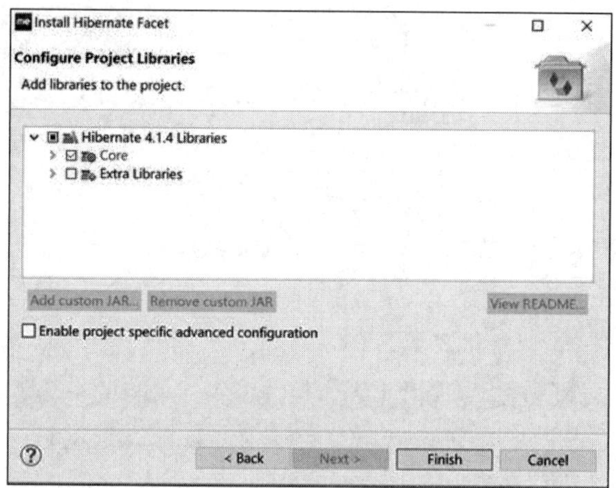

图 12-30　添加 Hibernate Facet 页面 5

之后单击 Finish 按钮。

注：如果 Struts 的 antlr-2.7.2.jar 和 Hibernate 的 antlr-2.7.7.jar 有冲突，那么必须删除一个(例如 Struts 中的 antlr-2.7.2.jar 包)。

方法：选择 Window→Preferences，如图 12-31 所示。

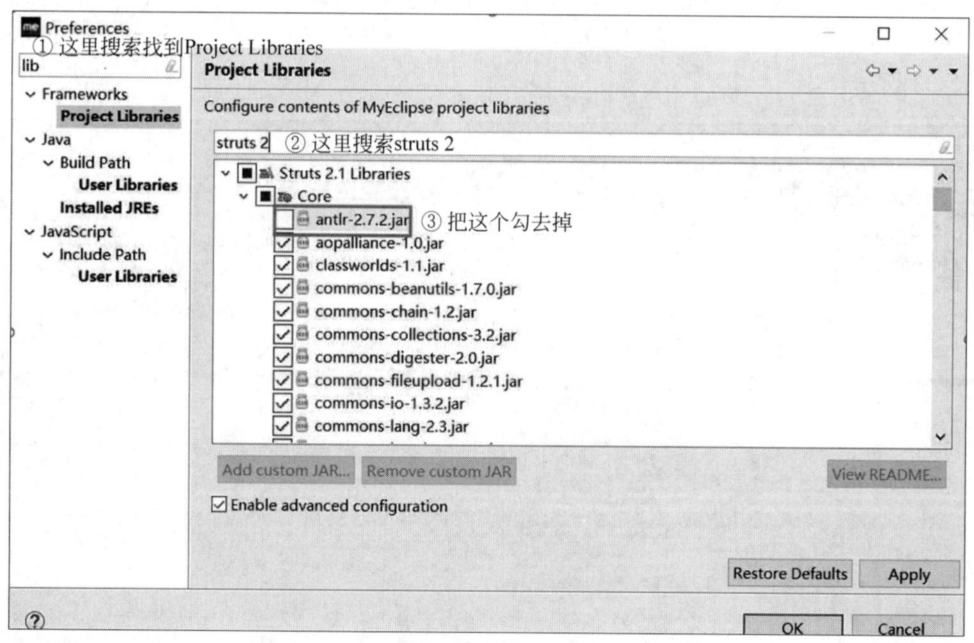

图 12-31　删除 Struts 中的 antlr-2.7.2.jar 包

之后打开 applicationContext.xml，可以看到配置用 Spring 对 Hibernate 进行管理已经完成了，但是还缺数据库驱动，需要手动补上，如图 12-32 所示。

在<bean id="dataSource"> 下新增一个节点：

```
<property name="driverClassName" value="com.mysql.jdbc.Driver"></property>
```

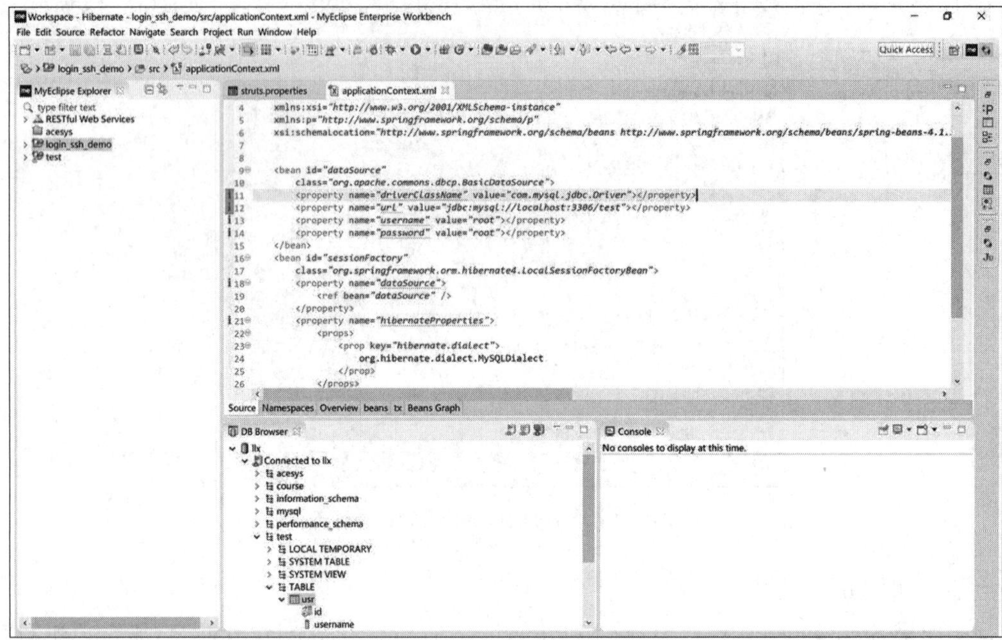

图 12-32　手动补数据库驱动

（7）Hibernate 反向工程生成 POJO 和映射文件。

右击 DB Browser 中的 usr 表，从弹出的快捷菜单中选择 Hibernate Reverse Engineering，如图 12-33 所示。

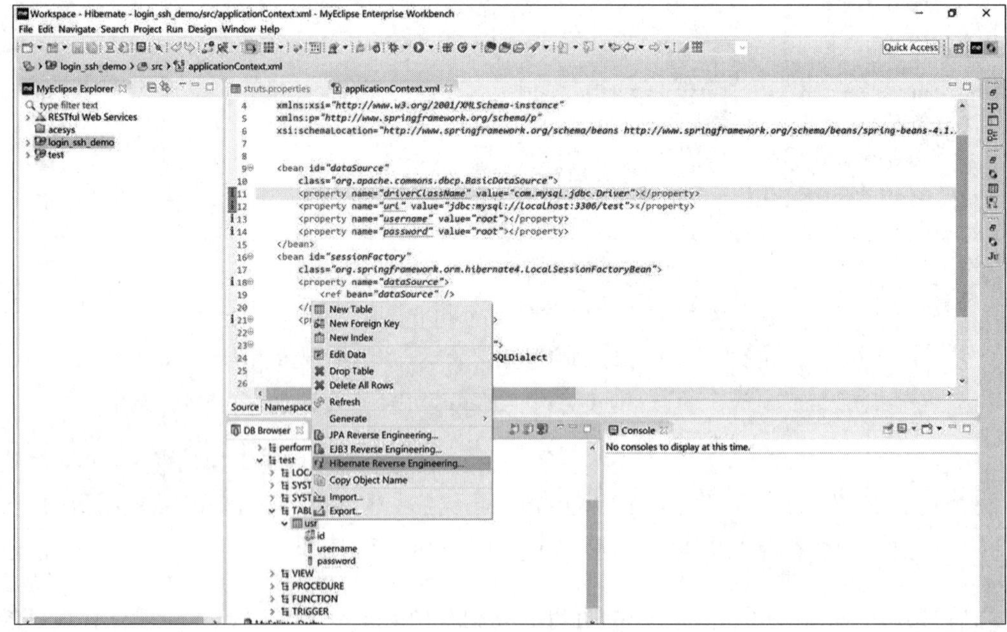

图 12-33　Hibernate 反向工程页面 1

单击 Next 按钮。在 Java package 处选择 com.ascent.po，勾选 Create POJO… 和 Java Data Object…，如图 12-34 所示。

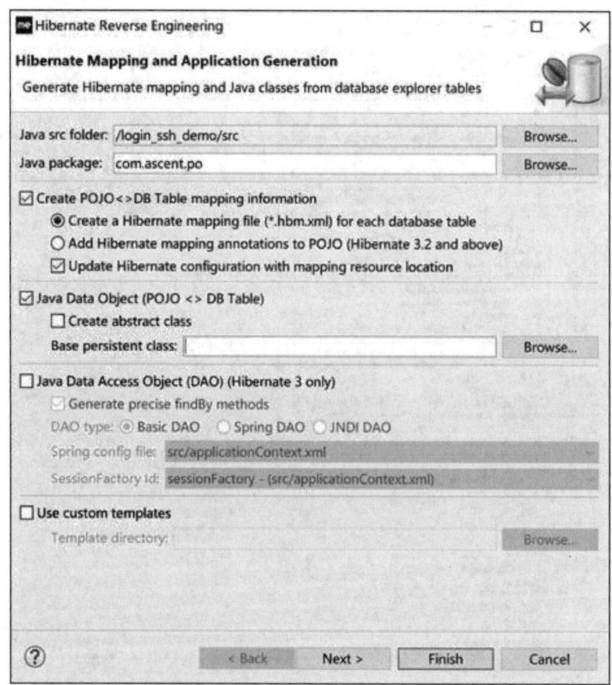

图 12-34 Hibernate 反向工程页面 2

单击 Next 按钮，在 Id Generator 处选择 native，如图 12-35 所示。

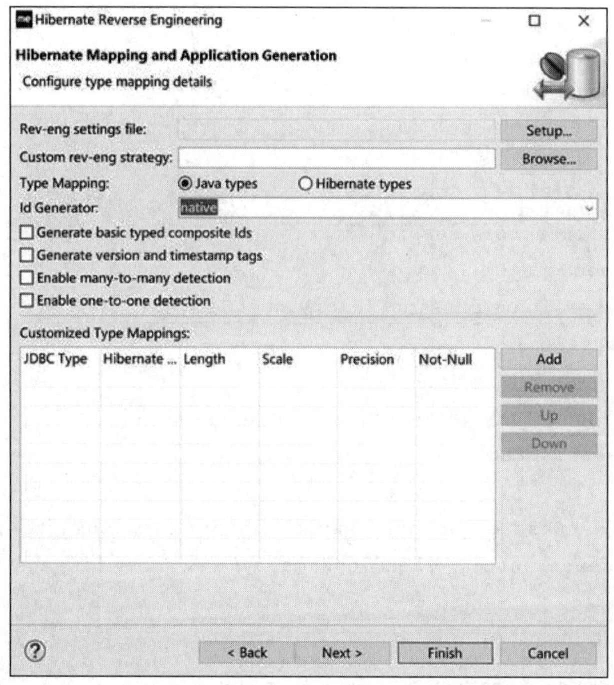

图 12-35 Hibernate 反向工程页面 3

单击 Finish 按钮，这时在 com.ascent.po 中生成了 Usr.java 和 Usr.hbm.xml，如图 12-36 所示。

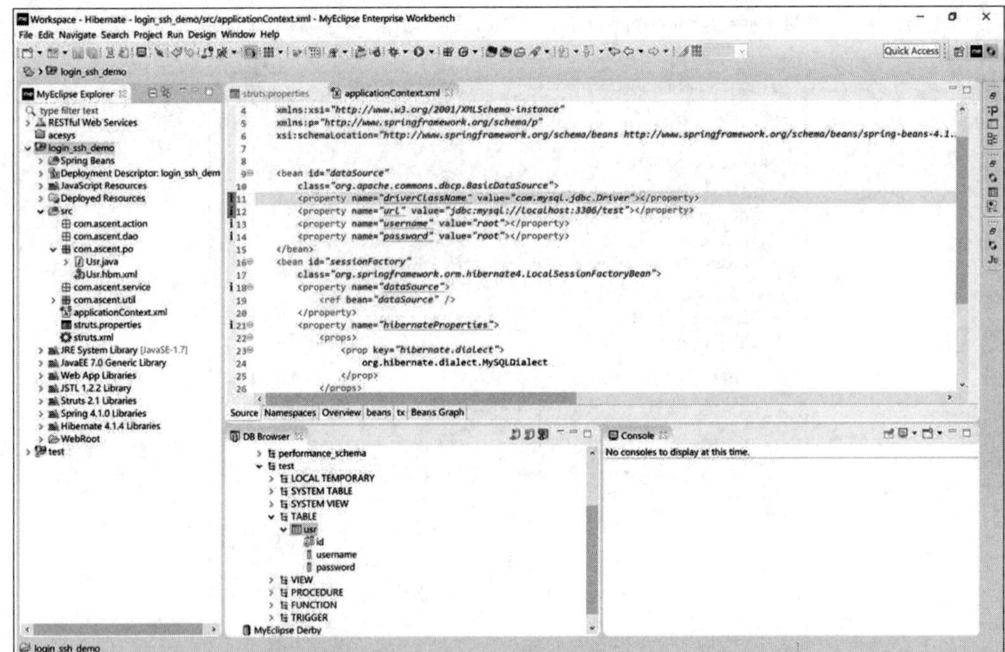

图 12-36 Hibernate 反向工程页面 4

(8) 建立基类 BaseDAO。

使用 BaseDAO 作为基类，其他所有 DAO 都继承自它，这样做的好处是注入 SesseionFactory 的工作只要一次就可以完成了。

```
package com.ascent.dao;
import org.hibernate.Session;
import org.hibernate.SessionFactory;
public class BaseDAO {
    private SessionFactory sessionFactory;
public Session getSession(){
        Session session = sessionFactory.openSession();
        return session;
}
    public SessionFactory getSessionFactory() {
        return sessionFactory;
    }
    public void setSessionFactory(SessionFactory sessionFactory) {
        this.sessionFactory = sessionFactory;
    }
}
```

注册到 Spring 容器中(以下所有的注册指的都是在 applicationContext.xml 中增加代码)

```
<bean id="baseDAO" class="com.ascent.dao.BaseDAO">
        <property name="sessionFactory">
            <ref bean="sessionFactory"/>
```

```
        </property>
</bean>
```

(9) 实现 UserDAO 类(注意：这里简化了一下，没有使用实现 UserDAO 接口的方式)。

```
package com.ascent.dao;
import org.hibernate.Query;
import org.hibernate.Session;
import com.ascent.dao.BaseDAO;
public class UserDAO extends BaseDAO {
    public boolean checkUser(String username, String password) {
        Session session = getSession();
        String hql="from Usr where username = ? and password = ? ";
        Query query  = session.createQuery(hql);
        query.setString(0, username);
        query.setString(1, password);
                //System.out.println(query.list().size());
        if(query.list().size()>0){
            return true;
        }
        session.close();
        return false;
    }
}
```

注册 UserDAO：

```
<bean id="userDAO" class="com.ascent.dao.UserDAO" parent="baseDAO"/>
```

(10) 实现 UserService 类(注意：这里简化了一下，没有使用实现 UserService 接口的方式)。

```
package com.ascent.service;
import org.hibernate.Query;
import org.hibernate.Session;
import com.ascent.dao.UserDAO;
public class UserService  {
private UserDAO userDAO;
    public void setUserDAO(UserDAO userDAO) {
        this.userDAO = userDAO;
    }
    public UserDAO getUserDAO(){
        return userDAO;
}
    public boolean login(String username, String password) {
        return  userDAO.checkUser(username, password);
    }
}
```

注册 UserService：

```
<bean id="userService" class="com.ascent.service.UserService">
    <property name="userDAO" ref="userDAO"></property>
</bean>
```

(11) 开发 Struts 2 的 LoginAction 和 JSP。

```
package com.ascent.action;
import com.ascent.service.UserService;
import com.opensymphony.xwork2.ActionSupport;
public class LoginAction extends ActionSupport{
    private String username;
    private String password;
    private UserService userService;
    public String execute() throws Exception {
        if(userService.login(username, password)){
            return SUCCESS;
        } else {
            return ERROR;
        }
    }
    public String getUsername() {
        return username;
    }
    public void setUsername(String username) {
        this.username = username;
    }
    public String getPassword() {
        return password;
    }
    public void setPassword(String password) {
        this.password = password;
    }
    public UserService getUserService() {
        return userService;
    }
    public void setUserService(UserService userService) {
        this.userService = userService;
    }
}
```

注册 Action 并注入 DAO：

```
<bean id="loginAction" class="com.ascent.action.LoginAction">
    <property name="userService" ref="userService"></property>
</bean>
```

struts.xml 如下：

```
<?xml version="1.0" encoding="UTF-8" ?>
```

```
<!DOCTYPE struts PUBLIC "-//Apache Software Foundation//DTD Struts Configuration
2.1//EN" "http://struts.apache.org/dtds/struts-2.1.dtd">
<struts>
  <package name="default" extends="struts-default">
        <action name="loginAction" class="loginAction">
            <result name="success">/welcome.jsp</result>
            <result name="error">/error.jsp</result>
        </action>
  </package>
</struts>
```

login.jsp 如下：

```
<%@ page language="java" import="java.util.*" pageEncoding="utf-8"%>
<html>
  <head>
  <title>login.jsp</title>
  </head>
  <body>
    <form action="loginAction.action" method="post" >
        User Name <input type="text" name="username" /><br>
        Password <input type="text" name="password"/><br>
        <input type="submit" value="提交" />
        <input type="reset" value="重置" />
    </form>
  </body>
</html>
```

welcome.jsp 如下：

```
<%@ page language="java" import="java.util.*" pageEncoding="UTF-8"%>
<%
String path = request.getContextPath();
String basePath = request.getScheme()+"://"+request.getServerName()+":"+
request.getServerPort()+path+"/";
%>
<!DOCTYPE HTML PUBLIC "-//W3C//DTD HTML 4.01 Transitional//EN">
<html>
  <head>
    <base href="<%=basePath%>">
    <title>My JSP 'welcome.jsp' starting page</title>
  <meta http-equiv="pragma" content="no-cache">
  <meta http-equiv="cache-control" content="no-cache">
  <meta http-equiv="expires" content="0">
  <meta http-equiv="keywords" content="keyword1,keyword2,keyword3">
  <meta http-equiv="description" content="This is my page">
  <!--
  <link rel="stylesheet" type="text/css" href="styles.css">
```

```
-->
</head>
<body>
      欢迎您,登录成功!
</body>
</html>
```

error.jsp 如下:

```
<%@ page language="java" import="java.util.* " pageEncoding="UTF-8"%>
<%
String path = request.getContextPath();
String basePath = request.getScheme()+"://"+request.getServerName()+":"+
request.getServerPort()+path+"/";
%>
<!DOCTYPE HTML PUBLIC "-//W3C//DTD HTML 4.01 Transitional//EN">
<html>
  <head>
    <base href="<%=basePath%>">
    <title>My JSP 'error.jsp' starting page</title>
  <meta http-equiv="pragma" content="no-cache">
  <meta http-equiv="cache-control" content="no-cache">
  <meta http-equiv="expires" content="0">
  <meta http-equiv="keywords" content="keyword1,keyword2,keyword3">
  <meta http-equiv="description" content="This is my page">
  <!--
  <link rel="stylesheet" type="text/css" href="styles.css">
  -->
  </head>
  <body>
      登录失败!
  </body>
</html>
```

(12) 部署项目,如图 12-37 所示。

部署成功后,在浏览器上输入 http://localhost:8080/login_ssh_demo/login.jsp,如果输入正确的用户名和密码(如 Lixin 和 123456 或 admin 和 123456),就跳转到成功界面;如果输入错误,就跳转到失败页面,那么就大功告成了!

最终的 applicationContext.xml 如下。

```
<?xml version="1.0" encoding="UTF-8"?>
<beans
    xmlns="http://www.springframework.org/schema/beans"
    xmlns:xsi="http://www.w3.org/2001/XMLSchema-instance"
    xmlns:p="http://www.springframework.org/schema/p"
xsi:schemaLocation="http://www.springframework.org/schema/beans
http://www.springframework.org/schema/beans/spring-beans-4.1.xsd
http://www.springframework.org/schema/tx
```

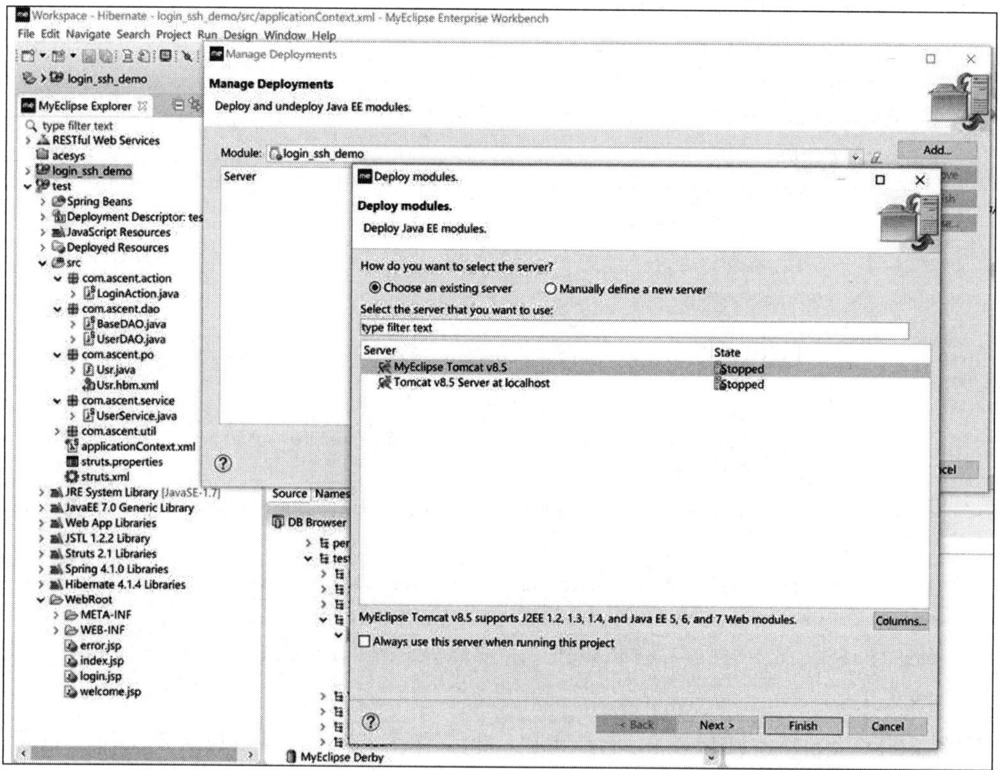

图 12-37 部署项目

```
http://www.springframework.org/schema/tx/spring-tx.xsd"
xmlns:tx="http://www.springframework.org/schema/tx">
    <bean id="dataSource"class="org.apache.commons.dbcp.BasicDataSource">
      <property name="driverClassName" value="com.mysql.jdbc.Driver"></property>
      <property name="url" value="jdbc:mysql://localhost:3306/test"></property>
     <property name="username" value="root"></property>
     <property name="password" value="root"></property>
    </bean>
    <bean id="loginAction" class="com.ascent.action.LoginAction">
        <property name="userService" ref="userService"></property>
    </bean>
    <bean id="userService" class="com.ascent.service.UserService">
        <property name="userDAO" ref="userDAO"></property>
    </bean>
    <bean id="userDAO" class="com.ascent.dao.UserDAO" parent="baseDAO"/>
    <bean id="baseDAO" class="com.ascent.dao.BaseDAO">
        <property name="sessionFactory">
            <ref bean="sessionFactory"/>
        </property>
    </bean>
    <bean id="sessionFactory"class="org.springframework.orm.hibernate4.
LocalSessionFactoryBean">
```

```
        <property name="dataSource">
            <ref bean="dataSource" />
        </property>
        <property name="hibernateProperties">
            <props>
                <prop key="hibernate.dialect">
                    org.hibernate.dialect.MySQLDialect
                </prop>
            </props>
        </property>
        <property name="mappingResources">
            <list>
                <value>com/ascent/po/Usr.hbm.xml</value></list>
        </property></bean>
    <bean id="transactionManager" class="org.springframework.orm.hibernate4.
HibernateTransactionManager">
        <property name="sessionFactory" ref="sessionFactory" />
    </bean>
    <tx:annotation-driven transaction-manager="transactionManager" />
</beans>
```

至此，Struts、Spring、Hibernate 已经可以一起工作了，用户登录模块实现工作已完成。

12.2 项目案例

12.2.1 学习目标

本章重点学习 Struts 2、Hibernate、Spring 3 个框架整合的开发流程，其中包括 Spring 如何和 Hibernate 框架整合以及 Spring 和 Struts 2 框架整合的方式，并完成了 SSH 整合过程。

12.2.2 案例描述

查询展现商品案例，用户需要在商品查询页面选择查询条件，输入查询关键字，提交查询功能，然后使用 SSH 整合完成查询功能。

12.2.3 案例要点

使用 Struts 2、Hibernate、Spring 3 个框架整合实现商品查询展现功能，重点完成整合过程，配置类与类之间的调用关系。

12.2.4 案例实施

(1) SSH 框架的搭建及整合过程参照本章内容。

(2) 查询商品页面代码如下，显示效果如图 12-38 所示。

```
Product_Search.jsp
<%@ page language="java" import="java.util.*,com.ascent.po.*" pageEncoding="GB2312" %>
<%@ taglib uri="/struts-tags" prefix="s" %>
```

```
<%
String path = request.getContextPath();
String basePath = request.getScheme()+"://"+request.getServerName()+":"+
request.getServerPort()+path+"/";
%>
<!DOCTYPE html PUBLIC "-//W3C//DTD XHTML 1.0 Transitional//EN" "http://www.w3.org/
TR/xhtml1/DTD/xhtml1-transitional.dtd">
<html xmlns="http://www.w3.org/1999/xhtml">
<head>
<meta http-equiv="Content-Type" content="text/html; charset=gb2312" />
<title>AscentWeb 电子商务</title>
<link href="<%=path%>/css/index.css" rel="stylesheet" type="text/css" />
<script language="javascript">
    function check(){
        if(form.searchValue.value == "")
        {
            alert("请输入查询条件!");
            form.searchValue.focus();
            return false;
        }
    return true;
    }
</script>
</head>
<body>
<form name="form" method="post" action="searchProductManagerAction.action">
<div class="head">
    <div id="login_1">
    <div id="login_1_n">
    <div class="lodaing_i"></div>
</div>
   </div>
    <div id="login_2"></div>
    <div id="login_3"></div>
<div class="img"><img src="<%=path%>/images/web_4.jpg" width="277" height="80"/
></div>
    <div class="img"><img src="<%=path%>/images/web_5.jpg" width="273" height="
80"/></div>
    <div class="img"><img src="<%=path%>/images/web_6.jpg" width="250" height="
80"/></div>
    <div id="bannerbj"></div>
    <div id="bannerbj2">
            <div class="banner_wenzi">|    <a href="<%=
request.getContextPath()%>/index.jsp">首页</a>    | 
   <a href="<%=request.getContextPath()%>/product/itservice.
jsp">IT 服务</a>    |
```

```
                    <a href="<%=request.getContextPath()%>/
product/products.jsp">电子商务系统</a>         |    
   <a href="<%=request.getContextPath()%>/product/employee.jsp">员工
招聘</a>    |
                    <a href="<%=request.getContextPath()%>/
product/ContactUs.jsp">关于我们</a></div>
      </div>
   <div id="bannerbj1"></div>
</div>
<div class="head">
<div class="left_products1">
   <div class="img"><img src="<%=path%>/images/search-products_3_02.jpg" width
="214" height="28"/></div>
   <div class="left_bj1"></div>
</div>
<div class="right_proaducts">我的位置 >>电子商务管理 &gt;&gt;商品查询 </div>
<div class="right_proaducts"><a href="javascript:history.back()"><<<返回</a></div>
<div class="biankuang_s">
   <div class="f_s">
      <div class="biao_q">商品查询</div>
   </div>
   <div class="f_s1"></div>
  <div class="f_s3">
     <table width="400">
      <tr>
      <td width="184" height="20" class="table_hui"><div align="right"></td>
      <td width="204"></td>
      </tr>
      <tr>
      <td class="table_hui"><div align="right">请选择:</div></td>
      <td class="table_hui">
        <select name="searchName">
          <option  value="category" selected="selected">类别</option>
          <option value="productname">名称</option>
          <option value="cas">CAS</option>
           <option value="formula">Formula</option>
        </select>      </td>
       <td><input type=text name="searchValue"/></td>
      </tr>
      <tr>
      <td height="30" class="table_hui">
                 </td>
       <td height="30" class="table_hui"><input type="submit" name="Submit"
value="查询"  onclick="return check();"/></td>
      <td height="30" class="table_hui"><input type="reset"  name="Reset" value
="取消" /></td>
```

```
        </tr>
      </table>
    </div>
      <div class="f_s2"></div>
</div>
</form>
<div>
    <img src="<%=request.getContextPath()%>/images/banquan.jpg" width="800"
height="35" border="0"/>
</div>
</div>
</body>
</html>
```

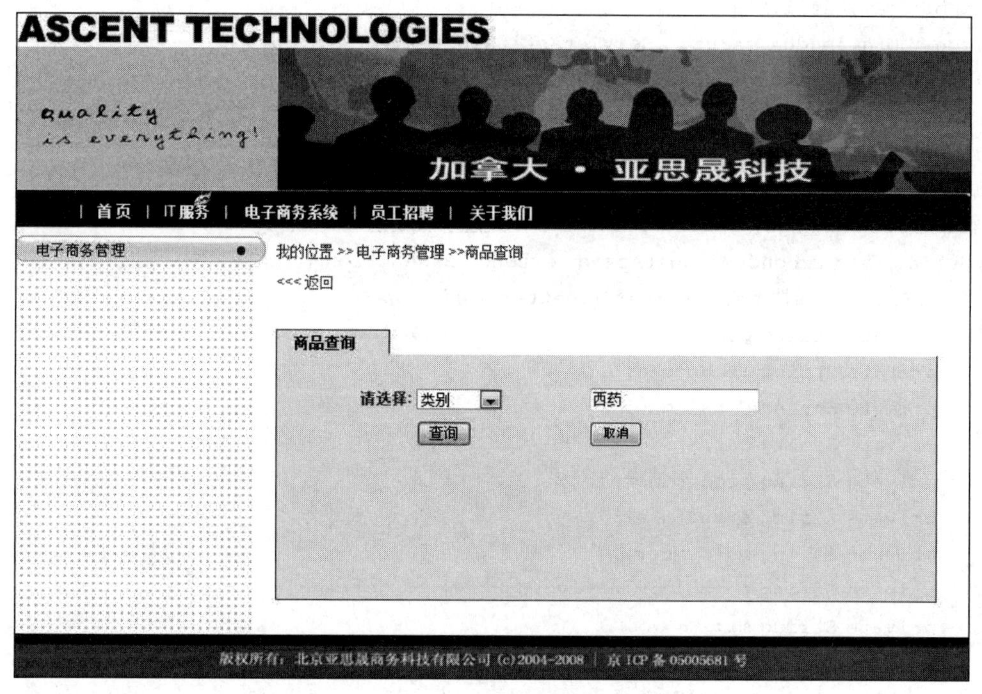

图 12-38 查询商品页面

(3) 查询 Struts 2 Action 类代码及 struts.xml 配置如下。

BaseAction.java 代码

```
package com.ascent.action;
import com.ascent.service.ProductService;
import com.opensymphony.xwork2.ActionSupport;
@SuppressWarnings("serial")
public class BaseAction extends ActionSupport {
    //在 BaseAction 中定义 service 接口,所有 Action 都继承该父类,不用每个 Action 中都
引入
    protected ProductService productService;
    public ProductService getProductService() {
```

```
        return productService;
    }
    public void setProductService(ProductService productService) {
        this.productService = productService;
    }
}
```

ProductManagerAction.java 代码

```
package com.ascent.action;
import java.io.File;
import java.io.FileInputStream;
import java.io.FileOutputStream;
import java.util.ArrayList;
import java.util.List;
import org.apache.struts2.ServletActionContext;
import com.ascent.po.Product;
import com.ascent.po.Usr;
import com.ascent.util.PageBean;
import com.opensymphony.xwork2.ActionContext;
@SuppressWarnings("serial")
public class ProductManagerAction extends BaseAction {
    //Product 属性字段及 setter()、getter()方法
    private String pid;
    private String productId;
    private String catalogno;
    private String cas;
    private String productname;
    private String structure;
    private String mdlnumber;
    private String formula;
    private String mw;
    private String price1;
    private String price2;
    private String stock;
    private String realstock;
    private String newproduct;
    private String category;
    private String note;
    private String delFlag;
    //上传文件属性字段,用 File 类型封装
    private File upload;
    //struts 2 中要求定义文件字段+FileName 和 +ContentType 的两个字段封装文件名和文件
类型
    private String uploadFileName;
    private String uploadContentType;
    //选择文件的物理路径
```

```
private String filepath;
//保存路径属性,该属性的值可以通过配置文件设置,从而动态注入
private String savePath;
//处理结果展示字段
private String tip;
//查询页数
private String jumpPage;
//页面展现用户列表的处理结果集合
private ArrayList dataList;
//查询字段
private String searchName;
//查询值
private String searchValue;
public String getSearchName() {
    return searchName;
}
public void setSearchName(String searchName) {
    this.searchName = searchName;
}
public String getSearchValue() {
    return searchValue;
}
public void setSearchValue(String searchValue) {
    this.searchValue = searchValue;
}
public String getFilepath() {
    return filepath;
}
public void setFilepath(String filepath) {
    this.filepath = filepath;
}
public ArrayList getDataList() {
    return dataList;
}
public void setDataList(ArrayList dataList) {
    this.dataList = dataList;
}
public String getJumpPage() {
    return jumpPage;
}
public void setJumpPage(String jumpPage) {
    this.jumpPage = jumpPage;
}
public String getTip() {
    return tip;
}
```

```
public void setTip(String tip) {
    this.tip = tip;
}
@SuppressWarnings("deprecation")
public String getSavePath() throws Exception{
    return ServletActionContext.getRequest().getRealPath(savePath);
}
public void setSavePath(String savePath) {
    this.savePath = savePath;
}
public File getUpload() {
    return upload;
}
public void setUpload(File upload) {
    this.upload = upload;
}
public String getUploadContentType() {
    return uploadContentType;
}
public void setUploadContentType(String uploadContentType) {
    this.uploadContentType = uploadContentType;
}
public String getUploadFileName() {
    return uploadFileName;
}
public void setUploadFileName(String uploadFileName) {
    this.uploadFileName = uploadFileName;
}
public String getCas() {
    return cas;
}
public void setCas(String cas) {
    this.cas = cas;
}
public String getCatalogno() {
    return catalogno;
}
public void setCatalogno(String catalogno) {
    this.catalogno = catalogno;
}
public String getCategory() {
    return category;
}
public void setCategory(String category) {
    this.category = category;
}
```

```
public String getDelFlag() {
    return delFlag;
}
public void setDelFlag(String delFlag) {
    this.delFlag = delFlag;
}
public String getFormula() {
    return formula;
}
public void setFormula(String formula) {
    this.formula = formula;
}
public String getMdlnumber() {
    return mdlnumber;
}
public void setMdlnumber(String mdlnumber) {
    this.mdlnumber = mdlnumber;
}
public String getMw() {
    return mw;
}
public void setMw(String mw) {
    this.mw = mw;
}
public String getNewproduct() {
    return newproduct;
}
public void setNewproduct(String newproduct) {
    this.newproduct = newproduct;
}
public String getNote() {
    return note;
}
public void setNote(String note) {
    this.note = note;
}
public String getPid() {
    return pid;
}
public void setPid(String pid) {
    this.pid = pid;
}
public String getPrice1() {
    return price1;
}
public void setPrice1(String price1) {
```

```
        this.price1 = price1;
    }
    public String getPrice2() {
        return price2;
    }
    public void setPrice2(String price2) {
        this.price2 = price2;
    }
    public String getProductId() {
        return productId;
    }
    public void setProductId(String productId) {
        this.productId = productId;
    }
    public String getProductname() {
        return productname;
    }
    public void setProductname(String productname) {
        this.productname = productname;
    }
    public String getRealstock() {
        return realstock;
    }
    public void setRealstock(String realstock) {
        this.realstock = realstock;
    }
    public String getStock() {
        return stock;
    }
    public void setStock(String stock) {
        this.stock = stock;
    }
    public String getStructure() {
        return structure;
    }
    public void setStructure(String structure) {
        this.structure = structure;
    }
    @SuppressWarnings("unchecked")
    public String saveOne()throws Exception{
        if(productService.findByProductId(this.getProductId())!=null){
            this.setTip(this.getText("productM_tip.id.used"));
            //商品编号被占用,请重新添加商品
            return INPUT;
        }else{
            if(this.getUpload()!=null){
```

```
                if(this.getUploadContentType().equals("application/vnd.ms-
excel")){
                    this.setTip(this.getText("productM_tip.upload.file.type"));
                    //此处只允许上传图片类型文件,请返回重新选择
                    return INPUT;
                }
                //保存图片名称到数据库字段 structure
                this.setStructure(getUploadFileName());
                //以服务器的文件保存地址和原文件的名建立上传文件输出流
                FileOutputStream fos = new FileOutputStream(this.getSavePath()+"\
\"+this.getUploadFileName());
                //以上传文件建立一个文件上传流
                FileInputStream fis = new FileInputStream(this.getUpload());
                //将上传文件的内容写入服务器
                byte [] buffer = new byte[1024];
                int len=0;
                while((len=fis.read(buffer))>0){
                    fos.write(buffer, 0, len);
                }
            }
            System.out.println("结束上传单个文件-----------------------");
            Product product = new Product();
            product.setCas(this.getCas());
            product.setCategoryno(this.getCatalogno());
            product.setCategory(this.getCategory());
            product.setDelsoft("0");
            product.setFormula(this.getFormula());
            product.setMdlint(this.getMdlnumber());
            product.setWeight(this.getMw());
            product.setIsnewproduct(this.getNewproduct());
            product.setPrice1(Float.parseFloat(this.getPrice1()));
            product.setPrice2(Float.parseFloat(this.getPrice2()));
            product.setProductnumber(this.getProductId());
            product.setProductname(this.getProductname());
            product.setRealstock(this.getRealstock());
            product.setStock(this.getStock());
            product.setImagepath((this.getStructure()));
            productService.saveProduct(product);
            this.pageReturn();
            return "saveOnesuccess";
        }
    }
    //返回分页数目的结果集合
    public PageBean listData(String number){    //返回一个封装数据库查询数据的页面对象
        PageBean page = new PageBean(productService.getTotalRows());
        int pageNum = Integer.parseInt(number);
```

```
        String sql = "from Product p where p.delsoft='0'  order by p.id ";
        ArrayList data = productService.getData(sql,page.rowsPage * (pageNum-1),
page.rowsPage);
        page.currentPage = pageNum;
        page.data = data;
        return page;
    }
    //管理员展现商品列表(分页)
    @SuppressWarnings("unchecked")
    public String pageShow()throws Exception{
        this.pageReturn();
        return "adminproductsshow";
    }
    //删除商品
    @SuppressWarnings("unchecked")
    public String delete()throws Exception{
        Product product =productService.findByPid(this.getPid());
        //设置删除标志 1
        product.setDelsoft("1");
        productService.updateProduct(product);
        //下面为查询分页信息到产品展现页面
        this.pageReturn();
        return "adminproductsshow";
    }
    //根据 pid 查询产品到修改页面
    @SuppressWarnings("unchecked")
    public String find_update()throws Exception{
        Product product =productService.findByPid(this.getPid());
        ActionContext.getContext().getSession().put("pid_product",product);
        return "updateProduct";
    }
    @SuppressWarnings("unchecked")
    public String update()throws Exception{
        //System.out.println(this.getClass().getName()+this.getPid());
        //取得该 product 产品
        Product product =productService.findByPid(this.getPid());
        //System.out.println(this.getClass().getName()+product.getId());
        //对修改图片文件进行判断
        if(this.getUploadFileName()!=null){
            if(this.getUploadContentType().equals("application/vnd.ms-excel")){
                this.setTip(this.getText("productM_tip.upload.file.type"));
                //此处只允许上传图片类型文件,请返回重新选择
                return INPUT;
            }
            //保存图片名称到数据库字段 structure
            this.setStructure(getUploadFileName());
```

```
            //以服务器的文件保存地址和原文件的名建立上传文件输出流
            FileOutputStream fos = new FileOutputStream(this.getSavePath()+"\\"+
this.getUploadFileName());
            //以上传文件建立一个文件上传流
            FileInputStream fis = new FileInputStream(this.getUpload());
            //将上传文件的内容写入服务器
            byte [] buffer = new byte[1024];
            int len=0;
            while((len=fis.read(buffer))>0){
                fos.write(buffer, 0, len);
            }
            product.setImagepath((this.getStructure()));
        }
        product.setCas(this.getCas());
        product.setCategoryno((this.getCatalogno()));
        product.setCategory(this.getCategory());
        product.setFormula(this.getFormula());
        product.setMdlint(this.getMdlnumber());
        product.setWeight((this.getMw()));
        product.setIsnewproduct(this.getNewproduct());
        product.setPrice1(Float.parseFloat(this.getPrice1()));
        product.setPrice2(Float.parseFloat(this.getPrice2()));
        product.setProductnumber(this.getProductId());
        product.setProductname(this.getProductname());
        product.setRealstock(this.getRealstock());
        product.setStock(this.getStock());
        product.setNote(this.getNote());
        System.out.println(this.getClass().getName()+product.getId());
        productService.updateProduct(product);
        this.pageReturn();
        return "adminproductsshow";
    }
    //管理员展现商品列表(分页)
    @SuppressWarnings("unchecked")
    public String guestPageShow()throws Exception{
        this.pageReturn();
        return "guestproductsshow";
    }
    //根据选择字段查询商品
    @SuppressWarnings("unchecked")
    public String search()throws Exception{
        List search_product_list = productService.findBySearchProperty(this.
getSearchName(), this.getSearchValue());
        ActionContext.getContext().getSession().put("search_product_list",
search_product_list);
        return "searchproductshow";
```

```
    }
    //根据 uid 返回分配用户权限的商品
    @SuppressWarnings("unchecked")
    public String userProducts() throws Exception{
        Usr u = (Usr)ActionContext.getContext().getSession().get("usr");
        List userProductList = productService.findByUid(u.getId());
        ActionContext.getContext().getSession().put("userproductslist",
userProductList);
        return "userproducts";
    }
    //分页返回信息方法,每个需要返回分页结果的方法都需要调用它
    @SuppressWarnings("unchecked")
    private void pageReturn(){
        String jump_page = this.getJumpPage();
        if(jump_page==null){
            jump_page="1";
        }
        PageBean page = this.listData(jump_page);
        ActionContext.getContext().getSession().put("product_page_list",page);
        this.setDataList(page.getData());
    }
    @SuppressWarnings("unchecked")
    public String newProducts() throws Exception{
        List newProductsList = productService.findNewProducts();
        ActionContext.getContext().getSession().put("newproductslist",
newProductsList);
        return "index";
    }
    public String productDetail() throws Exception{
        Product detailProduct = productService.findByPid(this.getPid());
        List productdetailList = new ArrayList();
        productdetailList.add(detailProduct);
        ActionContext.getContext().getSession().put("detailproduct",
productdetailList);
        return "productdetail";
    }
}
```

struts.xml 配置：

```
<action name="*ProductManagerAction" class="com.ascent.action.
ProductManagerAction" method="{1}">
            <!-- 配置 fileUpload 拦截器 -->
            <interceptor-ref name="fileUpload">
                <!-- 设置上传文件的类型 -->
                <param name="allowedTypes">image/bmp, image/png, image/jpg, image/
gif,application/vnd.ms-excel </param>
```

```
            <!-- 设置上传文件的大小 -->
            <param name="maximumSize">200000</param>
        </interceptor-ref>
        <!-- 必须显示配置引用 Struts 默认的拦截器栈 efaultStack -->
        <interceptor-ref name="defaultStack"></interceptor-ref>
        <!-- 设置上传路径 -->
        <param name="savePath">/upload</param>
        <result name="adminproductsshow">/product/admin_products_show.jsp</
result>
        <result name="saveOnesuccess">/product/admin_products_show.jsp</
result>
        <!-- 必须设置 input 逻辑视图,拦截器出错默认返回 input -->
        <result name="input">/product/upload_error.jsp</result>
        <result name="updateProduct">/product/update_products_admin.jsp</
result>
        <result name="guestproductsshow">/product/products_show.jsp</result>
        <result name="searchproductshow">/product/products_search_show.jsp</
result>
        <result name="userproducts">/product/userproducts_show.jsp</result>
        <result name="index">/index.jsp</result>
        <result name="productdetail">/product/productdetail.jsp</result>
    </action>
```

(4) 服务层 ProductService 接口及 ProductServiceImpl 实现类代码如下。

ProductService.java:

```
package com.ascent.service;
import java.util.ArrayList;
import java.util.List;
import com.ascent.po.Product;
public interface ProductService {
    //添加商品方法
    public void saveProduct(Product product);
    //根据商品编号查询商品
    public Product findByProductId(String productId);
    //返回查询所有行分页
    public int getTotalRows();
    //查询分页设置数量的数据
    public  ArrayList getData(String sql,int firstRow,int maxRow);
    //修改商品
    public void updateProduct(Product product);
    //根据 pid 主键查询商品
    public Product findByPid(String pid);
    //批量添加商品--excel
    public void saveExcelProduct(ArrayList arrayList);
    //查询所有商品
    public List findAll();
```

```
    //根据查询条件查询
    public List findBySearchProperty(String searchName,String searchValue);
    //根据用户 id 查询分配商品
    public List findByUid(Integer uid);
    //查询所有新产品
    public List findNewProducts();
}
```

ProductServiceImpl.java：

```
package com.ascent.service.impl;
import java.util.ArrayList;
import java.util.List;
import com.ascent.dao.ProductDAO;
import com.ascent.po.Product;
import com.ascent.service.ProductService;
public class ProductServiceImpl implements ProductService {
    private ProductDAO productDAO;
    //注入 ProductDAO
    public void setProductDAO(ProductDAO productDAO) {
        this.productDAO = productDAO;
    }
    //添加商品方法实现
    public void saveProduct(Product product) {
        productDAO.saveProduct(product);
    }
    //根据商品编号查询商品
    public Product findByProductId(String productId) {
        return productDAO.findByProductId(productId);
    }
    public ArrayList getData(String sql, int firstRow, int maxRow) {
        return productDAO.getData(sql, firstRow, maxRow);
    }
    public int getTotalRows() {
        return productDAO.getTotalRows();
    }
    public void updateProduct(Product product) {
        productDAO.updateProduct(product);
    }
    public Product findByPid(String pid) {
        return productDAO.findByPid(pid);
    }
    public void saveExcelProduct(ArrayList arrayList) {
        productDAO.saveExcelProduct(arrayList);
    }
    public List findAll() {
        return productDAO.findAll();
```

```
    }
    public List findBySearchProperty(String searchName, String searchValue) {
        return productDAO.findBySearchProperty(searchName, searchValue);
    }
    public List findByUid(Integer uid) {
        //TODO Auto-generated method stub
        return productDAO.findByUid(uid);
    }
    public List findNewProducts() {
        //TODO Auto-generated method stub
        return productDAO.findNewProducts();
    }
}
```

(5) Hibernate DAO 中的 ProductDAO 接口及 ProductDAOImpl 实现类如下。

ProductDAO.java：

```
package com.ascent.dao;
import java.util.ArrayList;
import java.util.List;
import com.ascent.po.Product;
public interface ProductDAO {
    //添加商品方法
    public void saveProduct(Product product);
    //根据商品编号查询商品
    public Product findByProductId(String productId);
    //返回查询所有行分页
    public int getTotalRows();
    //查询分页设置数量的数据
    public ArrayList getData(String sql,int firstRow,int maxRow);
    //修改商品
    public void updateProduct(Product product);
    //根据 pid 主键查询商品
    public Product findByPid(String pid);
    //批量添加商品--excel
    public void saveExcelProduct(ArrayList arrayList);
    //查询所有商品
    public List findAll();
    //根据查询条件查询
    public List findBySearchProperty(String searchName,String searchValue);
    //根据用户 id 查询分配的商品
    public List findByUid(Integer uid);
    //查询所有新产品
    public List findNewProducts();
}
```

ProductDAOImpl.java：

```
package com.ascent.dao.impl;
import java.sql.SQLException;
import java.util.ArrayList;
import java.util.List;
import org.hibernate.HibernateException;
import org.hibernate.Query;
import org.hibernate.Session;
import org.springframework.orm.hibernate3.HibernateCallback;
import org.springframework.orm.hibernate3.support.HibernateDaoSupport;
import com.ascent.dao.ProductDAO;
import com.ascent.po.Product;
public class ProductDAOImpl extends HibernateDaoSupport implements ProductDAO {
    //添加商品方法实现
    public void saveProduct(Product product) {
        this.getHibernateTemplate().save(product);
    }
    //根据商品编号查询商品
    public Product findByProductId(String productId) {
        String sql = "from Product p where p.productnumber=? and p.delsoft='0'";
        List list = this.getHibernateTemplate().find(sql, productId);
        if(list.size()>0){
            Product product = (Product)list.get(0);
            return product;
            }
        return null;
    }
    /**
     * @param sql
     * @param firstRow
     * @param maxRow
     * @return list 对象,已包含一定数量的 User
     */
    public  ArrayList getData(final String sql,final int firstRow, final int maxRow) {
        return  (ArrayList)this.getHibernateTemplate().executeFind( new
HibernateCallback(){
                public  Object doInHibernate(Session session)  throws  SQLException,
HibernateException {
                    Query q=session.createQuery(sql);
                    q.setFirstResult(firstRow);
                    q.setMaxResults(maxRow);
                    ArrayList data = (ArrayList) q.list();
                    return  data;
                    }
            });
    }
    public int getTotalRows() {
```

```
        String sql="from Product p where p.delsoft='0' order by p.id ";
        int totalRows = this.getHibernateTemplate().find(sql).size();
        return totalRows;
    }
    public void updateProduct(Product product) {
        System.out.println(product.getId());
        this.getHibernateTemplate().saveOrUpdate(product);
    }
    //根据 pid 主键查询商品
    public Product findByPid(String pid) {
        String sql = "from Product p where p.id=? and p.delsoft='0'";
        List list = this.getHibernateTemplate().find(sql, new Integer(pid));
        if(list.size()>0){
            Product product = (Product)list.get(0);
            return product;
            }
        return null;
    }
    //批量添加 excel 中的产品
    public void saveExcelProduct(ArrayList arrayList) {
        for(int i=0;i<arrayList.size();i++){//for(1)
            //取出每个 Sheet 的内容
            ArrayList arrayList_Sheet=(ArrayList)arrayList.get(i);
            for(int j=0;j<arrayList_Sheet.size();j++){//for(2)
                //取出每个 Row 的内容
                ArrayList arrayList_Row=(ArrayList)arrayList_Sheet.get(j);
                Product p = new Product();
                for(int k=0;k<arrayList_Row.size();k++){//for(3)
                    p.setId(Integer.parseInt((String)arrayList_Row.get(0)));
                    p.setCategoryno((String)arrayList_Row.get(1));
                    p.setCas((String)arrayList_Row.get(2));
                    p.setProductname((String)arrayList_Row.get(3));
                    p.setImagepath((String)arrayList_Row.get(4));
                    p.setMdlint((String)arrayList_Row.get(5));
                    p.setFormula((String)arrayList_Row.get(6));
                    p.setWeight((String)arrayList_Row.get(7));
                    p.setPrice1(Float.parseFloat((String)arrayList_Row.get(8)));
                    p.setPrice2(Float.parseFloat((String)arrayList_Row.get(9)));
                    p.setStock((String)arrayList_Row.get(10));
                    p.setRealstock((String)arrayList_Row.get(11));
                    p.setIsnewproduct((String)arrayList_Row.get(12));
                    p.setCategory((String)arrayList_Row.get(13));
                    p.setNote((String)arrayList_Row.get(14));
                    p.setDelsoft((String)arrayList_Row.get(15));
                }//for(3)
                this.getHibernateTemplate().save(p);
```

```
            }//for(2)
        }//for(1)
    }
    public List findAll() {
        return this.getHibernateTemplate().find("from Product p where p.delsoft='0'");
    }
    public List findBySearchProperty(String searchName, String searchValue) {
         String sql = "from Product p where p."+searchName+" like '%"+searchValue
+"%' and p.delsoft='0'";
        return this.getHibernateTemplate().find(sql);
    }
    public List findByUid(Integer uid) {
        String sql="select p from Product p ,UserProduct up where up.productid=p.id
and up.usrid=? and p.delsoft='0' order by p.id";
        return this.getHibernateTemplate().find(sql, uid);
    }
    public List findNewProducts() {
        String sql ="from Product p where p.isnewproduct ='1' order by p.id desc";
        return this.getHibernateTemplate().find(sql);
    }
}
```

(6) Spring 框架的配置如下。

```
<bean id="dataSource"
        class="org.apache.commons.dbcp.BasicDataSource">
        <property name="driverClassName"
            value="com.mysql.jdbc.Driver">
        </property>
        <property name="url"
            value="jdbc:mysql://localhost:3306/acesys">
        </property>
        <property name="username" value="root"></property>
        <property name="password" value="root"></property>
    </bean>
    <bean id="sessionFactory"
        class="org.springframework.orm.hibernate3.LocalSessionFactoryBean">
        <property name="dataSource">
            <ref bean="dataSource" />
        </property>
        <property name="hibernateProperties">
            <props>
                <prop key="hibernate.dialect">
                    org.hibernate.dialect.MySQLDialect
                </prop>
                <prop key="show_sql">true</prop>
            </props>
```

```
        </property>
        <property name="mappingResources">
            <list>
                <value>com/ascent/po/Product.hbm.xml</value>
            </list>
        </property></bean>
    <bean id="transactionManager" class="org.springframework.orm.hibernate3.
HibernateTransactionManager">
        <property name="sessionFactory" ref="sessionFactory"/>
    </bean>
    <bean id="transactionInterceptor" class="org.springframework.transaction.
interceptor.TransactionInterceptor">
        <!-- 事务拦截器 bean 需要依赖注入一个事务管理器 -->
        <property name="transactionManager" ref="transactionManager"/>
        <property name="transactionAttributes">
            <!-- 下面定义事务传播属性-->
            <props>
                <prop key="find*,get*">PROPAGATION_REQUIRED,readOnly</prop>
                <prop key="save*,update*,delete*">PROPAGATION_REQUIRED</prop>
            </props>
        </property>
    </bean>
    <!-- 定义 BeanNameAutoProxyCreator-->
    <bean class="org.springframework.aop.framework.autoproxy.
BeanNameAutoProxyCreator">
        <!-- 指定对满足哪些 bean name 的 bean 自动生成业务代理 -->
        <property name="beanNames">
            <!-- 下面是所有需要自动创建事务代理的 bean-->
            <list>
                <value>productService</value>
            </list>
            <!-- 此处可增加其他需要自动创建事务代理的 bean-->
        </property>
        <!-- 下面定义 BeanNameAutoProxyCreator 所需的事务拦截器-->
        <property name="interceptorNames">
            <list>
                <!-- 此处可增加其他新的 Interceptor -->
                <value>transactionInterceptor</value>
            </list>
        </property>
    </bean>
<bean id="productDAO" class="com.ascent.dao.impl.ProductDAOImpl"
        abstract="false" lazy-init="default" autowire="default"
        dependency-check="default">
        <property name="sessionFactory">
            <ref local="sessionFactory" />
```

```
        </property>
    </bean>
    <bean id="productService"
        class="com.ascent.service.impl.ProductServiceImpl" abstract="false"
        lazy-init="default" autowire="default" dependency-check="default">
        <property name="productDAO">
            <ref local="productDAO" />
        </property>
    </bean>
```

(7) 显示查询商品页面及页面效果如下。

```
products_search_show.jsp
<%@ page language="java" import="java.util.*,com.ascent.po.*,com.ascent.util.
*" contentType="text/html;charset=gb2312"%>
<%@ taglib uri="/struts-tags" prefix="s"%>
<html>
<head>
<meta http-equiv="Content-Type" content="text/html; charset=gb2312" />
<title>AscentWeb电子商务</title>
<link href="<%=request.getContextPath()%>/css/index.css" rel="stylesheet" type
="text/css" />
<script language="javascript">
 function addshop(str){
   var pid = str;
   send_request('<%=request.getContextPath()%>/product/addCartManagerAction.
action?pid='+pid);
  }
  var http_request = false;
    function send_request(url)
    { //初始化、指定处理函数、发送请求的函数
       //alert("url\t"+url);
        http_request = false;
        //开始初始化XMLHttpRequest对象
        if(window.XMLHttpRequest)
        { //Mozilla 浏览器
            http_request = new XMLHttpRequest();
            if(http_request.overrideMimeType)
            {//设置MiME类别
                http_request.overrideMimeType('text/xml');
            }
        }
        else if(window.ActiveXObject)
        { //IE浏览器
            try
            {
                http_request = new ActiveXObject("Msxml2.XMLHTTP");
```

```
            }
            catch(e)
            {
                try
                {
                    http_request = new ActiveXObject("Microsoft.XMLHTTP");
                }
                catch(e){}
            }
        }
        if(!http_request)
        { //异常,创建对象实例失败
            window.alert("不能创建 XMLHttpRequest 对象实例.");
            return false;
        }
        http_request.onreadystatechange = processRequest;
        //确定发送请求的方式和 URL,以及是否同步执行下列代码
        http_request.open("POST", url, true);
        http_request.send(null);
    }
    //处理返回信息的函数
    function processRequest()
    {
        if (http_request.readyState == 4)
        { //判断对象状态
            if (http_request.status == 200)
            { //信息已经成功返回,开始处理信息
              var divhtml = http_request.responseText;
              alert(divhtml);
            }
        }
   }
</script>
</head>
<body>
<div class="head">
    <div id="login_1">
  </div>
    <div id="login_2"></div>
    <div id="login_3"></div>
    <div class="img"><img src="<%=request.getContextPath()%>/images/web_4.jpg"
width="277" height="80"/></div>
    <div class="img"><img src="<%=request.getContextPath()%>/images/web_5.jpg"
width="273" height="80"/></div>
    <div class="img"><img src="<%=request.getContextPath()%>/images/web_6.jpg"
width="250" height="80"/></div>
```

```
    <div id="bannerbj"></div>
    <div id="bannerbj2">
            <div class="banner_wenzi">|    <a href="<%=request.getContextPath()%>/index.jsp">首页</a>    |    <a href="<%=request.getContextPath()%>/product/itservice.jsp">IT 服务</a>    |
                <a href="<%=request.getContextPath()%>/product/products.jsp">电子商务系统</a>    |    <a href="<%=request.getContextPath()%>/product/employee.jsp">员工招聘</a>    |
                <a href="<%=request.getContextPath()%>/product/ContactUs.jsp">关于我们</a></div>
        </div>
    <div id="bannerbj1"></div>
</div>
<div class="padding">
<div id="middlebody">
<table width="100%" border="0" cellspacing="0" cellpadding="0">
<tr>
<%
    Usr u = (Usr)session.getAttribute("usr");
    if(u!=null&&u.getSuperuser().equals("3")){  //管理员
%>
<td width="30%"><div align="left">|  欢迎,<%=u.getUsername() %>  |  <a href="<%=request.getContextPath()%>/clearSession.action" class="table_t">注销</a>  |    <a href="javascript:history.back()"><<<返回</a></div></td>
<td width="20%"><div align="center"><a href="<%=request.getContextPath()%>/pageShowProductManagerAction.action"><img src="<%=request.getContextPath()%>/images/productslist.jpg" width="75" height="17" border="0"/></a></div></td>
<td width="15%"><div align="center"><a href="<%=request.getContextPath()%>/product/Product_Search.jsp">商品查询</a></div></td>
<td width="15%"><div align="center"><a href="<%=request.getContextPath()%>/product/adminShowOrdersManagerAction.action">订单管理</a></div></td>
<td width="15%"><div align="center"><a href="<%=request.getContextPath()%>/product/cartShowCartManagerAction.action">查看购物车</a></div></td>
<%}
    else if(u!=null&&u.getSuperuser().equals("2")){  //高权限用户
%>
<td width="30%"><div align="left">|  欢迎,<%=u.getUsername() %>  |  <a href="<%=request.getContextPath()%>/clearSession.action" class="table_t">注销</a>  |    <a href="javascript:history.back()"><<<返回</a></div></td>
<td width="20%"><div align="center"><a href="<%=request.getContextPath()%>/product/userProductsProductManagerAction.action">查看已分配产品</a></div></td>
<td width="15%"><div align="center"><a href="<%=request.getContextPath()%>/
```

```
product/Product_Search.jsp">商品查询</a></div></td>
<td width="15%"><div align="center"><a href="<%=request.getContextPath()%>/
product/showOrdersManagerAction.action">查看订单</a></div></td>
<td width="15%"><div align="center"><a href="<%=request.getContextPath()%>/
product/cartShowCartManagerAction.action">查看购物车</a></div></td>
<%}
    else if(u!=null&&u.getSuperuser().equals("1")){  //刚注册的用户
%>
<td width="30%"><div align="left">|  欢迎,<%=u.getUsername() %> 
 |  <a href="<%=request.getContextPath()%>/clearSession.action"
class="table_t">注销</a>  |    <a href="
javascript:history.back()"><<<返回</a></div></td>
<td width="15%"><div align="center"> </div></td>
<td width="15%"><div align="center"><a href="<%=request.getContextPath()%>/
product/Product_Search.jsp">商品查询</a></div></td>
<td width="15%"><div align="center"><a href="<%=request.getContextPath()%>/
product/showOrdersManagerAction.action">查看订单</a></div></td>
<td width="20%"><div align="center"><a href="<%=request.getContextPath()%>/
product/cartShowCartManagerAction.action">查看购物车</a></div></td>
<%}
    else if(u==null){  //未注册的用户
%>
<td width="30%"><div align="left">|  欢迎,游客  | 
 <a href="<%=request.getContextPath()%>/product/register.jsp" class="
table_t">注册</a>  |    <a href="javascript:
history.back()"><<<返回</a></div></td>
<td width="15%"><div align="center"> </div></td>
<td width="15%"><div align="center"> </div></td>
<td width="15%"><div align="center"><a href="<%=request.getContextPath()%>/
product/Product_Search.jsp">商品查询</a></div></td>
<td width="20%"><div align="center"><a href="<%=request.getContextPath()%>/
product/cartShowCartManagerAction.action">查看购物车</a></div></td>
<%}%>
</tr>
</table>
<br><br>
<!-- 产品列表 -->
<table width="100%" border="1" cellspacing="0" cellpadding="0" class="mars">
  <tr bgcolor="#fba661" height="30">
    <td><div align="center">编号</div></td>
    <td><div align="center">名称</div></td>
    <td><div align="center">类别</div></td>
    <td><div align="center">MDL</div></td>
    <td><div align="center">CAS</div></td>
    <td><div align="center">weight</div></td>
    <td><div align="center">库存</div></td>
```

```
        <td><div align="center">图片</div></td>
        <td><div align="center">购买</div></td>
      </tr>
    <s:iterator value="#session['search_product_list']" status="index">
    <s:if test="#index.odd==true">
        <tr bgcolor="#f3f3f3" >
    </s:if>
    <s:else>
        <tr bgcolor="#e4f1fe" >
    </s:else>
    <s:if test="productnumber==null||productnumber==""">
        <td><div align="center"> </div></td>
    </s:if>
    <s:else>
        <td><div align="center"><s:property value="productnumber"/></div></td>
    </s:else>
        <s:if test="productname==null||productname==""">
        <td><div align="center"> </div></td>
    </s:if>
    <s:else>
        <td><div align="center"><s:property value="productname"/></div></td>
    </s:else>
        <s:if test="category==null||category==""">
        <td><div align="center"> </div></td>
    </s:if>
    <s:else>
        <td><div align="center"><s:property value="category"/></div></td>
    </s:else>
        <s:if test="mdlint==null||mdlint==""">
        <td><div align="center"> </div></td>
    </s:if>
    <s:else>
        <td><div align="center"><s:property value="mdlint"/></div></td>
    </s:else>
         <s:if test="cas==''||cas==null">
        <td><div align="center"> </div></td>
    </s:if>
    <s:else>
        <td><div align="center"><s:property value="cas"/></div></td>
    </s:else>
         <s:if test="weight==''||weight==null">
        <td><div align="center"> </div></td>
    </s:if>
    <s:else>
        <td><div align="center"><s:property value="weight"/></div></td>
    </s:else>
        <s:if test="realstock==null||realstock==""">
        <td><div align="center"> </div></td>
```

```
</s:if>
<s:else>
    <td><div align="center"><s:property value="realstock"/></div></td>
</s:else>
<s:if test="imagepath==null||imagepath==""">
  <td><div align="center"> </div></td>
</s:if>
<s:else>
    <td><div align="center"><img src="<%=request.getContextPath()%>/upload/<s:
property value="imagepath"/>" width="60" height="30" hspace="0" border="0"/></
div></td>
  </s:else>
    <td><div align="center"><a href="#" onclick="return addshop(<s:property
value="id"/>)">购买</a></div></td>
  </tr>
  </s:iterator>
</table>
</div>
<div>
    <img src="<%=request.getContextPath()%>/images/banquan.jpg" width="800"
height="35" border="0"/>
</div>
</body>
</html>
```

查询运行结果如图 12-39 所示。

图 12-39 查询运行结果

12.2.5 特别提示

这里使用的是第三种方式，也就是通过 IoC 模式让 Spring 对 Struts 的 Action 进行管理，并且这里使用了 Spring 的自动装配功能，Spring 完成业务类向 Struts Action 注入采用按名字匹配自动注入 Service 类。

12.2.6 拓展与提高

1. 模拟该功能实现管理员用户的管理展现功能
2. 模拟该功能实现购物车的查看及管理功能
3. 模拟该功能实现订单的查看及管理功能

12.3 本章总结

- Spring 如何整合 Struts
- Spring 如何整合 Hibernate
- 整合后如何配置启动 Spring
- 使用 SSH 整合开发项目功能

12.4 习题

1. Spring 如何整合 Hibernate 框架?
2. Spring 整合 Hibernate 框架时如果不保留 Hibernate 配置文件，如何在 Spring 中配置数据源 DataSource 和 SessionFactory?
3. 简述 Spring 整合 Struts 2 的几种方式及具体实现方式。
4. 如何配置 Spring Bean 的作用域为原型模式?
5. Spring 整合 Struts 2 需要哪个插件 jar?
6. 如何配置加载 Spring 的监听器?